高等职业教育公共课程“十二五”规划教材

计算机应用基础项目化教程

主　编　聂俊航　夏　奕　刘宗旭

副主编　王晓刚　张艳婷　周祖才

中国铁道出版社有限公司

CHINA RAILWAY PUBLISHING HOUSE CO., LTD.

内 容 简 介

本教材以培养技术技能人才为出发点，充分考虑计算机基础知识、技能应用方面的需求，按照“项目引导、任务驱动”的思路，依托实际应用的项目任务，较全面地介绍了计算机的基础知识、操作系统基础、常用办公软件的应用、网络基础及系统管理维护等知识。针对每一个项目，按所需完成的任务进行编排。同时，在每个项目的后面附加了实训任务，作为学生对本项目内容掌握情况的自我检验，从而强化教学效果，进一步提升学生的动手能力。

本教材根据计算机办公自动化工程师的任职要求，参照全国信息技术应用培训教育工程（ITAT 教育工程）《办公自动化工程师》的认证标准，选取典型的项目任务，以简明扼要的表述方式，突出了教材系统全面、概念清晰、实用适用等特点，强化了知识学习、技能提高与职业认证的有效对接。

本教材适合作为高等职业院校公共课的教材，也可作为计算机相关培训教材。

图书在版编目（CIP）数据

计算机应用基础项目化教程 / 聂俊航，夏奕，刘宗旭主编. — 北京：中国铁道出版社，2013.8(2020.7 重印)
高等职业教育公共课程“十二五”规划教材
ISBN 978-7-113-16604-5

Ⅰ.①计… Ⅱ.①聂… ②夏… ③刘… Ⅲ.①电子计算机—高等职业教育—教材 Ⅳ.①TP3

中国版本图书馆 CIP 数据核字（2013）第 166219 号

书　　名： 计算机应用基础项目化教程
作　　者： 聂俊航　夏　奕　刘宗旭

策　　划： 翟玉峰　何红艳
责任编辑： 何红艳　徐学锋
封面设计： 付　巍
封面制作： 白　雪
责任印制： 樊启鹏

出版发行： 中国铁道出版社有限公司（100054，北京市西城区右安门西街 8 号）
网　　址： http://www.tdpress.com/51eds/
印　　刷： 北京虎彩文化传播有限公司
版　　次： 2013 年 8 月第 1 版　　2020 年 7 月第 8 次印刷
开　　本： 787 mm×1 092 mm　1/16　　**印张：** 13.5　**字数：** 324 千
印　　数： 15 201～15 900 册
书　　号： ISBN 978-7-113-16604-5
定　　价： 29.00 元

FOREWORD

前 言

计算机应用能力已是当今职场必不可少的基本能力之一。目前各高校的各专业几乎都在开设计算机应用基础课程，尤其是高等职业教育的各专业更是把计算机应用能力作为一项基本能力来培养。计算机应用基础课程应以提高学生对计算机操作和常用办公软件的实际使用技能为目标，首先解决技能训练问题，然后在此基础上，让学生理解和掌握技能背后隐含的概念和原理。

本书采用“项目引导、任务驱动”的方式编写，以实际应用项目为载体，将理论知识、应用技能融合到实际应用中，着力培养动手实践能力、分析解决实际问题的能力。教材系统全面、概念清晰、适用性强。本书的特色有：

（1）参照职业认证标准，实现知识学习、技能提高与职业认证的有效对接。

参照全国信息技术应用培训教育工程（ITAT 教育工程）《办公自动化工程师》的认证标准，从工作岗位导出典型工作任务，由典型工作任务设计教学项目，实现计算机知识、应用技能与职业认证的有效对接。

（2）采用“项目引导、任务驱动”的方式编写，满足融教于做、做中促学的教改要求。

本书编写打破传统的按章节的编写方式，基于“项目引导、任务驱动”的思路，依托实际应用的项目任务，采用“任务描述→相关知识→任务实施→任务小结→实训”的教学编写方式，满足以学生为主体、以教师为主导，实施融教于做、做中促学的一体化教学的需求。

（3）教材示例丰富，图文并茂，并形成了丰富的数字化教学资源。

本书示例丰富，图文并茂，通俗易懂，对读者来说是一本“看得懂、学得会、用得上”的计算机教科书。在出版图书的同时，注重数字化教学资源的建设，配套提供全部实例和素材、多媒体课件、实训操作指导、试题库等资源，与书中知识紧密结合并互相补充，使读者能够轻松学习，快速掌握。

本书共分为六个项目：项目一介绍了计算机选购与软件安装；项目二介绍了计算机基本操作；项目三至项目五分别介绍了 Word 2007 的应用、Excel 2007 的应用、PowerPoint 2007 的应用；项目六介绍了接入互联网及系统安全维护。

全书由湖北交通职业技术学院计算机系教师根据教学实际情况共同编写完成，由聂俊航、夏奕、刘宗旭任主编，王晓刚、张艳婷、周祖才任副主编，全书由聂俊航制订编写大纲，由聂俊航、夏奕负责统稿和定稿工作。

本教材适合作为高等职业院校公共课的教材，也可作为计算机相关培训教材。

由于编者水平有限，时间仓促，书中难免存在不足和疏漏之处，希望读者批评指正，以便再版时更正。

编 者

2013 年 6 月

CONTENTS

目录

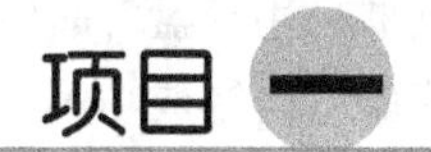

项目一 计算机选购与软件安装

学习目标：

- 了解计算机发展的过程及其特点；
- 了解计算机系统的组成；
- 掌握常用硬件的主要技术参数及选购要点；
- 掌握常用软件的安装方法和过程。

学习重难点：

- 计算机硬件配置及选购；
- 计算机软件安装及常用软件使用。

任务一　选购计算机

任务描述

小王希望购买一台个人计算机，用于在校期间的专业学习，以及适度的娱乐。面对错综复杂的计算机部件的性能参数，如何才能选择一台称心如意的个人计算机呢？这是小王同学非常苦恼的一个问题，他希望能向熟悉计算机选购的同学咨询一下，制订出一个适合自己的计算机配置方案。

相关知识

一、计算机的发展

1946 年 2 月，在美国的宾夕法尼亚大学诞生了人类的第一台电子计算机——ENIAC（Electronic Numerical Integrator and Calculator，埃尼阿克，电子数值积分计算机），如图 1-1-1 所示。它长 30.48 m，宽 1 m，占地面积约 170 m^2，重达 30 t，由 1.8 万只电子管组成，功率 150 kW，造价 48 万美元，其运算速度为 5 000 次每秒加法或 400 次每秒乘法。

ENIAC 奠定了电子计算机发展的基础，开辟了计算机科学技术的新纪元。而在 20 世纪 80 年代出现的 IBM 个人计算机（Personal Computer，PC），则标志着计算机开始真正走入千家万户，成为个人计算的工具。到目前为止，计算机的发展根据所采用的逻辑元件的不同，可以分为 4 个阶段，习惯上称为四代。

第一代：电子管计算机时代（1946—1957）

电子管计算机主要以电子管作为逻辑元件，采用磁鼓作为存储器。主要特点是体积大、耗电多、运算速度慢、散热量大、容量小、稳定性差且价格昂贵。主要应用于军事和国防领域、科学计算方面，使用机器语言或汇编语言，代表产品是 ENIAC 计算机。

第二代：晶体管计算机时代（1958—1964）

晶体管计算机主要以晶体管作为逻辑元件，内存储器采用磁心，外存储器采用磁盘。晶体管要比电子管功耗少、体积小、质量轻、工作可靠性高。1954 年，美国贝尔实验室研制成功第一台使用晶体管线路的计算机——TRADIC，如图 1-1-2 所示。1957 年，全部使用晶体管的第二代计算机在美国诞生。比起第一代计算机，第二代计算机的运算速度快了近百倍，输入/输出速度明显加快，程序处理和运算能力都有提高，存储容量加大，出现了一些通用算法和语言，如 FORTRAN 语言、ALGOL 语言和 COBO 语言等，操作系统的雏形开始形成。其应用也从军事与尖端技术方面逐步扩大到气象、工程设计等领域，除了用于科学计算外，还应用于数据处理和实时控制，代表产品是 IBM 1400 等计算机。

图 1-1-1　第一台电子计算机 ENIAC

图 1-1-2　晶体管计算机

第三代：集成电路计算机时代（1965—1969）

集成电路计算机主要以中、小规模集成电路（IC）作为逻辑元件，采用半导体存储器，存取速度比起第二代计算机的磁心存储器来说有了很大幅度的提高。第三代计算机体积更小、质量更轻、更省电、可靠性更高、成本更低、运算速度更快、系统的处理能力更强。软件方面出现了操作系统以及结构化模块化程序设计方法，应用范围扩展到文字处理、企业管理、自动控制等领域，代表产品是 IBM 360，如图 1-1-3 所示。

第四代：大规模和超大规模集成电路计算机时代（1970 年至今）

大规模和超大规模集成电路计算机主要以大规模集成电路（LSI）和超大规模集成电路（VLSI）为主要功能部件，这使得计算机的体积进一步减小，价格也更低，可靠性也更高，高度集成化是这一代计算机的主要特征。

1971 年 Intel 公司发布的 4004（4 位微处理器）是微处理器的开端，它利用大规模集成电路把运算器和控制器集成在一块芯片上，这一芯片集成了 2 250 个晶体管组成的电路，功能虽然很弱，仅相当于 ENIAC，但它是第四代计算机在微型机方面的先锋，导致个人计算机（PC）应运而生并迅猛发展。2012 年，Intel 公司发布基于 Ivy Bridge 架构的 Corei7 微处理器，采用了 22 nm

工艺制程，芯片内部集成的晶体管数量达到 14.8 亿只，执行 122.69 百万次每秒指令。伴随着性能的不断提高，个人计算机体积越来越小，价格越来越低，操作也变得更简单。此外，软件也越来越丰富，给用户使用个人计算机带来了极大的方便，也使得计算机能够在各个领域得到广泛的应用。

图 1-1-3　IBM 360

二、计算机的特点

计算机的应用如此广泛，并且在各个领域都发挥着非常重要的作用，这与它本身具有的特点是分不开的。计算机的主要特点表现为以下几个方面：

1. 运算速度快

现代计算机运算速度极快，通常用 MIPS（百万条指令每秒）来衡量，即每秒处理机器语言指令百万条数，它是衡量 CPU 处理速度的一个指标。个人计算机的运算速度能够达到几十 MIPS 以上，巨型计算机的运算速度更快，甚至能达到千万 MIPS。这些具备高速运算能力的计算机，多应用于科技发展的尖端领域，如天气预报、地质测量、卫星轨迹的计算、导弹控制等，这些领域里的信息处理极为复杂并且工作量巨大。由国防科学技术大学研制，部署在国家超级计算机天津中心的“天河一号”超级计算机，其运算速度可以达到 2.57 亿 MIPS，成为全球最快的超级计算机之一。随着科技的不断发展，计算机的运算速度还在不断提高。

2. 计算精度高

计算机的运算精度极高，一般计算工具只能达到几位有效数字，而计算机对数据处理的精度可以达到几十位有效数字，某些专用的计算机软件甚至可以进行上百位有效数字的运算，令其他任何计算工具望尘莫及。早在 1981 年，日本筑波大学就利用计算机，将圆周率π值算到小数点后

200万位。即使是个人计算机，也能满足大多数科学计算的高精度要求。如Windows系统自带的计算器（科学型），圆周率π值的有效数字能够达到32位。而在2010年，法国一名科学家仅仅利用一台个人计算机，成功计算出圆周率π值小数点后2.7万亿位，创造出新的记录。

3．存储容量大，时间久

计算机都带有存储器，能够存储大量的数据和计算机程序，在需要这些信息时再将它们从存储器中调出来。计算机不仅提供了能进行现场信息处理的大容量主存储器，同时还提供了能进行海量信息存储的磁盘、光盘等外部存储器，这些外部存储器存储容量非常大，而且存储的信息可以永久保存。

4．自动控制能力

计算机具有自动控制能力。只需要按照不同的处理要求，编制好程序并输入计算机，然后发出执行的指令，计算机就能自动、连续地执行所规定的各种操作，完成预定的处理任务，而不需要人工干预。利用计算机实现自动化操作，既省时又省力，能够提高劳动效率，还可以提高产品质量。

5．逻辑判断能力

计算机除了能够进行算术运算，还能够进行逻辑运算，具有逻辑判断的能力，它能够根据判断的结果自动确定下一步的执行命令。逻辑判断能力使计算机可以处理复杂的非数值计算问题，如文字识别、图像处理等，从而被用于更广泛的领域。

三、计算机的分类

1．按计算机处理数据的方式分类

根据计算机处理数据的方式不同，可以分为两大类：模拟电子计算机和数字电子计算机。

模拟电子计算机是通过电的物理变化（电压或电流的大小）过程来进行数值计算的，是以连续变化的模拟量作为处理对象，在模拟计算和工业设备的自动化控制中应用较多，但是模拟电子计算机受设备限制，计算精度低，信息不易存储，所以通用性不强，现在已很少使用。

数字电子计算机是通过电信号的有无来表示数，并利用算术和逻辑运算法则进行数值计算的，利用二进制离散量“0”和“1”来表示信息，能够简化电路，提高运算速度和计算精度，便于存储数据、进行逻辑运算，适用于科学计算、信息处理、实时控制和人工智能等领域。如今，广泛使用的就是数字电子计算机，简称电子计算机或计算机。因为数字电子计算机是以近似于人类的“思维过程”来进行工作的，所以也被称为电脑。

2．按计算机的使用范围分类

根据计算机的使用范围不同可以分为两大类：专用计算机和通用计算机。

专用计算机是为某一特定用途而专门设计出来的计算机，因此，它可以增强某些特定的功能，使得专用计算机能够达到高速度、高效率地解决某些特定的问题，但它的功能单一，适应性较差，不适于其他方面的应用。

通用计算机可用于多种用途，通过运行不同的软件来实现不同问题的解决，具有功能多、配置全、用途广、通用性强等特点，应用领域非常广泛。

3. 按计算机的规模和处理能力分类

根据计算机的规模大小和处理能力的不同，通常可分为超级计算机、大型计算机、小型计算机、微型计算机和工作站等五大类。

1）超级计算机

超级计算机又称巨型计算机，具有运算速度快、存储容量大、结构复杂、价格昂贵等特点，主要应用于天气预报、航空航天、核物理研究、卫星图像处理等尖端科学研究领域。它的研制水平体现了一个国家科学技术和工业发展的程度，全世界只有少数几个国家能生产超级计算机。我国新研发的“天河一号”超级计算机就是其中的典型代表，它是中国首台千万亿次超级计算机系统，如图 1-1-4 所示。

2）大型计算机

大型计算机又称大型机，规模仅次于超级计算机，具有内外存储器容量大、输入/输出通道多、可多处理、可并行处理等特点，主要应用于一些大中型企事业单位，如银行、政府部门和社会管理机构等，美国的 IBM、日本的富士通等都是大型机的主要厂商。

3）小型计算机

小型计算机就是低价格、小规模的大型计算机，具有规模小、结构简单、成本低、易于操作、便于维护等特点，主要在中小企事业单位使用，可用于工业自动控制、大型分析仪器、测量仪器、医疗设备中的数据采集、分析计算等方面，应用范围广泛。

4）微型计算机

微型计算机又称个人计算机或电脑，简称 PC。现在我们普遍使用的计算机就是微型计算机，1975 年，美国 IBM 公司推出了微型计算机的鼻祖——IBM 5100，如图 1-1-5 所示。微型计算机因其小、巧、轻、使用方便、价格便宜，而得到非常广泛的应用，从工厂的自动控制到办公自动化以及商业、服务业、农业等，遍及社会各个领域，人们的日常生活已越来越离不开计算机。

图 1-1-4　天河一号

图 1-1-5　IBM 5100

5）工作站

工作站实际上是一台高档微型计算机，具有强大的数据运算与图像交互处理能力，因此在计算机辅助设计领域得到了广泛应用。它具有较高的运算速度，除了具备多任务、多用户能力之外，还兼有微型计算机的操作便利和良好的人机界面。典型产品有美国 SUN 公司的 SUN3、SUN4 等。

随着芯片技术的不断发展，目前微型计算机与工作站或小型机之间的界限已经不再明显。如今微处理器芯片的处理速度已经超过 10 年前一般大型机 CPU 的运算速度。

四、计算机中信息的表示

计算机能够处理的信息种类非常丰富，包括数字、文字、图形、图像、音频和视频等，但是这么多种类的信息在计算机中是如何被识别和存储的呢？实际上，计算机是无法直接处理这些信息的，必须要经过编码之后，计算机才能对这些信息进行识别和存储。所以要想知道计算机中信息是如何进行表示的，就必须了解数制和编码的概念。

1. 数制的概念

数制是指用一组固定的数字和一套统一的规则来表示数值的方法。通常，人们习惯用十进制表示一个数，即逢十进一。在日常生活中，人们也常常遇到使用其他进制来表示一个数，如 1 天 24 小时，称为 24 进制，1 小时 60 分，称为 60 进制，这些统称为进位计数制，是根据人们的日常习惯和实际需要确定的。而在计算机中，则是采用二进制来进行数据的运算和存储的。

进位计数制采用的都是带权计数法，它包含两个基本要素：基数、位权。

基数又称基，是指一种进位计数制所包含数字符号的个数，通常用 R 来表示。比如十进制有 0、1、2、3、4、…、8、9 共 10 个数字符号，因此基数为 10；二进制是 0 和 1，所以基数为 2。

位权是指数码在不同位置上的倍率值。比如十进制的个位（10^0）、十位（10^1）、百位（10^2）、千位（10^3）等就称为位权，而二进制的位权为从低位到高位分别是 2^0、2^1、2^2、2^3、…、2^n。某一位数值的大小就等于该位常数与该位“位权”的乘积，比如十进制中在个位的 8，大小应该是 $8\times10^0=8$，而在十位的 8，大小应该是 $8\times10^1=80$。

2. 几种常用数制的表示

1）十六进制

- 数字：0，1，2，3，4，5，6，7，8，9，A，B，C，D，E，F。
- 进位方式：逢十六进一。
- 后缀：字符 H，如 28CF.3EH。
- 特点：相邻两位之间是 16 倍的关系。

2）十进制

- 数字：0，1，2，3，4，5，6，7，8，9。
- 进位方式：逢十进一。
- 后缀：字符 D 或无，如 457.16D。
- 特点：相邻两位之间是 10 倍的关系。

3）八进制

- 数字：0，1，2，3，4，5，6，7。
- 进位方式：逢八进一。
- 后缀：字符 O 或 Q，如 57.32Q。
- 特点：相邻两位之间是 8 倍的关系。

4）二进制

- 数字：0，1。
- 进位方式：逢二进一。
- 后缀：字符 B，如 01100101B。

● 特点：相邻两位之间是 2 倍的关系。

计算机采用二进制表示数据的优点如下：

（1）电路容易实现。具有两种稳定状态的电器元件很多，比较容易代表二进制中两个数 0 和 1，比如开关的开和关、二极管的导通和截止，电脉冲电平的高和低，计算机就是利用电路输出的高电平代表数字 1，用低电平代表数字 0。而要找到具有 10 种稳定状态的电器元件来代表十进制中的 10 个数字就不容易了。

（2）运算规则简单。二进制数要比十进制数的运算规则简单得多，这有利于简化计算机的内部结构，提高运算速度。

（3）便于逻辑运算。逻辑运算的结果只有两个：真和假，而二进制也只有两个数，正好和逻辑运算中“真”和“假”相对应，计算结果为真用 1 表示，为假用 0 表示。

（4）物理上容易实现存储。可以通过磁极的取向、表面的凹凸、光照的有无等来表示二进制数。比如光盘，就是利用小光束，在光盘表面的薄膜上烧出小凹坑，来表示“1”，而用平滑位置来表示“0”。

3. 计算机中数据的存储形式

计算机能接收和处理的所有符号集合称为数据，数据的种类很多，包括数值、符号、字母、图形、音频、视频等，这些类型的数据在计算机中都必须转换成由 0 和 1 组成的二进制代码才能被计算机所识别，这一转换过程被称为编码。

1）位（bit）

计算机中存储数据的最小单位称为位，英文名是 bit，音译“比特”，简称 b。位指的是二进制数中的 1 位，其值为“0”或“1”。

2）字节（B）

计算机中存储数据的基本单位称为字节，1 字节（1B）由 8 位二进制数构成，英文名是 byte，简称 B。计算机的存储容量就是以字节的多少来衡量的。

存储单位 B、KB、MB、GB 和 TB 的换算关系如下：

1 B=8b

1 KB=1 024 B

1 MB=1 024 KB=1 024×1 024 B

1 GB=1 024 MB=1 024×1 024 KB=1 024×1 024×1 024 B

1 TB=1 024 GB=1 024×1 024 MB=1 024×1 024×1 024 KB=1 024×1 024×1 024×1 024 B

3）字长（wordsize）

计算机在同一时间中处理二进制数的位数称为字长。它是由 CPU 本身的硬件结构所决定的，通常称处理字长为 8 位二进制数据的 CPU 称为 8 位 CPU，32 位 CPU 就是在同一时间内处理字长为 32 位的二进制数据，通常所说的 8 位机、16 位机、32 位机、64 位机就是指计算机的字长。

4. 数据的编码

计算机中的数据包括数值数据和非数值数据，数值数据转换成二进制数来表示，而非数值数据（字母、符号、图形、音频、视频等）就需要采用二进制编码来处理。常用的计算机编码包括字符编码、汉字编码等。常用的字符编码是 ASCII 编码，常用的汉字编码包括输入码（又称外码）、机内码（又称内码）、国标码等。

（1）ASCII（American Standard Code for Information Interchange，美国信息交换标准代码）码原来是美国交换码的国家标准，后来被国际标准化组织（ISO）接收成为国际标准，是目前国际上普遍采用的一种编码方式。

ASCII 码由 7 位二进制数组成，因为 2^7=128，所以 ASCII 字符共有 128 个，其中包括 10 个数字（0～9），52 个英文大、小写字母（A～Z，a～z），33 个专用字符（如,、%、#等）和 33 个控制字符（如 NUL、LF、CR、DEL 等），7 位 ASCII 码如表 1-1-1 所示。每一个 ASCII 字符固定对应低 7 位的某种组合状态，而最高位固定为 0，比如 01000001，代表大写字母 A；01100001，代表小写字母 a 等。

表 1-1-1　7 位 ASCII 码表

高 3 位 低 4 位	000	001	010	011	100	101	110	111
0000	NUL	DLE	SP	0	@	P	`	p
0001	SOH	DC1	!	1	A	Q	a	q
0010	STX	DC2	"	2	B	R	b	r
0011	ETX	DC3	#	3	C	S	c	s
0100	EOT	DC4	$	4	D	T	d	t
0101	ENQ	NAK	%	5	E	U	e	u
0110	ACK	SYN	&	6	F	V	f	v
0111	BEL	ETB	'	7	G	W	g	w
1000	BS	CAN	(	8	H	X	h	x
1001	HT	EM	)	9	I	Y	i	y
1010	LF	SUB	*	:	J	Z	j	z
1011	VT	ESC	+	;	K	[	k	{
1100	FF	FS	,	<	L	\	l	|
1101	CR	GS	–	=	M	]	m	}
1110	SO	RS	.	>	N	^	n	~
1111	SI	US	/	?	O	_	o	DEL

ASCII 码的新版本是 ASCII8，它由原来的 7 位码扩展到 8 位，成为扩展 ASCII 码，可以表示 256 个字符。

（2）汉字编码，有输入码、机内码和国标码 3 种。

① 输入码，又称外码，指的是从键盘上输入的代表汉字的编码，虽然键盘上并没有一个汉字，但是通过键盘可以输入汉字代码，统称为输入码或外码，是与某种汉字编码方案相对应的汉字代码。五笔字型码、全拼、智能 ABC、微软拼音等都是其中的代表。

② 机内码，又称内码，是计算机内部存储、处理和传输汉字时所用的代码，用两个字节（2B）表示，为了和 ASCII 码进行区分，每个汉字机内码的两个字节最高位都固定为 1。不管使用哪种汉字输入码，计算机存储的机内码都是唯一的。

③ 国标码，又称交换码，是指计算机与其他系统或设备之间交换汉字信息的标准编码。国标码采用两个字节汉字来表示，每个字符都被指定一个双7位的二进制编码。1981年我国公布了国家标准《信息交换用汉字编码字符集 基本集》，标准号GB 2312—1980，简称国际码，即交换码。

GB 2312—1980包括了6 763个汉字，按其使用频度分为一级汉字3 755个和二级汉字3 008个。一级汉字按拼音排序，二级汉字按部首排序。此外，该标准还包括标点符号、数种西文字母、图形、数码等符号682个。

我国2005年颁布国家标准《信息技术 中文编码字符集》，标准号GB 18030—2005。GB 18030—2005在GB 2312和GBK编码标准的基础上进行了扩充，采用单字节、双字节和四字节3种方式对字符编码，码位数达160多万个。该标准的汉字有70 000多个，包括全部中、日、韩统一字符集和CJK汉字扩充的所有字符。

5. 计算机系统的组成

计算机系统是一个整体概念，包括硬件系统和软件系统两大部分。硬件是计算机系统的躯体，软件是计算机的头脑和灵魂，只有将这两者有效地结合起来，计算机系统才能成为有生命、有活力的系统。计算机系统的组成如图1-1-6所示。

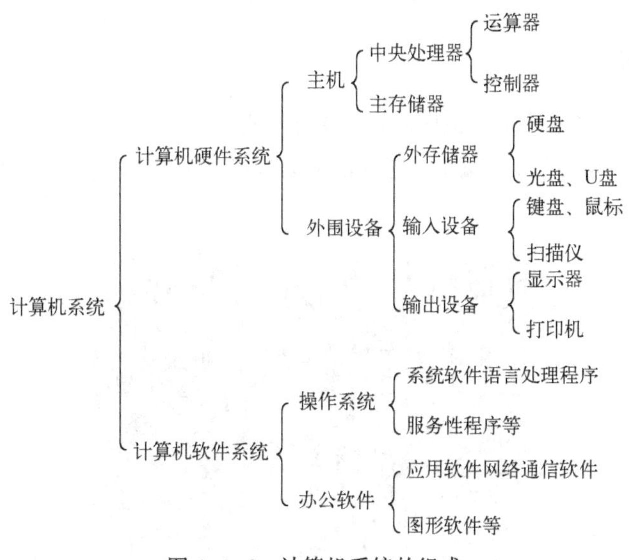

图1-1-6 计算机系统的组成

任务实施

一、选购CPU

CPU（Central Processing Unit）是一块超大规模集成电路芯片，是计算机的核心，控制计算机的操作和数据处理功能的执行，又称中央处理器或者处理器，而在个人计算机中称为微处理器。微处理器的好坏决定了整机的性能和反应速度。

CPU内部的结构都是以控制器、运算器以及寄存器为核心构成的，随着大规模集成电路技术的发展，通常将它们做在一块半导体芯片上。

CPU 主要技术参数是评价其性能的有效指标，主要技术参数如下：

（1）字长：指 CPU 在一次操作中能处理的最大的二进制数位数，它体现了一条命令所能处理数据的能力。

（2）主频：CPU 内核电路的实际运算频率，单位是 MHz，主频越高表明 CPU 运算速度越快。

目前市面上以两家大公司生产的 CPU 为主，即 Intel 公司和 AMD 公司。图 1-1-7 所示为两款 CPU 的外形。

图 1-1-7　CPU 外形

二、选购主板

主板是主机箱内一块最大的集成电路板，是计算机系统的核心部件之一。主板上安装的主要部件有 CPU、内存条、处理输入/输出的芯片以及 IDE 接口和 PCI 插槽，如图 1-1-8 所示。

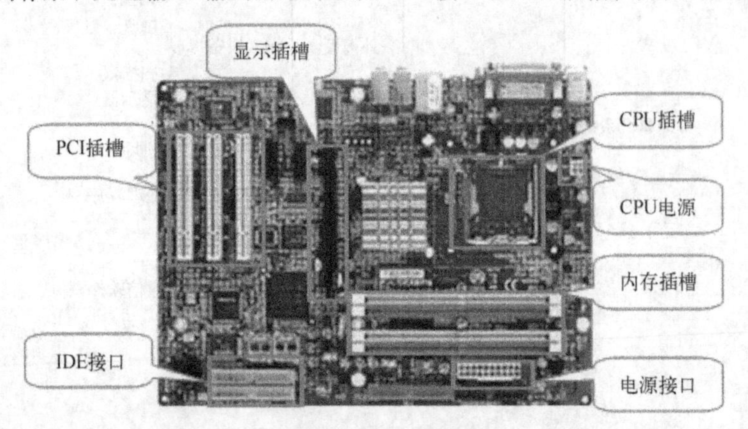

图 1-1-8　主板

主板不仅是整个计算机系统平台的载体，而且承担着 CPU 与内存、存储设备以及其他 I/O 设备的信息交换，任务进程的控制等工作。所以主板的性能好坏对整机有很大的影响。

说明：

（1）IDE 接口是用来连接硬盘和光驱的，主板上一般提供两个 IDE 接口。

（2）PCI 插槽是主板上的扩展插槽，可以安装声卡、网卡等扩展设备，一般主板上提供 3～5 个这样的插槽。

（3）I/O 接口是 CPU 与外围设备之间实现信息交流的电路，通过总线与 CPU 相连。

三、选购内存

内存由集成电路构成，是主机中一个重要的存储部件。内存按照性能和特点可分为只读存储器（ROM）、随机存储器（RAM）。

1. 只读存储器（Read Only Memory，ROM）

只读存储器不能写入，只能读出存储的信息，当计算机断电后信息不会丢失，可靠性能高。所以 ROM 主要用于存放固定的、不变的、控制计算机的系统程序和参数表。可以分为普通 ROM、可编程 ROM、可擦除 ROM、电可擦除 ROM。

2. 随机存储器（Random Access Memory，RAM）

随机存储器数据可以读出，也可以写入。RAM 用于临时存放数据和程序，可以分为静态 RAM 和动态的 RAM。人们通常所说的内存就是指随机存储器。

3. 内存的常用技术参数

CPU 可以直接对内存进行访问，内存对整机的性能影响很大，所以要对其有所了解。

（1）内存的总线频率：通常所说的 DDR400、DDR667 中的 400 和 667 指的就是内存的总线频率。主板的前端总线频率也是由内存的频率决定的。

（2）内存的数据带宽：取决于内存的总线频率和带宽。计算公式：内存的数据带宽=(总线频率 × 带宽位数) ÷ 8，例如 DDR400，其数据带宽为（400 MHz × 64 bit）÷ 8=3.2 GB/s，双通道 DDR400 的总线带宽为 3.2 GB/s × 2=6.4 GB/s。

（3）内存速度：一般用存取一次数据所需的时间（单位：纳秒，符号为 ns）作为性能指标。内存速度值越小，表明存取时间越短，速度就越快。

（4）内存容量：常见的内存容量单条为 512 MB、1 GB、2 GB，内存越大，计算机的运行速度就越快。

说明：

- DDR 内存：针脚数为 184，电压 2.5 V，在 1 个时钟周期内传输 2 次数据。
- DDR2 内存：是 DDR 内存的后继产品，针脚数为 240，电压为 1.8 V，在 1 个时钟周期内可以进行 4 次数据存取。

内存外形如图 1-1-9 所示。

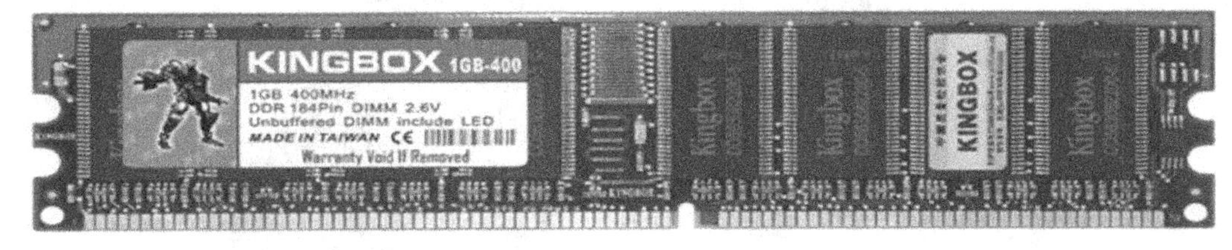

图 1-1-9　DDR 内存

四、选购显卡

显卡又称显示卡，它是计算机的重要部件之一，也是计算机中进行数模信号转换的部件，接在计算机主板上，它将计算机中的数字信号转换成模拟信号让显示器显示出来；同时显卡还具有图像处理能力，可协助 CPU 工作，提高整机的运行速度。因此，一款性能优良的显卡能给用户在玩游戏、看电影、进行 3D 设计时带来更逼真的视觉享受。

显卡的性能指标主要有以下几点：

（1）GPU，即显卡芯片。它是显卡的核心，主要作用是处理系统输入的视频信息并对其进行构建、渲染等工作，然后将处理结果发送到显示器上。显卡所支持的各种 3D 特效均由 GPU 的性能决定，因此显卡芯片的性能决定了显卡的性能和档次。

目前，市面上生产 GPU 的厂家只有 nVIDIA 和 ATI 几家公司，大部分的 GPU 芯片均采用的是 nVIDIA 和 ATI。

（2）核心频率：是指核心芯片的工作频率，在一定程度上反映出显卡核心芯片的性能，在同一级别的芯片中，核心频率高的性能要强一些。

（3）显存：即是显卡的内存，它对于显卡的重要性就像内存对计算机的重要性，负责存储显卡芯片需要处理的各种数据。显存的性能好坏主要是由速度、位宽和容量来决定的。

说明：如果用户只是做一些简单的计算机操作，如上网、聊天，集成显卡就完全够用了；而进行大型的 3D 游戏或者 3D 设计，则需要使用独立显卡。显卡如图 1-1-10 所示。

图 1-1-10　显卡

五、选购硬盘

硬盘是计算机中的主要外部存储设备，也是计算机不可缺少的硬件之一。用户使用的操作系统，以及各种应用程序、游戏和多媒体软件等都是存放在硬盘中。硬盘的外观和内部结构如图 1-1-11 所示。

（a）外观　　（b）内部结构

图 1-1-11　硬盘外观和内部结构

硬盘的性能参数有以下几点：

（1）硬盘的容量：是指硬盘能存储数据的大小。其单位是 GB、TB。

（2）转速：指硬盘盘片每分钟转动的圈数。硬盘转数越快，其数据传输速度也就越快，整体性能也越好。目前硬盘的转速为 5400 r/min 和 7200 r/min 两种，7200 r/min 的硬盘要比 5400 r/min 的硬盘数据传输速度要快 33%以上。

（3）缓存容量和速度：是指将数据暂存在一个比磁盘速度快得多的缓冲区来提高读取速度。多数 IDE 硬盘的缓存为 2～8 MB，SATA 硬盘的缓存可达 8～16 MB。

说明：

● IDE 接口：使用一根 40 芯或 80 芯的扁平电缆连接硬盘与主板，每条线最多连接两个硬盘，如图 1-1-12 所示。

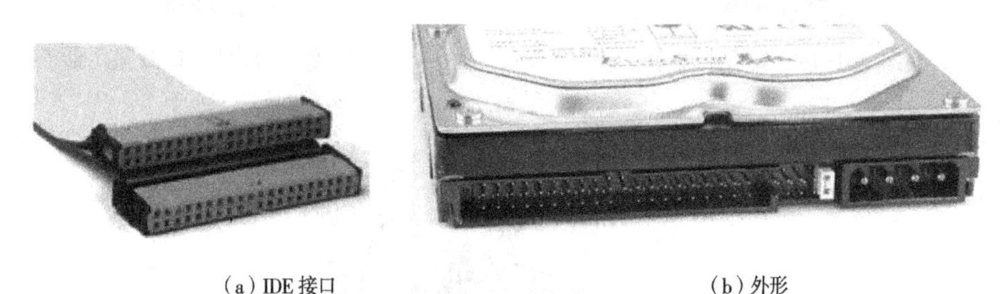

（a）IDE 接口　　（b）外形

图 1-1-12　IDE 接口硬盘

● SATA 接口：这样的接口有传输速度快、安装方便、更容易散热的优点。这种目前已成为主流，如图 1-1-13 所示。

图 1-1-13　SATA 接口硬盘

六、选购显示器

显示器的功能是把在计算机中输入和处理的内容以图形的形式显示出来，是计算机最重要的输出设备之一。目前使用广泛的显示器分为两种：

（1）CRT 显示器：是一种使用阴极射线管的显示器。具有可视角度大、无坏点、色彩还原度高、色度均匀、可调节的多分辨率模式、相应速度快等优点，如图 1-1-14 所示。

（2）LCD 显示器：是一种采用液晶控制光度技术来实现显示图像的显示器。和 CRT 显示器相比，LCD 显示器的优点很明显，LCD 显示器通过控制是否透光来控制亮和暗，这样就避免了刷新率的问题，而且 LCD 显示器的体积小，耗能低，如图 1-1-15 所示。

如何更好地识别选购显示器，需要掌握以上两款显示器的常用要点：

（1）CRT 显示器选购要点：一是尺寸和可视面积，显示器的尺寸是指显示屏的对角线长度，以 in（英寸）为单位，如图 1-1-16 所示。二是显示器的刷新频率：刷新频率低，显示画面就会明显抖动，容易造成使用者眼睛疲劳。刷新率越高，画面抖动就越小，图像就越自然，越清晰。

图 1-1-14　CRT 显示器

图 1-1-15　LCD 显示器

图 1-1-16　显示器尺寸

（2）LCD 显示器选购要点：一是 LCD 显示器的坏点，液晶显示器是由相当薄的无钠玻璃中间夹着液晶构造的，所以很容易因为个别像素坏掉而形成坏点。一般情况下，坏点少于 5 个并且不在中心 1/3 处，都可以认为是正常的现象。二是 LCD 显示器的可视角度，指的是使用者站在显示器前的某个位置仍能看见屏幕影像的最大角度。目前 LCD 显示器的可视角度为 160° 左右。三是 LCD 显示器的接口，结构分为 D-SUB 和 DVI 两种。D-SUB 是最常用的接口，传输的是模拟信号。DVI 接口是用数字方式传输到显示器，又称数字接口，采用这种接口的好处是，可以使图像信号损失更小，画质更好，如图 1-1-17 所示。

（a）D-SUB 接口

（b）DVI 接口

图 1-1-17　显示器接口

七、选购电源

机箱电源是计算机的主要电力供应设备，它的好坏直接决定计算机能否正常工作。所以还应该对机箱电源加以重视。

（1）电源外壳：有 0.88 mm、0.6 mm 两种标准厚度。

（2）线材：电源所使用的线材粗细直接关系到它的耐用度，较细的线材经过长时间使用，会常常因过热而烧毁。

（3）电源散热孔：电源在工作的过程中，温度会不断升高，除了通过电源内置的风扇散热外，散热孔也是散热的重要措施。

（4）电源认证：目前我国最常见的电源认证是强制性的 3C 认证。

（5）电源功率：电源上注明了最大功率、额定功率、峰值功率几个性能指标。电源外观如图 1-1-18 所示。

图 1-1-18 电源外观

八、选购机箱

机箱的用途是用于安装和保护计算机的核心硬件，这些核心硬件包括 CPU、内存、硬盘、显卡、光驱、显示器、键盘以及鼠标等设备，如图 1-1-19 所示。

图 1-1-19 机箱

任务小结

选购个人计算机首先要做的是需求分析，应做到心中有数、有的放矢。用户在购买个人计算机之前一定要明确自己购买的用途，也就是说究竟想让计算机做什么工作、具备什么样的功能。只有明确了这一点后才能有针对性地选择不同档次的计算机。

在选购个人计算机时还需要注意以下几点：

1. 重价格、轻品牌

有些用户在选购计算机时往往过分地看重价格而忽视计算机的品牌。知名品牌的产品虽然价格上贵一些，但是无论是产品的技术、品质性能还是售后服务等都是有保证的。而杂牌产品为了降低产品的成本，通常会使用一些劣质的配件，并且它的售后服务也没有任何保障。

2. 重配置、轻品质

多数购买计算机的用户往往只关心诸如 CPU 的档次、内存容量的多少、硬盘的大小等硬件的指标，但对于一台计算机的整体性能却视而不见。CPU 的档次、内存的多少、硬盘的大小只是局部的参考标准，只有计算机中各种配件的完美整合，也就是说组成计算机的各种配件能够完全兼容并且各种配件都能充分地发挥自己的性能，这样的计算机才是一台物有所值的计算机。

3. 重硬件、轻服务

与普通的家电产品相比，计算机的售后服务显得更为重要。所以用户在选购计算机时，售后服务问题应该放到重要的位置上来考虑（特别是那些对计算机不是很了解的用户）。计算机的整体性能是集硬件、软件和服务于一体的，服务在无形中影响着计算机的性能。用户在购买计算机之前，一定要问清楚售后服务条款再决定是否购买。说得具体一些，尽管现在计算机售后服务有“三包”约束，但是各厂家的售后服务各有特色、良莠不齐，对此用户一定要有明确的了解。

实训一　选购个人计算机

一、实训目标

（1）了解计算机硬件市场各主要部件的市场行情；

（2）熟悉计算机硬件价目单各项指标的含义；

（3）了解计算机部件的最新发展趋势；

（4）培养计算机配置的能力。

二、实训内容及要求

（1）对本地区计算机市场进行调查；

（2）对计算机硬件价目单进行分析，设计计算机配置方案；

（3）根据市场调查，拟出选购一台计算机的硬件选配计划，并分析计算机配置方案适用的对象，以及最大的特点和不足之处。

任务二　安装计算机软件

任务描述

小王多番努力，终于买回了自己心仪的计算机，在他兴高采烈地开机之后，等了很久都没能顺利地进入系统桌面中。这到底是怎么回事呢，难道新买的计算机是坏的？小王再次向熟悉计算机的同学咨询，原来啊，小王太过着急了，计算机还没有安装操作系统呢，当然没有办法顺利运行了。这下小王明白了，原来计算机的使用必须建立在软件的基础上。

相关知识

软件是指为运行、管理和维护计算机系统所编制的各种程序的总和。计算机软件通常分为两大类，即系统软件和应用软件。系统软件是指不需要用户干预的能生成、准备和执行其他程序所需的一组程序。应用软件是使用者为解决或实现检测与实时控制等不同任务所编制的应用程序。

一、系统软件

系统软件是用于管理、监控和维护计算机的资源（包括硬件和软件）的程序。目前常见的系统软件有操作系统、各种语言处理程序、数据库管理系统以及各种工具软件等。

1. 操作系统

操作系统是管理计算机硬件和软件资源、为用户提供方便的操作环境的程序集合，它是系统软件的核心，是其他系统软件和应用软件能够在计算机上运行的基础。启动计算机时，首先将操作系统装入内存并激活计算机，在它的管理与控制下，计算机才能正常运行。目前常用的操作系统有 Windows XP、Windows Vista、Windows 7、Windows 8、Linux、UNIX 等。

2. 语言处理程序

语言处理程序包括汇编程序、高级语言的解释程序和编译程序。计算机执行什么操作，都是依靠程序中的一条条具体指令来指挥的。计算机能识别的不同指令集合称为指令系统。可以组成计算机程序、能够被计算机识别的指令系统称为程序设计语言。程序设计语言一般分为机器语言、汇编语言和高级语言 3 类。

机器语言是由二进制指令代码组成的，它是唯一不需要任何翻译，直接可以被计算机识别的程序语言，执行速度快。不过机器语言都是由 0、1 组成的二进制代码，难以编写、阅读、记忆、调试和修改，所以用机器语言编写程序非常不方便。

汇编语言是用能反映指令功能的助记符描述的计算机语言，又称符号语言，它是用与代码指令实际含义接近的英文缩写字母来表示每条指令，比如用 ADD 表示相加，用 SUB 表示相减。用汇编语言编写的程序称为源程序，计算机无法直接执行。必须用相应的汇编程序把它翻译成机器语言才能被计算机所识别，完成这个翻译过程的就是汇编程序。汇编语言虽然比机器语言先进，但汇编语言根据不同类型的计算机，有不同类型的指令系统，所以掌握起来比较困难。机器语言和汇编语言都是面向机器的，所以又称低级语言。低级语言的特点是与人类的自然习惯相差较远，不容易理解和编写，但执行速度快，因此常用来编写系统软件和实时性要求较高的程序，如驱动程序等。

高级语言是比较接近于人类语言的一种计算机语言。其特点是：容易理解和编写，但执行速度比较慢，常用来编写应用软件。高级语言编写的程序也是源程序，同样不能被计算机直接执行，必须要进行翻译。翻译方式有两种：一种是逐条指令边解释边执行，运行结束后目标程序并不保存，完成这种处理过程的程序称为解释程序；另一种是先把源程序全部一次性翻译成目标程序，然后再执行目标程序，完成这种处理过程的程序称为编译程序。

常用的高级语言有 BASIC、C 语言、Java 和可视化编程语言 Visual Basic（VB）、Visual C（VC）等。

3. 服务性程序

服务性程序是指用户使用和维护计算机时所使用的程序，比如编辑程序、调试程序、系统诊断程序、故障检查与测试程序等。

4. 数据库管理系统

数据库是以一定的组织方式存储在计算机内的相关数据的集合。数据库管理系统是用于管理数据库的计算机软件。常用的数据库管理系统有 Visual FoxPro、Access、SQL Sever 和 Oracle 等。

5. 工具软件

工具软件是为了方便软件开发、系统维护而提供的各种软件，如压缩软件、加密软件和杀毒软件等。

二、应用软件

应用软件是用于解决客户各种实际问题的程序。具体来说，应用软件是由各软件开发公司及用户利用系统软件和程序设计语言编制的应用程序。常用的应用软件有用于科学计算方面的数学计算软件、统计软件；文字处理软件包（如 WPS、Word、Office 2010）；图像处理软件（如 Photoshop、动画处理 3ds max）；各种财务管理软件、税务管理软件、工业控制软件、辅助教育软件和游戏软件等。

任务实施

一、安装 Windows XP 操作系统

1. 准备工作

（1）准备好 Windows XP Professional 简体中文版安装光盘，并检查光驱是否支持自启动。

（2）可能的情况下，在运行安装程序前用磁盘扫描程序扫描所有硬盘，检查硬盘错误并进行修复，否则安装程序运行时如检查到有硬盘错误会影响安装。

（3）用纸张记录安装文件的产品密钥（安装序列号）。

（4）可能的情况下，用驱动程序备份工具将原 Windows XP 下的所有驱动程序备份到硬盘上。最好能记下主板、网卡、显卡等主要硬件的型号及生产厂家，预先下载驱动程序备用。

（5）如果想在安装过程中格式化 C 盘或 D 盘（建议安装过程中格式化 C 盘），请备份 C 盘或 D 盘中有用的数据。

2. 用光盘启动系统

重新启动系统并把光驱设为第一启动盘，保存设置并重启。将 XP 安装光盘放入光驱，重新启动计算机。刚启动时，当出现图 1-2-1 所示的命令时快速按【Enter】键，否则不能启动 XP 系统光盘安装。

图 1-2-1 启动提示信息

3. 安装 Windows XP Professional

（1）光盘自启动后，将出现图 1-2-2 所示的提示，此时按【Enter】键。

（2）出现图 1-2-3 所示的许可协议时，按【F8】键表示同意协议。

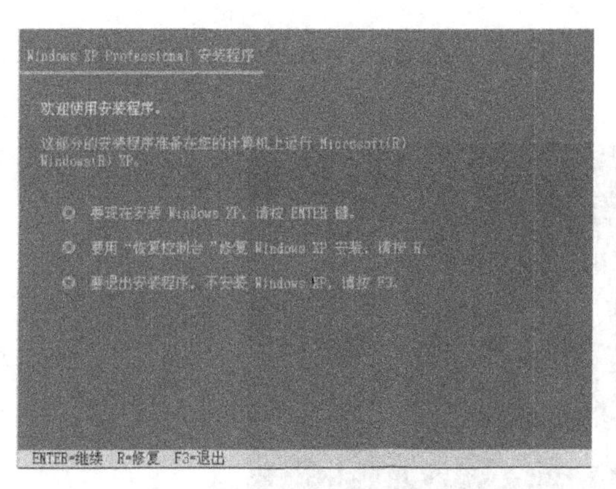

图 1-2-2 安装提示

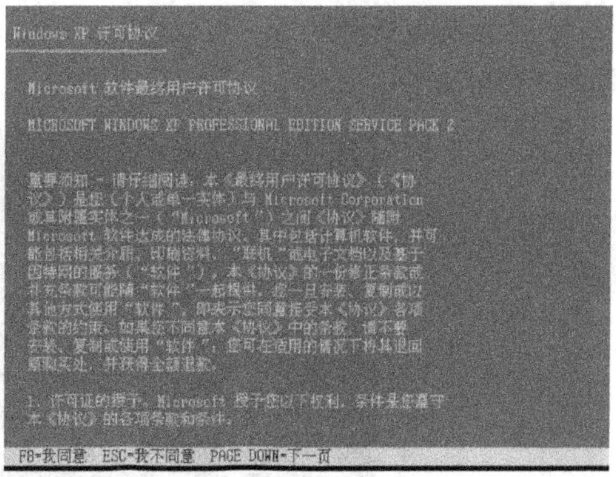

图 1-2-3 许可协议

（3）这里用“向下”或“向上”方向键选择安装系统所用的分区，如果已格式化 C 盘请选择 C 分区，选择好分区后按【Enter】键，如图 1-2-4 所示。

（4）这里对所选分区可以进行格式化，从而转换文件系统格式，或保存现有文件系统。这里选择“用 FAT 文件系统格式化磁盘分区（快）”，按【Enter】键，如图 1-2-5 所示。

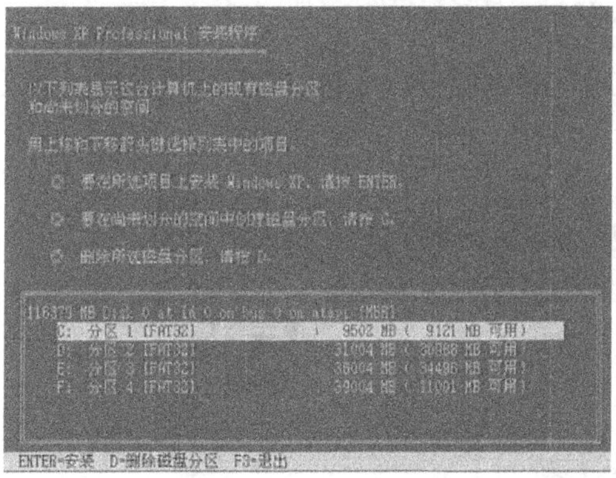

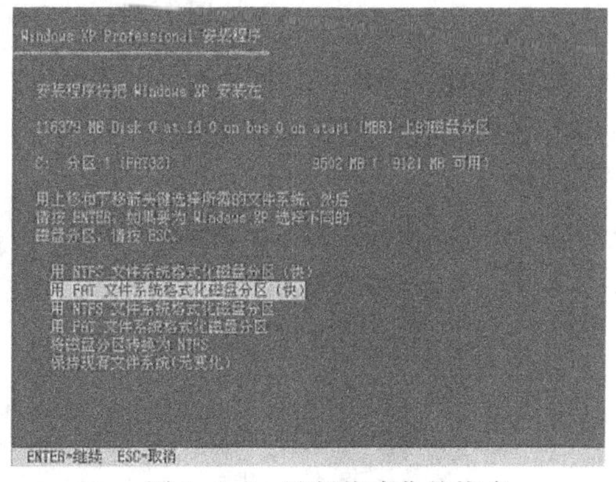

图 1-2-4 系统分区

图 1-2-5 选择格式化的格式

（5）格式化和复制文件的过程需要 10～20 min，如图 1-2-6 所示。

（6）文件复制完成后，系统将会自动在 15 s 后重新启动，安装程序准备开始，如图 1-2-7 所示。

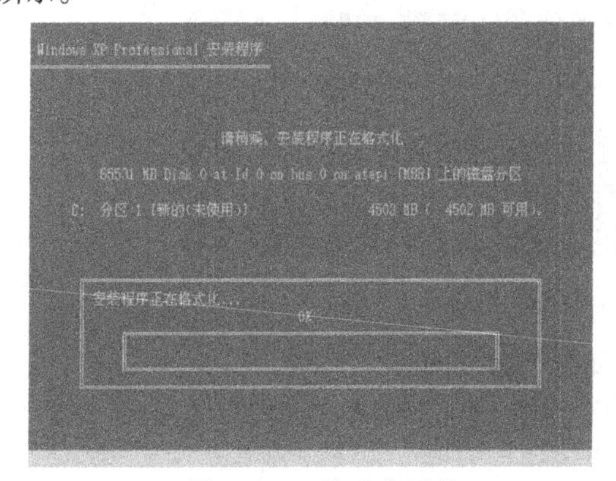

图 1-2-6 格式化过程

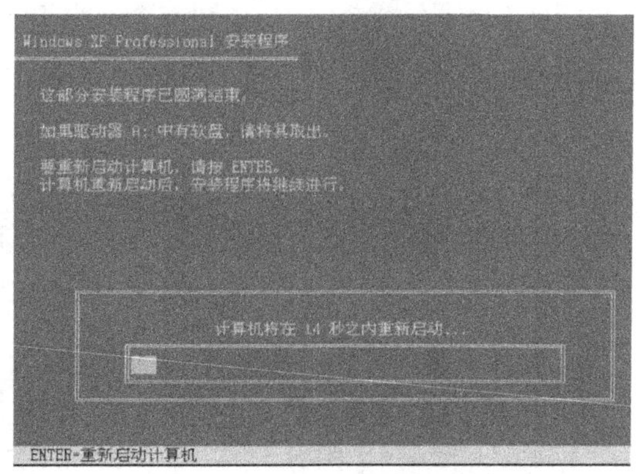

图 1-2-7 计算机等待重新启动

（7）计算机重新启动后，可以看到 Windows XP 的启动画面，开始初始化 Windows 配置，如图 1-2-8 所示。

图 1-2-8　Windows XP 的启动画面

（8）初始化过程中，需要设置“区域和语言选项”等系统基本信息，选默认值即可，直接单击“下一步”按钮，如图 1-2-9 所示。

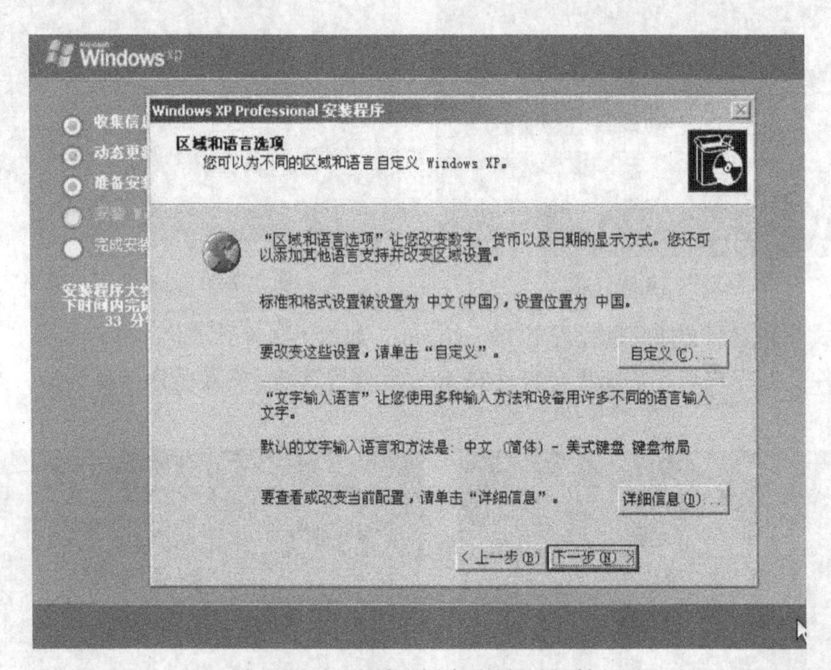

图 1-2-9　“区域和语言选项”对话框

（9）输入安装序列号，单击“下一步”按钮，如图 1-2-10 所示。

（10）开始安装，复制系统文件以及主要的设置已经结束，静心等待系统完成安装，如图 1-2-11 所示。

（11）出现“欢迎使用 Microsoft Windows”界面时，表明 Windows XP 已经完成了安装过程。

接着按照屏幕上的提示做出自己的选择即可，如图 1-2-12 所示。

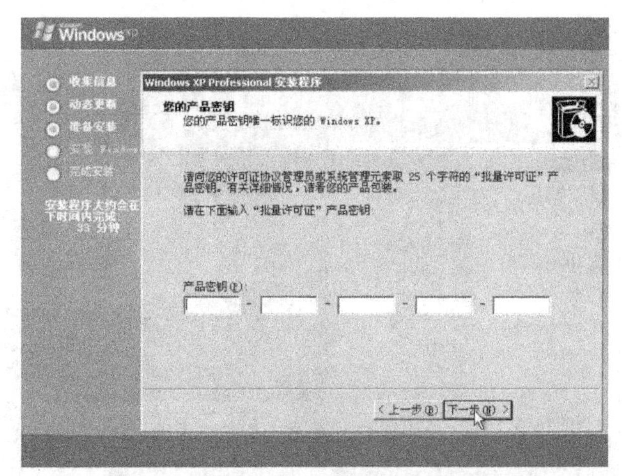

图 1-2-10 输入序列号

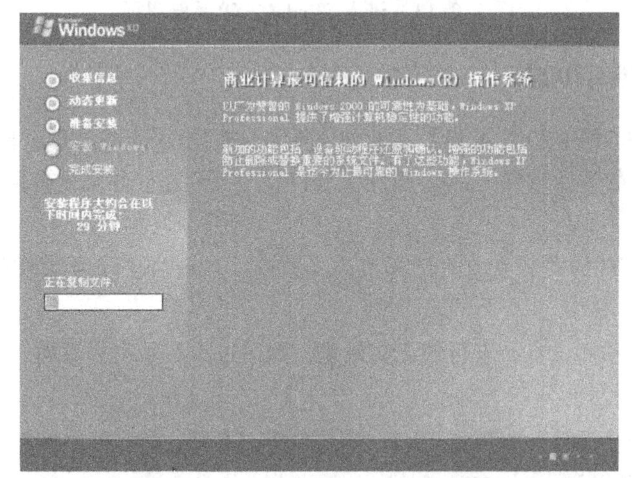

图 1-2-11 正在安装 Windows XP

图 1-2-12 安装完成

（12）设置完成后，会出现“欢迎使用”界面，并自动进入系统界面，如图 1-2-13 所示。

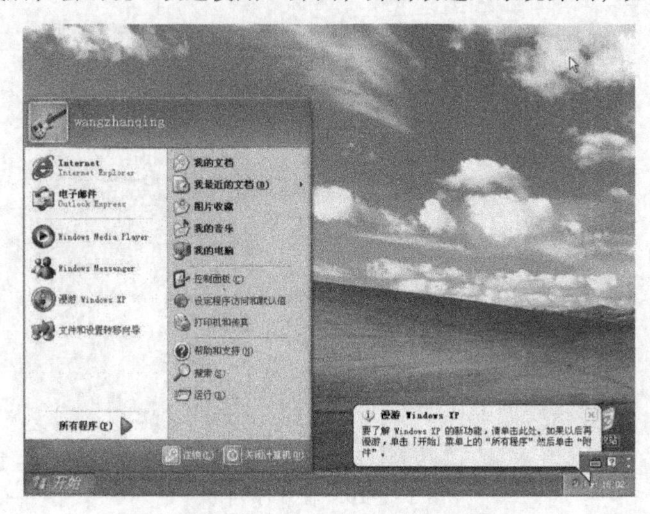

图 1-2-13　进入 Windows XP 系统界面

二、安装 Office 2007

计算机办公软件 Office 2007 汇集了字处理软件 Word、电子表格处理软件 Excel、演示文稿制作软件 PowerPoint 和数据库软件 Access 等相关软件及一系列功能强大的使用工具。Office 2007 的安装步骤如下：

（1）将 Office 2007 的安装盘放入计算机的光驱中，系统会自动启动 Office 2007 的安装向导程序。

（2）安装程序启动后，自动进行信息初始化，然后进入产品密钥界面，等待用户输入产品序列号，如图 1-2-14 所示。

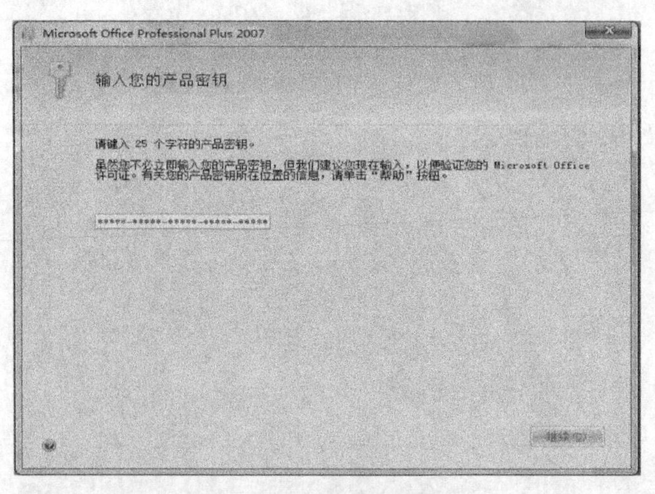

图 1-2-14　产品序列号

（3）输入序列号后，进入软件许可证条款界面，如图 1-2-15 所示，选择“我接受此协议的条款”复选框，单击“继续”。按钮

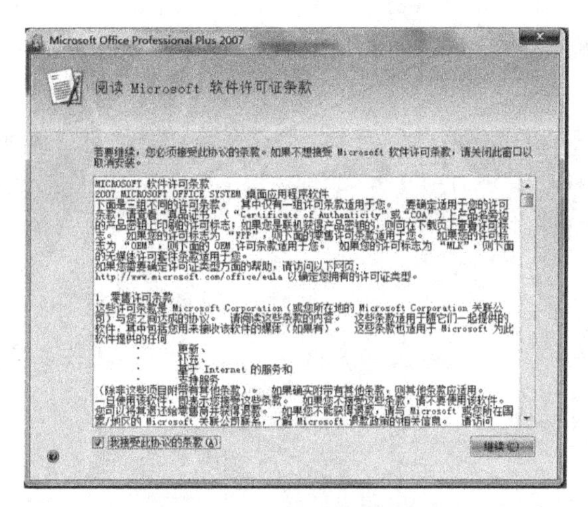

图 1-2-15　许可证条款界面

（4）在安装选项界面（见图 1-2-16），单击“升级”按钮，出现图 1-2-17 所示的安装画面。

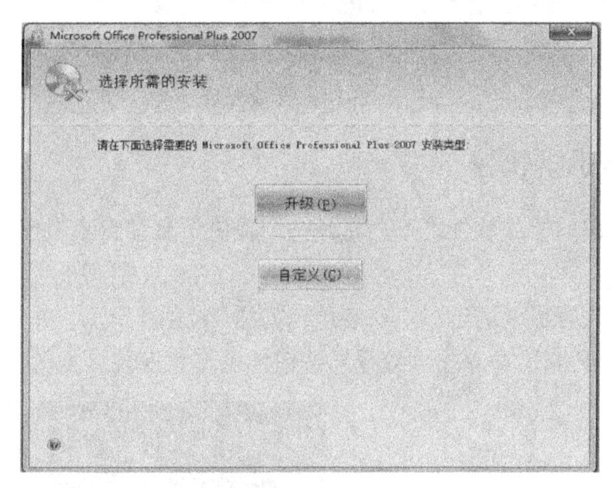

图 1-2-16　选择安装类型

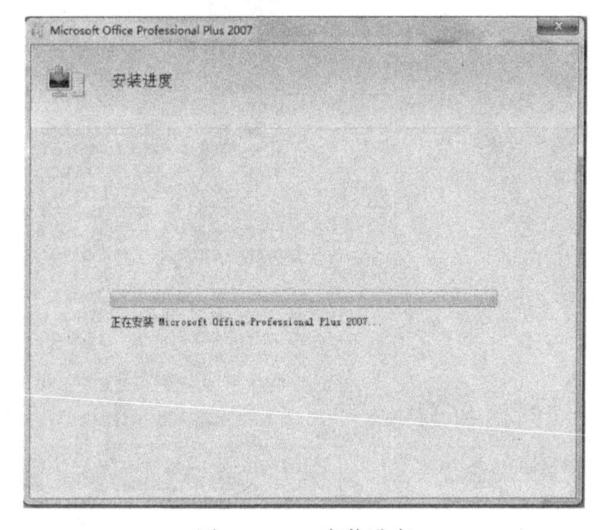

图 1-2-17　安装进度

（5）安装完成后系统会出现图 1-2-18 所示的提示界面，单击“关闭”按钮后退出安装程序，安装完成。

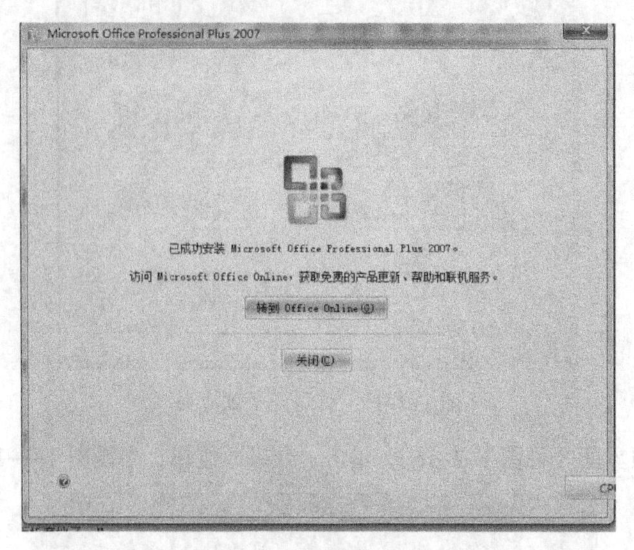

图 1-2-18 安装完成

三、下载并安装迅雷软件

迅雷软件是目前常用的下载软件之一，它是一个提供下载和自主上传的工具软件。其安装步骤如下：

（1）找到已下载到计算机上的迅雷 7 安装包，如图 1-2-19 所示，并运行。

（2）阅读“软件许可协议”，单击“接受”按钮才可继续安装，如图 1-2-20 所示。

Thunder7.1.0.72.exe
迅雷7安装程序
深圳市迅雷网络技术有限公司

图 1-2-19 安装程序

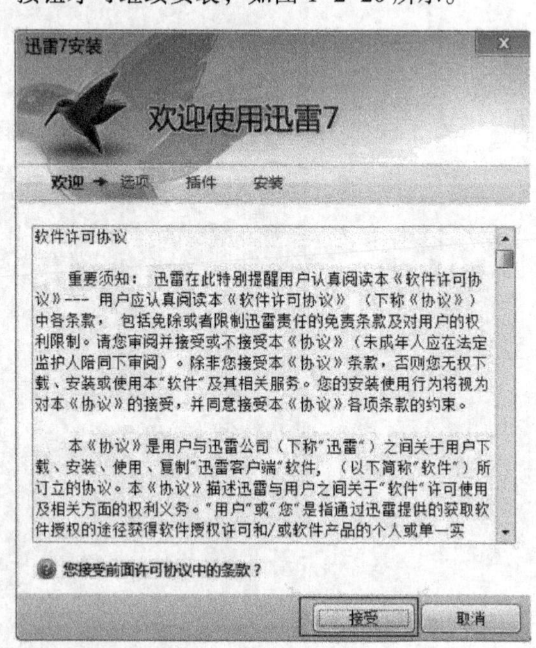

图 1-2-20 “软件许可协议”界面

（3）按照引导程序中所提供的选项，设置迅雷 7 的安装选项，单击“下一步”按钮将开始安装，如图 1-2-21 所示。

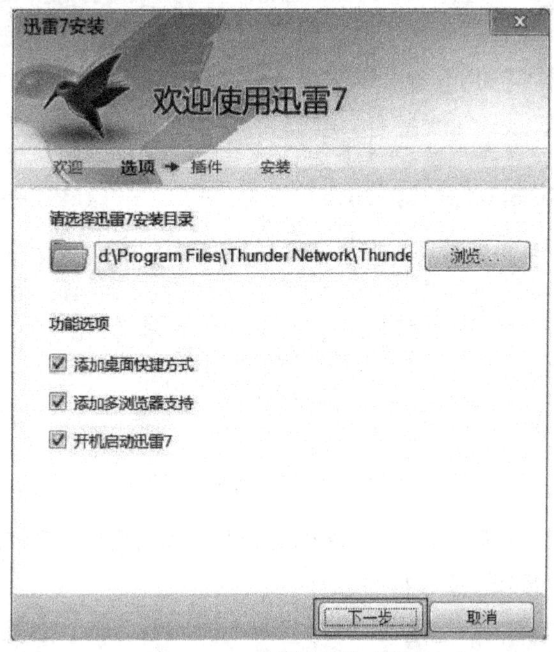

图 1-2-21　选择安装选项

（4）安装过程中可随时单击“取消”按钮中止安装过程，并将计算机恢复到安装前的状态，如图 1-2-22 所示。

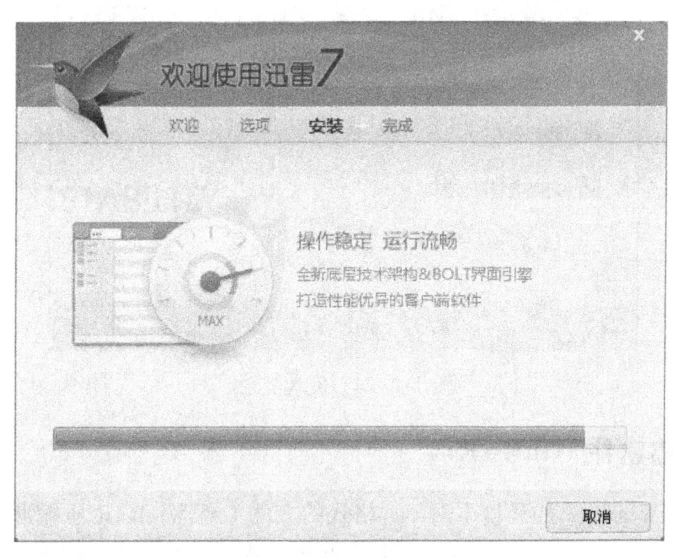

图 1-2-22　正在安装

（5）安装过程结束后，会提示安装迅雷中捆绑的第三方程序，根据自己的需要选择是否安装。单击“下一步”按钮继续，如图 1-2-23 所示。

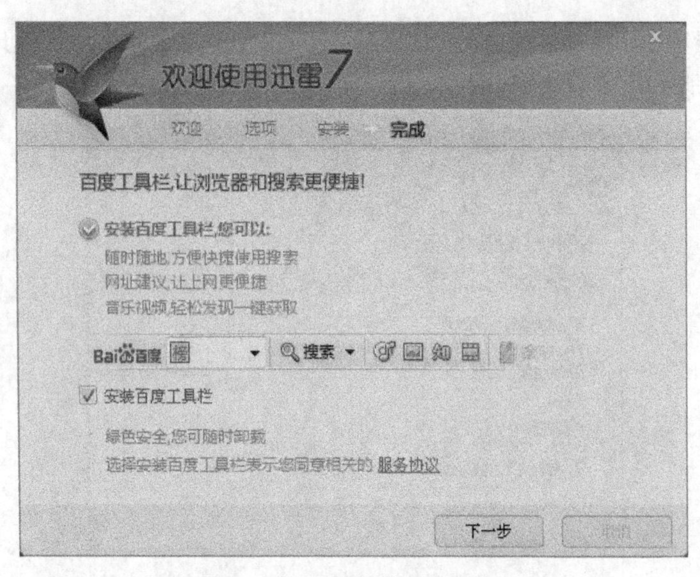

图 1-2-23 安装第三方程序

（6）迅雷 7 安装完成，可以根据需要选择安装结束后是否立即启动“迅雷 7”，或是设置“迅雷看看”为浏览器首页，如图 1-2-24 所示。

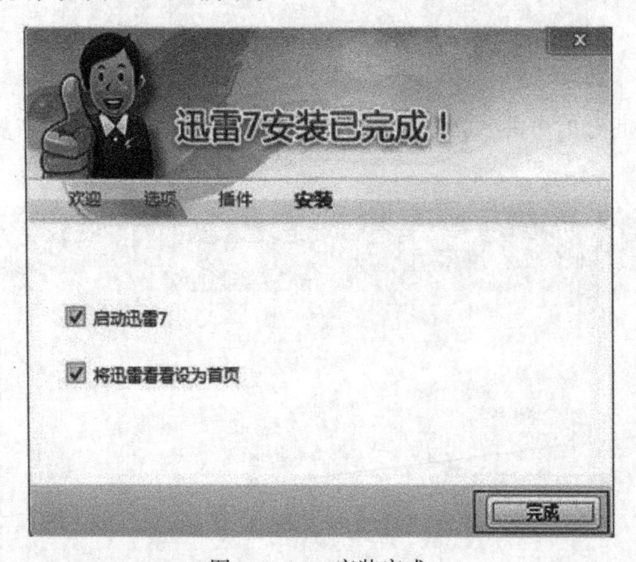

图 1-2-24 安装完成

四、安装压缩软件 WinRAR

WinRAR 是在 Windows 的环境下对.rar 格式的文件（经 WinRAR 压缩形成的文件）进行管理和操作的一款压缩软件。WinRAR 的一大特点是支持很多压缩格式，除了.rar 和.zip 格式（经 WinZip 压缩形成的文件）的文件外，WinRAR 还可以为许多其他格式的文件解压缩。下面简要介绍 WinRAR 的安装步骤：

WinRAR 的安装十分简单，双击下载后的安装文件，就会出现图 1-2-25 所示的安装画面。

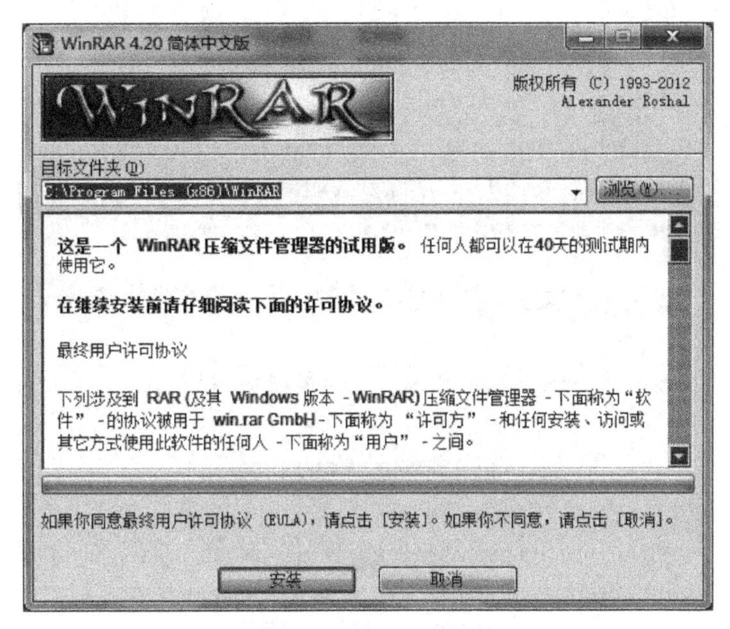

图 1-2-25 安装 WinRAR 软件

通过单击“浏览”按钮选择好安装路径后再单击“安装”按钮，即可开始安装软件。之后会弹出图 1-2-26 所示的选项设置界面。

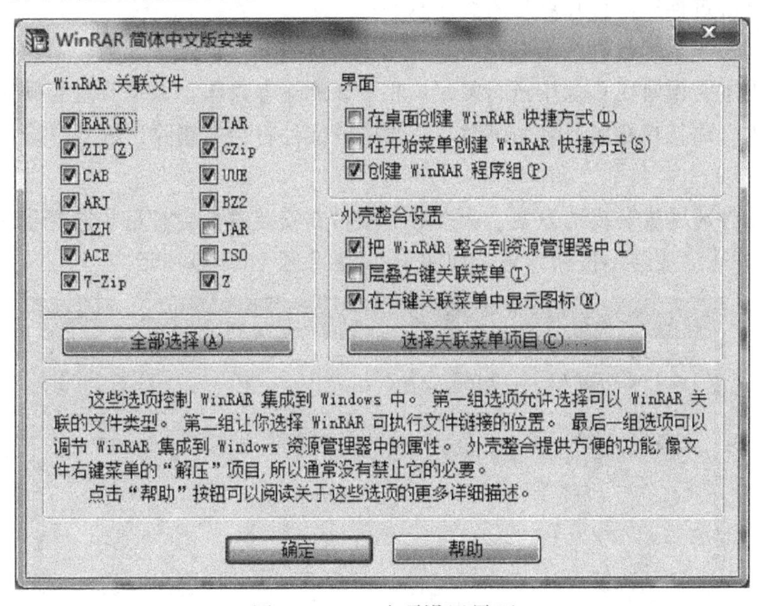

图 1-2-26 选项设置界面

第一个选项组“WinRAR 关联文件”是用来选择由 WinRAR 处理的压缩文件类型，选项中的文件扩展名就是 WinRAR 支持的多种压缩格式。第二个选项组“界面”是用来选择放置 WinRAR 可执行文件链接的地方，即选择 WinRAR 在 Windows 中的位置行。最后一个选项组“外壳整合设置”，是在右键快捷菜单等处创建快捷方式。一般情况下按照安装的默认设置即可。单击“确定”按钮，将弹出图 1-2-27 所示的完成界面，即代表压缩软件 WinRAR 安装成功。

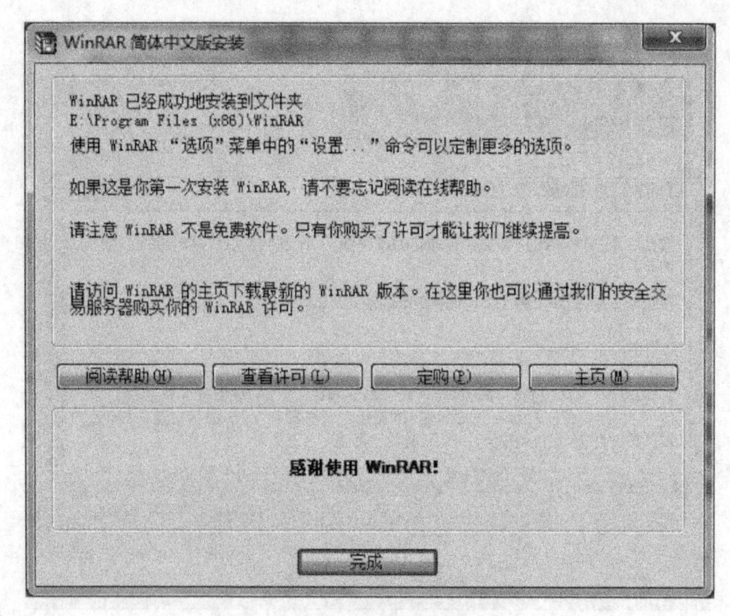

图 1-2-27 安装完成界面

任务小结

在安装软件的过程中，有几点是需要注意的：

（1）不要随便在系统盘也就是 C 盘存放或者安装文件。C 盘是系统盘，请勿往里面存放重要的工作文件，也不要频繁在 C 盘中进行复制、粘贴、删除等操作。如果 C 盘空间过小，将会影响系统的运行速度。而且在每次重装系统时，C 盘中的文件将会被删除，因此尽量避免存放重要的文件在 C 盘中。

（2）安装软件请尽量安装到 D 盘。大多数的软件在安装时都会有目录选择步骤。这时只需把 C 改为"D"，单击"安装"按钮即可，如图 1-2-28 和图 1-2-29 所示。

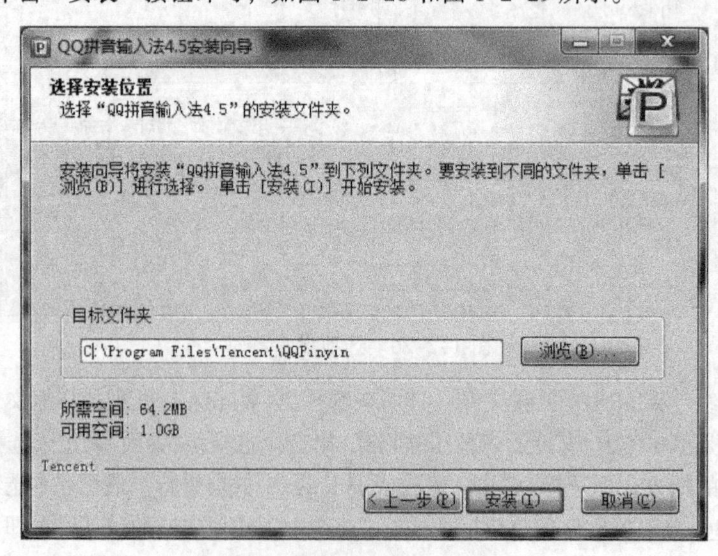

图 1-2-28 默认安装路径

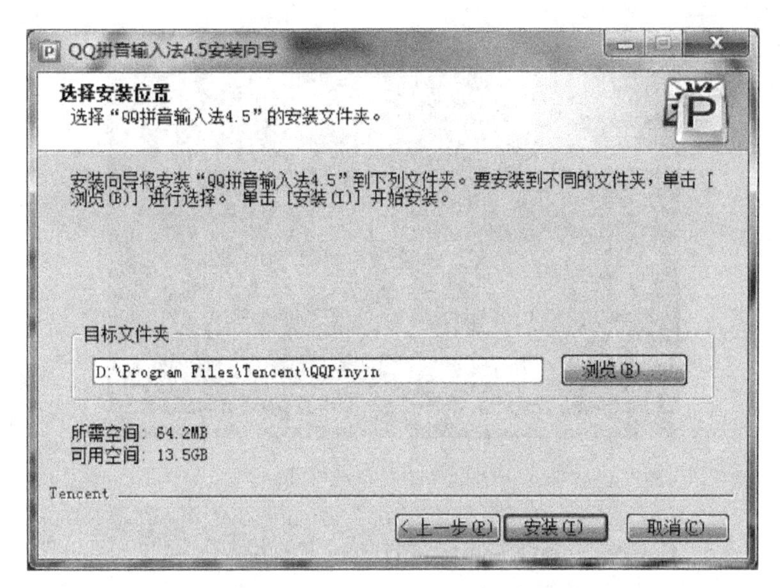

图 1-2-29 修改后的安装路径

（3）安装软件时请多留意一些插件和设置。例如：

① 注意勾选掉一些插件和设置，如图 1-2-30 所示。

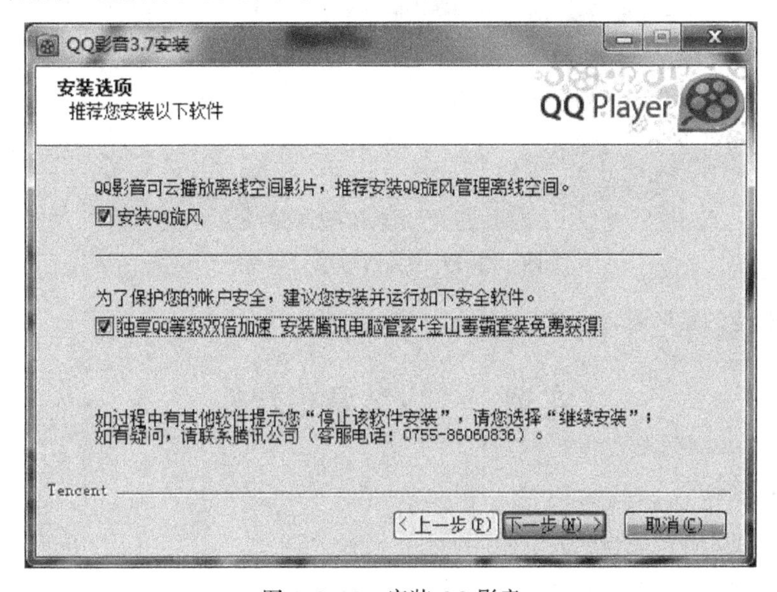

图 1-2-30 安装 QQ 影音

以上复选框中都建议取消选择，因为勾选后就会自动安装别的软件或应用其他的一些设置。

② 软件设置。一般的软件都会有开机自动启动的设置，这样拖延了开机速度，所以要对其进行设置，以暴风影音为例。

打开暴风影音，在最左上方单击下拉图标，如图 1-2-31 所示，在弹出的菜单中选择“高级选项”命令，即可弹出“高级选项”界面。

在“高级选项”界面中选择“启动与退出”选项，设置软件的开机启动，如图 1-2-32 所示。

图 1-2-31　选择命令

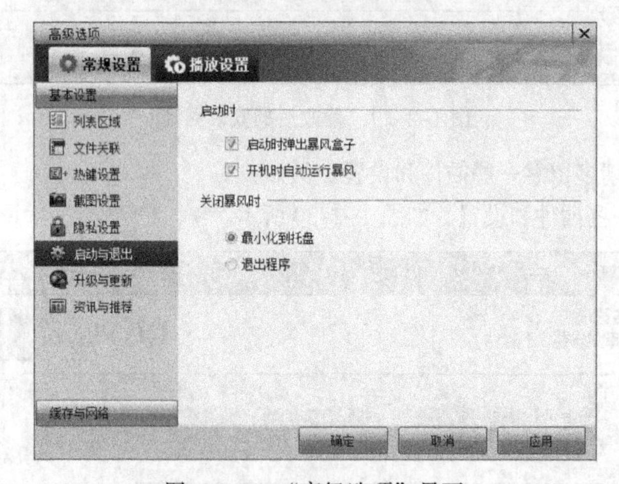

图 1-2-32 “高级选项”界面

取消选择相应的复选框后，单击“确定”按钮即可。

实训二　安装常用软件

一、实训目标

（1）掌握输入法软件的安装方法；

（2）掌握影音播放软件的安装方法；

（3）掌握压缩软件的安装方法。

二、实训内容及要求

（1）在计算机中安装一款输入法软件，如搜狗拼音、微软拼音等；

（2）在计算机中安装一款影音播放软件，如暴风影音、QQ 影音等；

（3）在计算机中安装一款压缩软件，如 WinZip、360 压缩等；

（4）用安装的影音播放软件播放歌曲文件，再用压缩软件对这些歌曲文件进行压缩。

项目二 计算机基本操作

学习目标：

- 了解 Windows XP 操作系统的基本构成要素；
- 掌握 Windows XP 系统的基本操作；
- 了解实现文件管理的主要方法和基本操作；
- 掌握 Windows XP 的基本系统设置。

学习重难点：

- 窗口、菜单的熟练运用；
- 文件管理、系统设置等高级操作。

任务一　个性化设置 Windows 系统

任务描述

小王的计算机已经用了一段时间了，这期间小王安装了不少软件，也用的比较顺手，可是小王总是觉得他这台计算机的界面和其他同学的界面一样，一点个性都没有，小王应该怎样更改他的计算机界面？小王查阅了很多计算机操作相关的资料，终于找到了方法。

相关知识

一、Windows 操作系统的基本元素

操作系统是系统软件的核心，是对计算机硬件资源和软件资源进行控制与管理的系统化程序，是用户和计算机之间的接口。目前应用最广泛的操作系统是 Windows XP 操作系统，它是一个多任务的操作系统，允许用户同时运行多个应用程序，或在一个程序中同时进行几项任务。

1．Windows XP 桌面

打开计算机后，系统会自动进行硬件检测，自检通过后将进入到 Windows XP 的桌面。桌面背景图案是蓝天白云草地，它是用户在计算机上进行所有操作的工作平台，如图 2-1-1 所示。

Windows XP 的操作就是从桌面开始的，桌面上放置着许多对象，其中一部分对象是安装 Windows XP 后自动出现的，还有一部分是安装其他软件时自动添加的，用户也可以添加自己的对象。

2．桌面图标

图标是代表某一对象的图形标志，通常由图形和说明文字组成，这些图标分别用来表示应用程序、文档、文件夹、快捷方式或设备等对象。

图 2-1-1 Windows XP 桌面

全新的操作系统，桌面上会自动出现以下几个图标：

（1）我的电脑：包含计算机中的所有资源，双击该图标可以浏览磁盘的内容，进行文件管理等。

（2）我的文档：用来存放用户编辑的文档，便于组织管理和查找这些文档，默认对应于“C:\Documents and Settings\Administrator\My Documents”路径的文件夹。

（3）网上邻居：当计算机联网时，可以通过它访问网上其他计算机的共享资源。

（4）回收站：在没有清空“回收站”之前，临时存放用户删除的文件，需要时可以在此恢复删除的文件，将其放回原位置。

（5）Internet Explorer：浏览器，用来访问因特网上的共享资源。

3. 任务栏

任务栏用于管理当前正在运行的应用程序，位于桌面的底部，共有 5 个区域，从左至右分别是：“开始”按钮、快速启动工具栏、任务活动区、语言栏和通知区域，如图 2-1-2 所示。

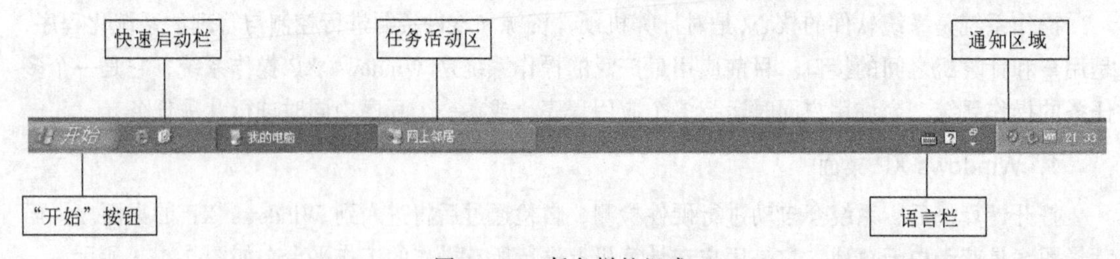

图 2-1-2 任务栏的组成

（1）“开始”按钮：用于打开“开始”菜单，所有的计算机管理工作都可以从该菜单中完成。

（2）快速启动栏：显示应用程序图标，单击图标即可快速启动相应的程序。

（3）任务活动区：Windows XP 是多任务操作系统，允许同时运行多个应用程序。每个打开的程序，系统会自动在任务栏上为其显示一个任务按钮，其中高亮显示的为当前正在使用的应用程序，称为“当前窗口”或“活动窗口”，其他则为后台程序。

（4）语言栏：显示了用户当前正在使用的输入法。使用语言栏可以切换输入法并对输入法进行设置。

（5）通知区域：以图表方式显示系统常驻程序，主要有时钟、音量控制等。

4．窗口

当用户打开一个文件或运行一个程序时都会打开一个与之对应的窗口，其主要组成如图 2-1-3 所示。

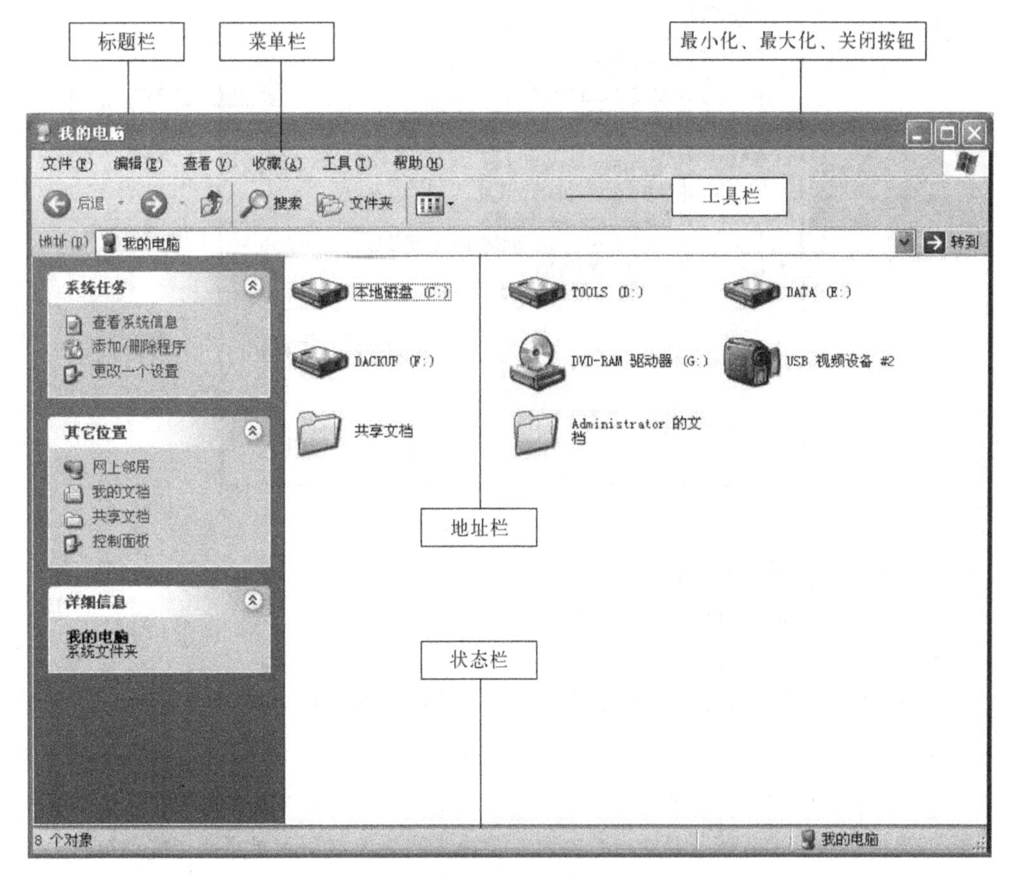

图 2-1-3 窗口的组成

（1）标题栏：显示此窗口的名称。标题栏中包括了 3 个按钮：“最大化/还原”按钮，窗口最大化或普通大小显示；“最小化”按钮，窗口最小化显示；“关闭”按钮，关闭窗口。

（2）菜单栏：命令的集合。

（3）工具栏：显示常用的工具。

（4）地址栏：显示窗口所在的路径。

（5）工作区域：通常占据窗口的绝大部分，用来显示信息或为用户提供的工作的场所。

（6）状态栏：位于窗口的最底端，用来显示窗口的状态和提示信息。

5．对话框

对话框是一种特殊的窗口，通常用于执行命令或进行参数设置，其组成如图 2-1-4 所示。

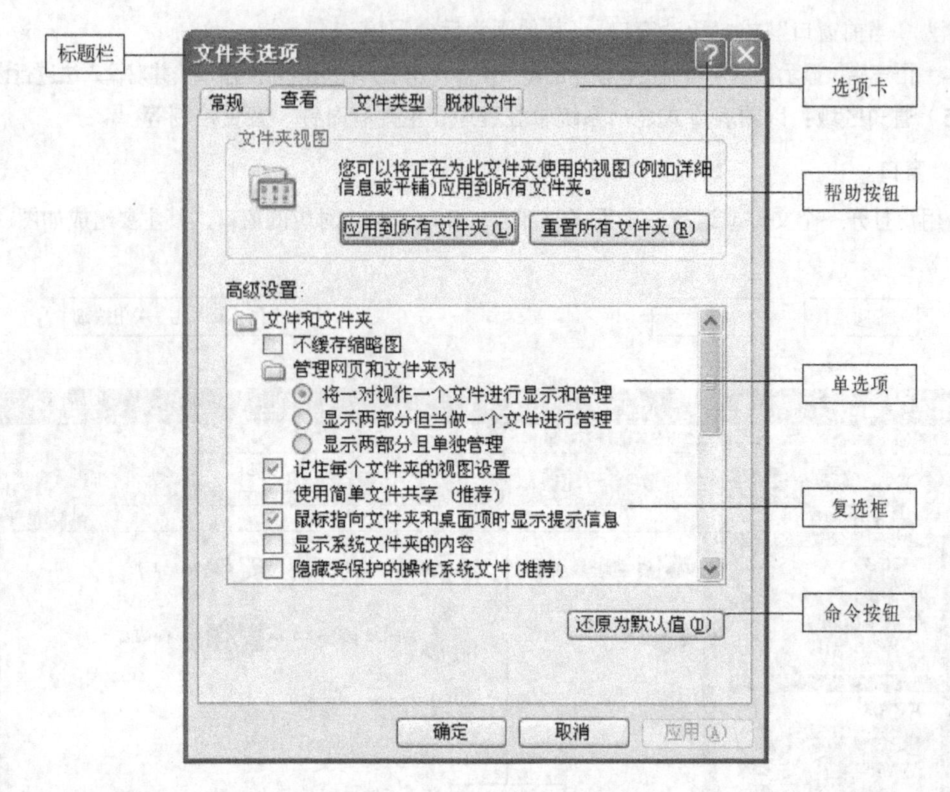

图 2-1-4　对话框的组成

（1）标题栏：显示对话框主题。

（2）选项卡：用于显示对话框的一部分主题内容。

（3）复选框：用于多项选择。

（4）帮助：可以启动 Windows XP 帮助系统，当用户输入某组件的内容，将显示该组件的功能。

6．菜单

菜单是程序命令的集合，常用的菜单有“开始”菜单、窗口菜单和快捷菜单。图 2-1-5 所示是“开始”菜单，图 2-1-6 所示是窗口“查看”菜单，图 2-1-7 所示是桌面快捷菜单。

图 2-1-5　“开始”菜单

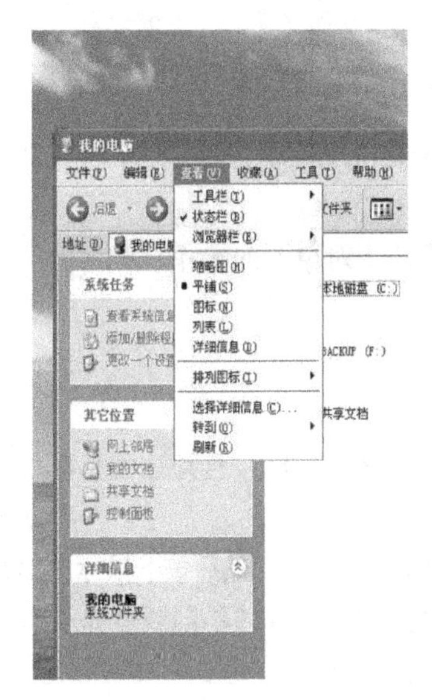

图 2-1-6 窗口“查看”菜单

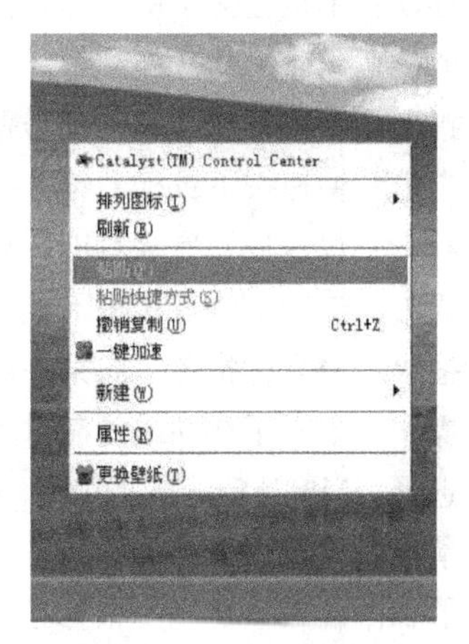

图 2-1-7 桌面快捷菜单

菜单的几点说明：

（1）命令后的▸：表示该命令还有下一级联菜单。

（2）命令后的…：表示单击该命令会弹出一个对话框。

（3）命令前的√：表示该命令正在起作用，再执行一次这个命令可取消标记，该命令不再起作用。

（4）命令前的●：表示在一组功能相似的命令（一般在菜单中用分隔线分隔）中只有该命令被选中。

（5）灰色的命令：表示该命令目前不能执行。

二、键盘和鼠标

1. 键盘的基本操作

键盘是最为传统的计算机输入工具，虽然目前许多计算机的操作已经可以由鼠标来完成，但是在许多特定的工作环境中，键盘的使用还是不可替代的。用户在输入字母、文字、数字或符号时，键盘是最佳的输入工具。

使用键盘时的注意事项如下：

（1）利用键盘上的【Caps Lock】键可以进行英文字母的大小写切换，键盘上指示灯亮时，表示输入为大写状态；而指示灯灭时，表示输入为小写状态。在输入汉字时，应该保持指示灯灭状态。

（2）对于要输入键盘上标注的上挡字符，在输入时需要使用组合键输入方法，即先按下主键盘的【Shift】按键，然后再按下需要输入的上挡字符所在键，输入完成后，再释放【Shift】键。

注意：在大小写指示灯亮时，按下【Shift】+字母键，输入为小写字母；指示灯灭时，按下【Shift】+字母键，输入为大写字母。

2. 鼠标的基本操作

鼠标是一种带有两键或三键的手持输入设备，对于 Windows 操作系统鼠标的使用是必不可少的，利用鼠标可以选择所要控制或操作的对象，进行确认、拖动或发布命令。

下面就来介绍一些鼠标的基本操作方式：

（1）移动：不按任何按键，移动鼠标的操作。鼠标移动时，屏幕上会有一个指针随鼠标的移动而做相似的运动。

（2）指向：将鼠标指针移动到屏幕上某一特定位置或某一对象上的操作。

（3）单击：快速按下鼠标左键并立即释放的操作。

（4）右击：快速按下鼠标右键并立即释放的操作。

（5）双击：连续、快速地按下鼠标左键两次的操作。

（6）拖放：将鼠标指针指向某一对象，按下鼠标左键并移动鼠标，直到达到目标位置时才释放按键的操作。多用于移动或复制对象。

（7）选择：当要选定屏幕上的某一对象时，将鼠标指针指向该对象，然后按下鼠标左键的操作。

通常情况下，鼠标指针的形状是一个小箭头，但是它会随着位置的不同或者是执行任务的不同而发生形状的改变。比如当鼠标指针位于文本框中时，指针形状看上去就像一个英文字母 I，而当鼠标指针指向可改变大小的窗口边沿时，指针形状就变成一个双向箭头。表 2-1-1 列出了一些常见鼠标指针的形状。

表 2-1-1　鼠标指针的形状及含义

指针名称	指针形状	含义
箭头		用于选择、激活程序、移动窗口等
窗口调节		调整窗口的大小
移动		将选中对象进行位置移动
沙漏		程序忙，请等待
I形		文字选择
手型		链接选择
禁用		禁止操作

任务实施

一、设置任务栏为自动隐藏

（1）右击任务栏的空白处，从快捷菜单中选择“属性”命令。

（2）选择“自动隐藏任务栏”复选框，如图 2-1-8 所示。

（3）选择“将任务栏保持在其他窗口的前端”复选框可以使任务栏不被窗口遮盖住。

如果任务栏被隐藏了，可以按【Ctrl+Esc】组合键以显示任务栏并弹出“开始”菜单。

二、平铺窗口

1. 第一种方式

（1）依次打开“我的电脑”、“我的文档”和“网上邻居”3 个窗口。

（2）调整窗口大小，当鼠标指针移至窗口的四个角上时，鼠标指针变成↘、↙形状时，可等比例改变窗口的高度和宽度。

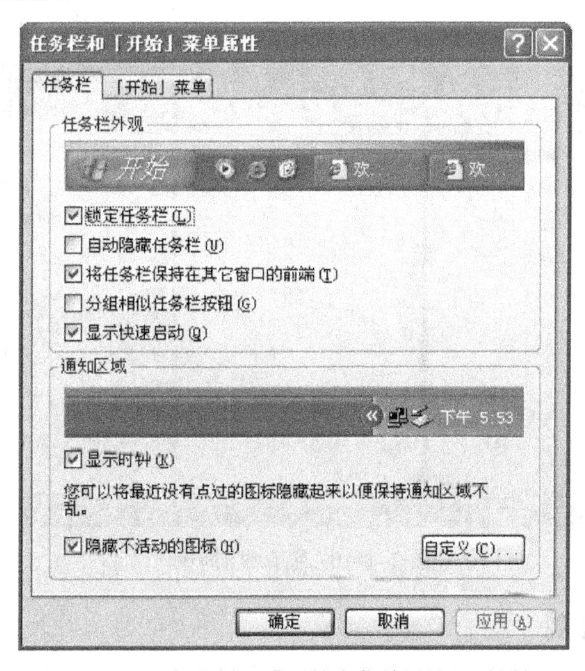

图 2-1-8 “任务栏和「开始」菜单属性”对话框

（3）移动窗口，窗口大小调好后，用鼠标指向标题栏，分别将 3 个窗口放到合适的位置，如图 2-1-9 所示。

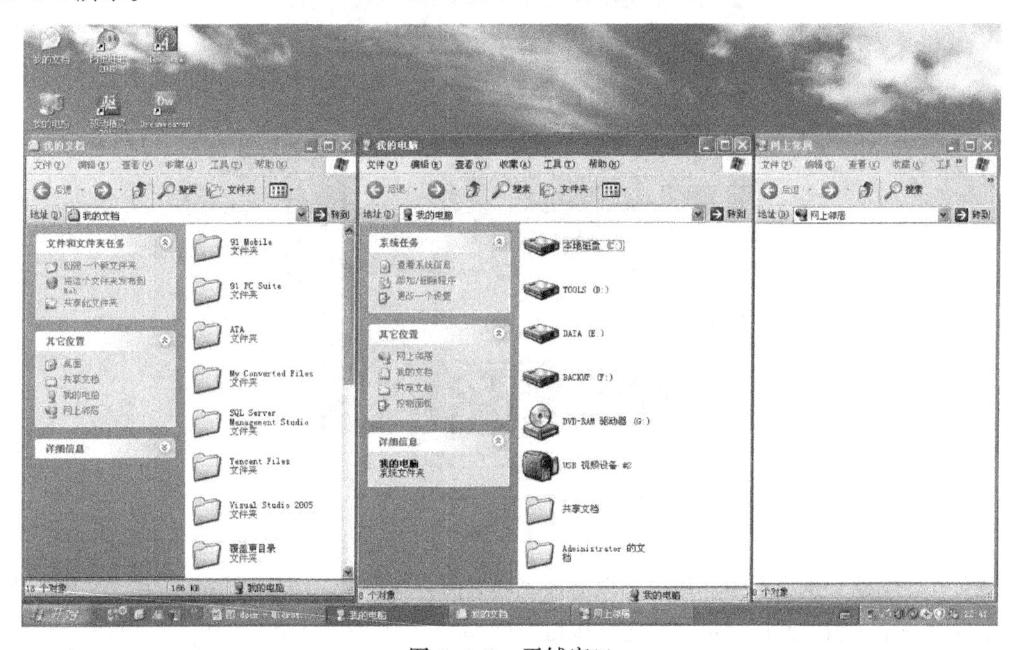

图 2-1-9 平铺窗口

2. 第二种方式

（1）依次打开“我的电脑”、“我的文档”和“网上邻居”3 个窗口。

（2）右击任务栏的空白处，从快捷菜单中选择“横向平铺窗口”或“纵向平铺窗口性”命令。窗口平铺样式如图 2-1-10 所示。

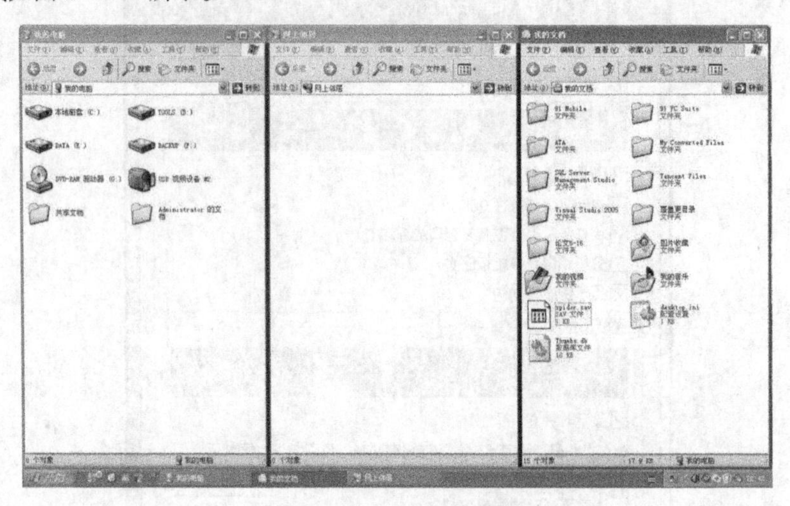

图 2-1-10　窗口纵向平铺

三、改变桌面外观

（1）在桌面的空白位置右击，在弹出的菜单中选择“属性”命令，此时将弹出“显示 属性”对话框，如图 2-1-11 所示，其中包含 5 个选项卡，用户可以在这些选项卡中进行个性化设置。

图 2-1-11　“显示 属性”对话框

（2）在“主题”选项卡中，用户可以为系统的桌面背景更换一个新的主题。在“主题”下拉列表中选择一个选项，然后单击“确定”按钮即可。

（3）在“桌面”选项卡中，用户可以更换一个新的背景图片。在“背景”列表框中选择系统提供的多种风格图片，也可以单击“浏览”按钮，弹出“浏览”对话框，在系统硬盘中，找到自己喜欢的图片作为背景图片，如图 2-1-12 所示。

图 2-1-12 “桌面”选项卡

① 在“位置”下拉列表中，有“居中”、“平铺”或“拉伸”3 种方式来对背景图片进行调节。

② 单击“自定义桌面”按钮，将弹出“桌面项目”对话框，在其中的“桌面图标”选项组中可以设置桌面图标的显示情况，如图 2-1-13 所示。

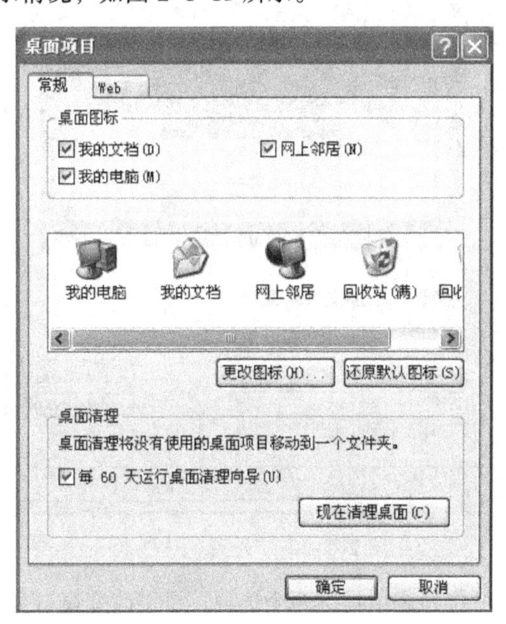

图 2-1-13 “桌面项目”对话框

（4）在“屏幕保护程序”选项卡中，用户可以更换一个新的屏幕保护程序。在“屏幕保护程序”下拉列表中，用户可以选择静止或者活动的多种屏幕保护程序，如图 2-1-14 所示。

① 单击“设置”按钮，可以对屏幕保护程序的相关参数进行设置。

② 单击“预览”按钮，可以对屏幕保护程序的显示效果进行浏览。

③ 在“等待”文本框中，可以设置在不操作计算机多久时，开始启动屏幕保护程序。

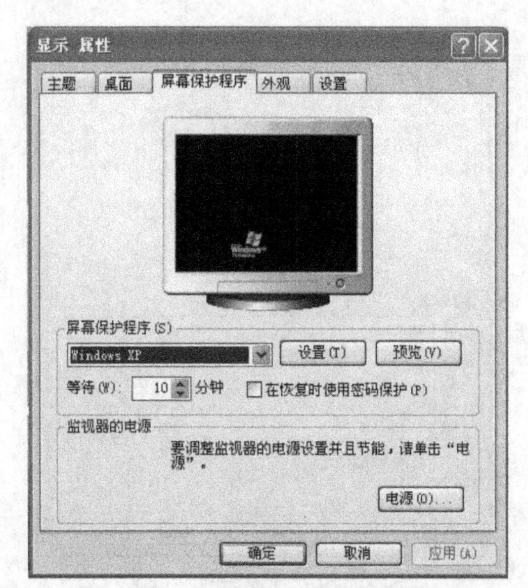

图 2-1-14 “屏幕保护程序”选项卡

（5）在“外观”选项卡中，用户可以更换窗口和按钮的样式，如图 2-1-15 所示。

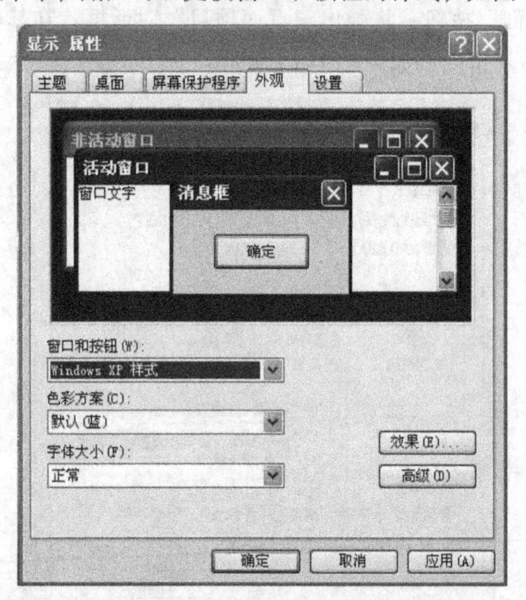

图 2-1-15 “外观”选项卡

① 在“窗口和按钮”下拉列表中提供两个选项，可以改变窗口和按钮的外观式样。

② 在“色彩方案”下拉列表中提供“橄榄绿”、“蓝色”和“银色”3 种色彩方案，可以改变窗口和按钮的颜色。

③ 在“字体大小”下拉列表中提供“正常”、“大字体”和“特大字体”3 种选项，可以改变窗口标题栏上字体显示的大小。

④ 单击“效果”按钮，将弹出“效果”对话框，如图 2-1-16 所示，用户可以设置为菜单和工具提示使用过渡效果，可以使屏幕字体的边缘更平滑。使用液晶显示器的用户选中这项功

能，可以增加屏幕显示的清晰度。此外还可以“使用大图标”、“在菜单下显示阴影”等其他显示效果。

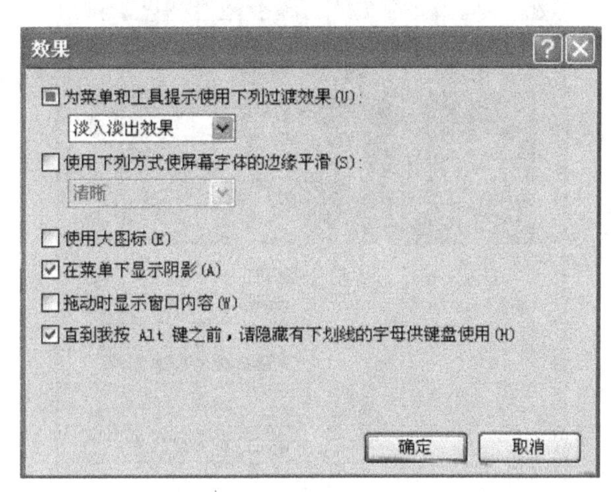

图 2-1-16 “效果”对话框

⑤ 单击“高级”按钮，将弹出“高级外观”对话框，如图 2-1-17 所示，用户可以在“项目”下拉列表中选择不同的对象，分别设置其外观式样。

图 2-1-17 “高级外观”对话框

（6）在“设置”选项卡中，用户可以设置高级显示属性，如图 2-1-18 所示。

① 在“屏幕分辨率”选项中，用户可以通过拖动来改变滑块的位置，从而改变屏幕分辨率的大小。分辨率越高，屏幕上显示的信息越多，画面越清晰。

② 在“颜色质量”下拉列表中提供了“中（16 位）”、“高（24）位”和“最高（32 位）”3 种颜色质量选项，颜色质量位数越高，画面的显示效果越好。

提示：高分辨率要有高性能的计算机显卡支持，否则分辨率过高，将导致系统无法正常运行。

- 单击“高级”按钮，将弹出图 2-1-19 所示的当前显示器和显卡属性对话框。
- 在“常规”选项卡中，可以改变 DPI（分辨率单位：像素/英寸）来补偿因屏幕分辨率调整而使屏幕项目看起来太小的状况，正常尺寸为96DPI。

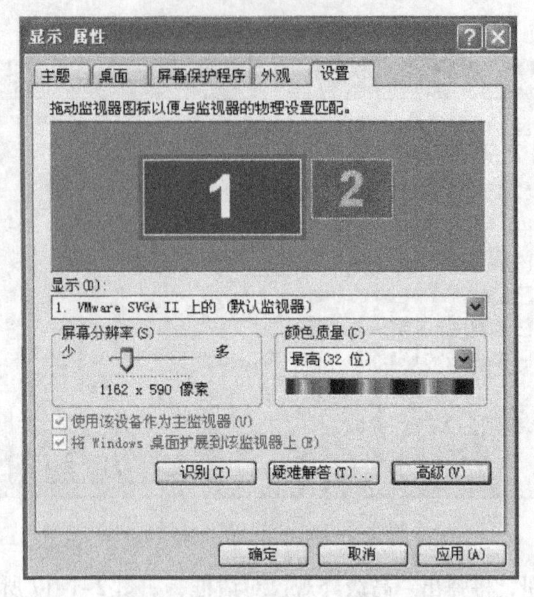

图 2-1-18 “设置”选项卡

● 在“适配器”选项卡中，显示了显示适配器的类型、芯片类型、内存大小及其他相关信息。单击其中的“属性”按钮，可以查看适配器的使用情况，并可以更新驱动程序。

● 在“监视器”选项卡中，用户可以设置刷新率，通常，CRT显示器的刷新率设置为85 Hz，LCD显示器的刷新率设置为60 Hz。刷新率过低会使眼睛疲劳，过高会降低显示器的使用寿命，此外还可以查看监视器的类型及属性信息。

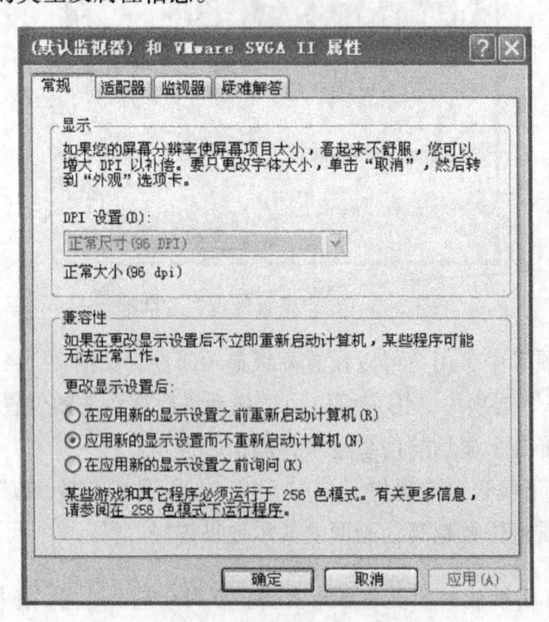

图 2-1-19 当前显示器和属性对话框

● 在“疑难解答”选项卡中，可以设置有助于用户诊断与显示有关的问题。

任务小结

1. 壁纸用 BMP 还是 JPEG 格式好

在 Windows XP 系统中，使用任何图片格式，系统都可自动处理。但请注意：在物理内存较大时，使用 BMP 格式图片，因为 JPEG 格式需要 Windows XP 内置的转换支持功能，会加长系统启动时间；而在物理内存较少时，则使用 JPEG 格式的图片作背景，因为同样的文件采用 JPEG 格式体积要比采用 BMP 格式小得多。

2. 注意壁纸的指向路径

在网上看到漂亮的图片，用 Windows XP 内置的 IE 浏览器可以直接将它设置为壁纸。不过建议还是先另存图片，再将它设置为壁纸，因为另存文件前，IE 是把图片放在临时文件缓冲区中，如果清空了 IE 临时数据，这个图片也就无处寻找了。另外，若在浏览光盘上的图片时直接将它设为壁纸，这时壁纸图片的指向路径是光驱，当光盘取出后，壁纸也将随之消失。

3. 拉伸、平铺与居中哪个好

拉伸、平铺与居中是壁纸显示的 3 种形式。拉伸是让图片适应屏幕分辨率，不管原来大小如何；平铺则是使用图片原来的大小，而且不随分辨率而自动调节，所以一些大图片在 800×600 的分辨率下就只能显示左上角的一部分；而居中也是使用图片原有的大小，但是保证突出显示图片的中间部分，大图片的四周有可能看不到。建议根据需要进行选择。

4. 由壁纸查看病毒的小窍门

留意你的壁纸，还可能发现蠕虫病毒的蛛丝马迹。这种病毒可以感染硬盘中带“.HIM、.VBS、.HTA、.ASP、.HTML”后缀的文件并按地址簿中的邮件地址发送带毒邮件。由于它能利用 Windows 的桌面 Web 功能感染网页文件，所以可能会更改你的壁纸设置。如果未加载有限制日期的桌面主题工具，又发现壁纸莫名其妙地变成空白或者某种单色的背景，此时就要当心了，很可能是这类蠕虫病毒在作怪，要立即清除病毒。

实训三　设置 Windows 系统

一、实训目标

（1）掌握 Windows XP 的基础知识；
（2）掌握 Windows XP 的基本操作；
（3）掌握 Windows XP 操作系统的基本组成元素的操作方法；
（4）掌握 Windows XP 操作系统的常用设置。

二、实训内容及要求

（1）设置任务栏的“分组相似任务栏按钮”属性，观察其效果；
（2）打开两个窗口，并设置“横向平铺窗口”效果；
（3）将屏保程序设置为“三维花盒”，等待时间为 1 分钟；

（4）改变屏幕的分辨率，观察桌面的变化。

任务二　管理文件与文件夹

任务描述

小王的计算机里面最近存了很多文件，有常听的流行歌曲，有刚刚下载的电影，有计算机基础课程老师布置的作业，还有同学找他借的由小王自己编写的计算机配置单。计算机配置单在哪呢？他自己都找不到了，文件太多，而且都放在一个文件夹中，小王看来看去都看花了眼。这么多文件，想要放置的整齐又有序，小王应该怎么办呢？

相关知识

一、文件和文件夹的概念

文件和文件夹是 Windows 操作系统中最基本和最重要的概念。因为所有的软件资源都是以文件形式存放在计算机中。

所谓文件，就是以指定名称存储在磁盘中的一组相关信息的集合。文件中可以包含任何类型的信息：应用程序、文档、文档的一部分（如一张图片、一张表格、一首音乐歌曲、一段电影剪辑）等。

所谓文件夹，是组织文件的基本方法。如果将文件比作一个房间里的每一件东西的话，那么文件夹就是就房间的门牌号，文件夹就是将一个个的文件有序地组织在一起。每个文件夹下一级文件夹，称子文件夹。

1. 文件名

为了区别不同内容、不同格式的文件，每个文件都有一个文件名。Windows XP 对文件名有以下规定：

（1）支持长文件名。Windows XP 系统的文件名可多达 255 个字符。但其中不能包含回车符。

（2）文件名除了可以使用数字 0～9，字符 A～Z 和 a～z，还可以使用空格和多种字符：～、!、@、#、$、%、^、&、(、)、_、-、{、}、+、,、;、[、]。

（3）文件名中不能使用的下列字符：\、/、:、*、?、“、”、<>、|。

（4）英文字母不区分大小写。文件名中的大写和小写的英文字母具有同样的意义。

（5）Windows XP 的文件名中可以使用汉字，一个汉字当作两个字符来计算。

（6）不能使用系统保留的设备名。系统保留的设备名及其含义如表 2-2-1 所示。

表 2-2-1　系统保留的设备名及其含义

保留设备名	代 表 设 备
CON	输入时，代表键盘；输出时，代表显示器
AUX	串行口
COM1～COM4	串行口
PRN	打印机端口
LPT1～LPT4	打印机端口
NUL	虚拟设备，代表实际不存在的设备

2．扩展名

使用扩展名是希望从文件的名字上直接区别文件的类型或文件的格式。扩展名加在文件名的后面，两者之间用“.”分隔。扩展名的长度没有限制。可以不使用扩展名（长度为0)。也可以是1个或多个字符。一般的扩展名是1～4个字符，再多一些也可以。

文件名和扩展名共同组成文件的名字。但在实际使用时，往往将它们合在一起称为文件名。例如，修改文件名操作，实际上，既可以修改文件名，也可修改扩展名，如表2-2-2所示。

表2-2-2 常见文件的扩展名

扩展名	文件类型	扩展名	文件类型
.exe .com	可执行文件	.tif	True Type字体文件
.dll	动态连接库文件	.mdb	Access数据库文件
.drv	设备驱动程序文件	.txt	文本文件
.inf	安装信息文件	.doc	Word文件
.ini	系统配置文件	.xls	Excel电子表格文件
.sys	系统文件	.bmp	位图文件
.scr	屏幕保护文件	.mid	MIDI（乐器数字化接口）
.hlp	帮助文件	.wav	波形声音文件
.bak	备份文件	.avi	影像文件
.fon	位图字体文件	.htm	www

提示：在文件和文件夹使用中有如下规定：一个文件夹中不允许有两个同名的文件或文件夹，但在不同的文件夹中允许有同名文件或文件夹。其道理是显而易见的，同一个文件夹中的两个同名文件，其路径名将有所不同，因此系统能够区别不同文件。

3．文件名中的通配符

在Windows XP中，有时希望用比较简单的方法来表示一批文件。如果要查找所有扩展名为doc的文件，应该如何表示呢？

Windows XP文件名中的字符“*”和“？”称为通配符。一个带有通配符的文件名可以代表一批文件名。

通配符“*”代表任意多个任意字符。例如：“*.exe”代表所有扩展名为exe的文件；“my*.*”代表文件名以my开始的所有文件，而且不论是什么扩展名。

通配符“？”代表在这个字符位置上任意一个字符。如果有10个文件：file1～file10，则file?就代表其中的file1～file9，用file1?就可以代表文件file10。

4．文件的组织结构

磁盘是文件的存储设备，而且磁盘的存储容量是相当大的，因此磁盘上存储的文件就会成千上万。如果这些文件不加以组织，寻找时就会像大海捞针。因此必须对文件进行合理组织，使其便于管理，类似于生活中文件资料的管理，Windows XP将文件进行归类，每类文件设立一个文件夹，其中存放该类的所有文件。如果此类文件还需再细分类，则在此文件夹中再设立子文件夹，将文件再分类。因此，整个磁盘中的文件就构成了一种树状结构，树杈对应于文件夹，树叶对应于文件，树根就对应于磁盘，其结构如图 2-2-1 所示。

磁盘文件经过如此归类组织后，文件系统就能够对文件实施更有效的管理，并且方便用户的使用。当用户需要操作某个文件或文件夹时，首先应给出文件或文件夹在这种树状结构中的位置。这个位置是用从根开始逐层查询，直到查到目标文件所经历的文件夹来表示，如“D:\Program Files\Microsoft Office\OFFICE11\excel.exe”表示“excel.exe”程序文件的位置。这种形式又称文件的路径名，其中“\”来分隔各级路径分量，最后一级分量为查询终点。文件系统总是按路径名来查询文件。

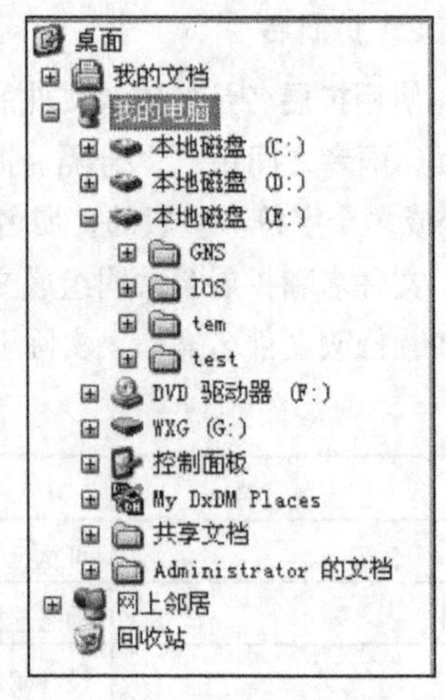

图 2-2-1 文件组织结构图

二、文件和文件夹的基本操作

1. 文件和文件夹的选定

1）选择连续的多个文件或文件夹

（1）按住【Shift】键选择多个连续文件。操作步骤如下：单击第一个要选择的文件或文件夹图标，使其处于高亮选中状态，按住【Shift】键不放，单击最后一个要选择的文件或文件夹，即可选择连续的多个文件，如图 2-2-2 所示。

（2）使用鼠标框选多个连续的文件。在第一个或最后一个需要选择的文件外侧单击并按住鼠标左键不放，拖动鼠标，此时会出现一个虚线框，直到框住要选择的最后一文件或文件夹时再松开鼠标，文件或文件夹将被高亮选中。

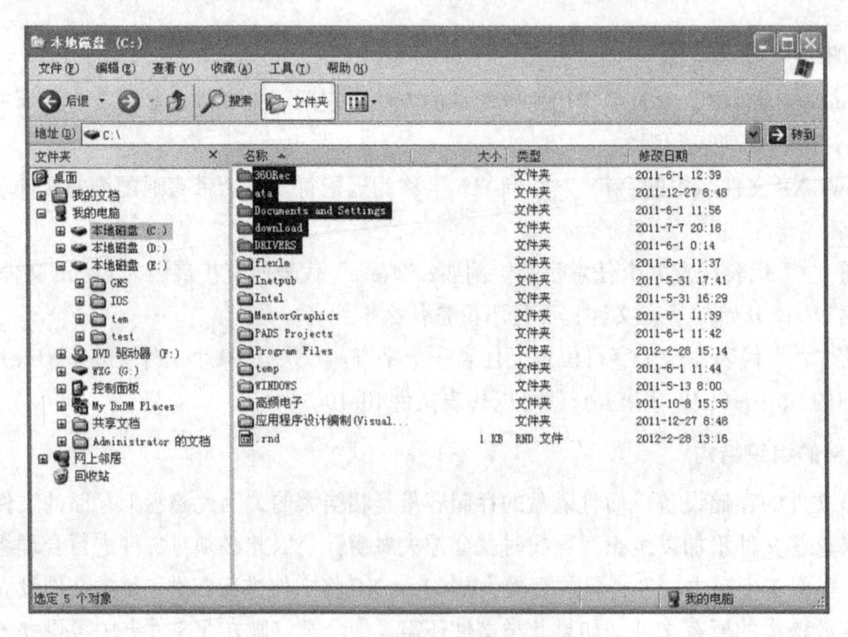

图 2-2-2 选择多个连续的文件

2）选择不连续的多个文件或文件夹

按住【Ctrl】键不放，单击要选择的文件或文件夹可实现不连续对象的选择。再次单击已选取的对象，可取消选取，如图 2-2-3 所示。

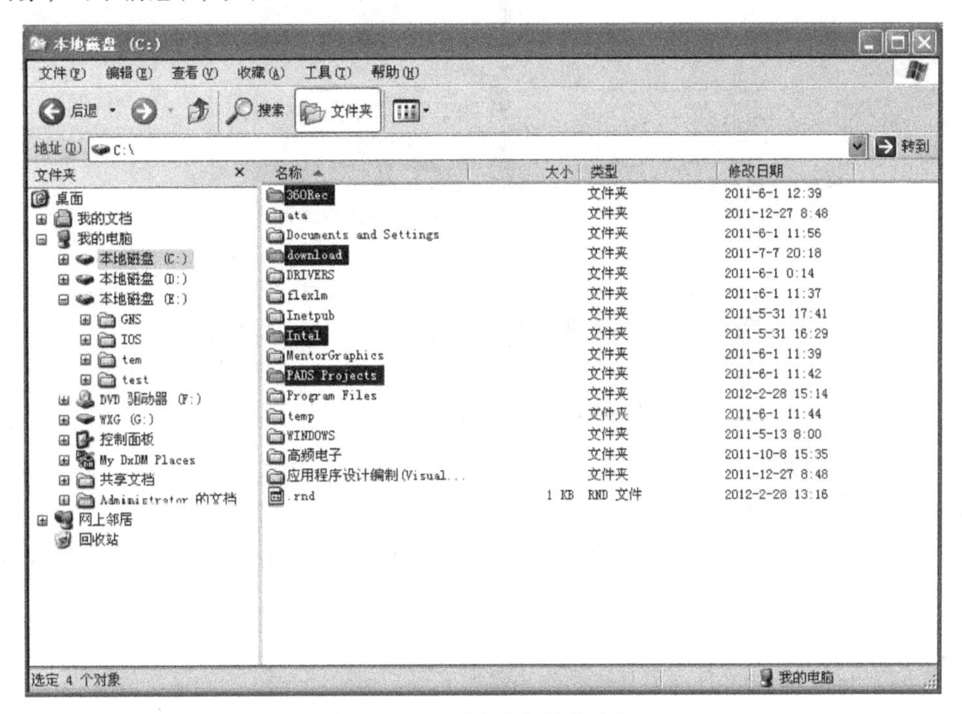

图 2-2-3　不连续文件的选定

3）全选

选择“编辑”→“全部选定”命令，或按【Ctrl+A】组合键，可选定所有文件。

4）取消选择

单击窗口的空白处，可取消所有选定。

2. 文件和文件夹的创建

在 Windows 的资源管理器中，有些文件夹是在安装时系统自动创建的，不能随意地向这些文件夹中放入其他文件夹或文件，也不可以随意地删除和修改，所以用户在存入文件时，需要建立文件夹。

1）新建文件

一般情况下，创建文件时都是在对文件编辑完成之后通过存盘来完成的。不打开应用程序也可以直接创建文件（不过要对该文件操作，还是需要打开相应的应用程序），新建文件的具体步骤如下。

（1）通过“我的电脑”和资源管理器打开目标文件夹窗口，如果希望将文件创建在桌面上，则可省略这一步。

（2）在空白处单击鼠标右键，在弹出的快捷菜单中选择“新建”命令，然后在其子菜单中选择要创建的文件类型，例如选择“文本文档”命令，如图 2-2-4 所示。

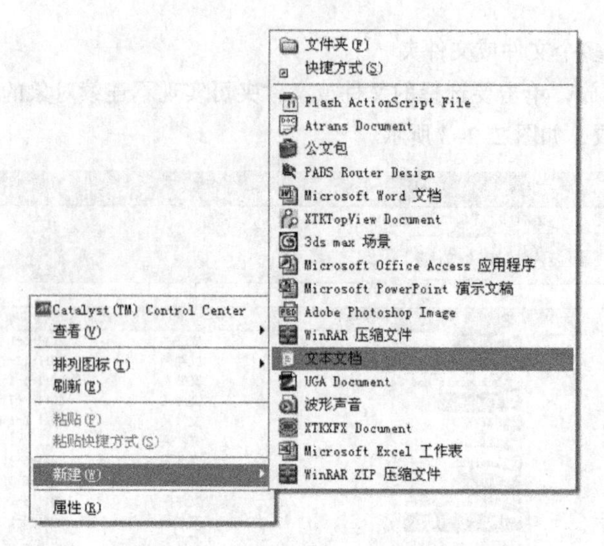

图 2-2-4　选择“文本文档”命令

（3）Windows 系统自动给新建文件命名为“新建文本文档”，当文件名高亮显示时，用户可以输入新的文件名，例如输入“计算机”。

（4）也可以通过“文件”→“新建”命令，然后从子菜单中选择相应的文件类型来完成同样的操作，如图 2-2-5 所示。

2）新建文件夹

用户也可以创建新的文件夹，具体操作步骤如下。

通过“我的电脑”和资源管理器打开目标文件夹窗口，如果希望将文件创建在桌面上，则可省略这一步。在空白处单击鼠标右键，在弹出的快捷菜单中选择“新建”→“文件夹”命令，如图 2-2-6 所示。

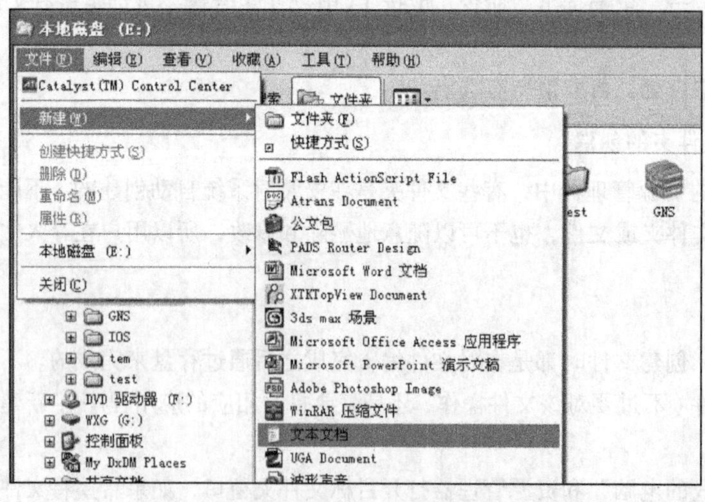

图 2-2-5　从“文件”菜单中创建文件

Windows 系统自动给新建文件夹命名为“新建文件夹”，当文件夹名高亮显示时，用户可以输入新的文件夹名，例如输入“我的文件夹”。

也可以通过“文件”→“新建”→“文件夹”命令新建一个文件夹。

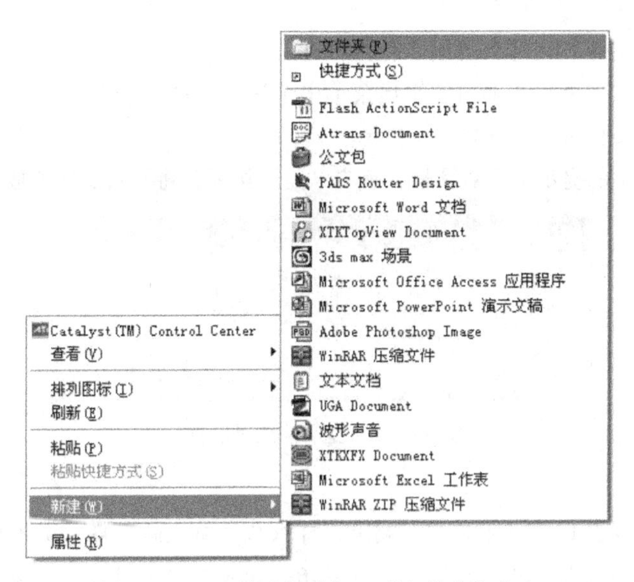

图 2-2-6 选择“新建”→“文件夹”命令

下面介绍如何在“我的文档”中新建文件夹，操作步骤如下：

（1）双击“我的文档”文件夹图标。

（2）打开“我的文档”窗口，右击窗口的空白处，在弹出的快捷菜单中选择“新建”→“文件夹”命令。

3. 文件和文件夹的重命名

文件和文件夹的重命名有两种方法：

（1）右击要重命名的文件或文件夹，在弹出的快捷菜单中选择“重命名”命令。

（2）单击要重命名的文件或文件夹，再次单击文件名处。

4. 文件和文件夹的复制、移动与删除

文件和文件夹的复制操作是指将所选择的文件和文件夹备份到磁盘的另一位置，原位置的所选文件和文件夹仍存在。移动操作是指将所选择的文件和文件夹移到磁盘的另一位置，原位置的所选文件和文件夹不存在。删除操作包括逻辑删除和物理删除，逻辑删除指将所选文件和文件夹删除并移到回收站中，物理删除指将所选文件和文件夹从磁盘上彻底删除。

1）文件和文件夹的复制

文件和文件夹的复制有 3 种方法：

（1）使用窗口菜单栏中的“编辑”→“复制”/“粘贴”命令。

（2）使用快捷菜单中的“复制”/“粘贴”命令。

（3）使用快捷键【Ctrl+C】与【Ctrl+V】进行复制和粘贴操作。

2）文件和文件夹的移动

文件和文件夹的移动同复制操作一样，也有 3 种方法，只要将“复制”操作改成“剪切”操作（快捷键为【Ctrl+X】）即可。

3）文件和文件夹的删除

在管理文件和文件夹时，经常需要将错误、没用的文件和文件夹删除，以腾出足够的磁盘空

间供其他工作使用。文件和文件夹的删除有两种方法：

（1）右击文件或文件夹，在弹出的快捷菜单中选择“删除”命令。

（2）单击文件或文件夹，按【Delete】键。

显示图 2-2-7 所示的提示信息对话框，单击“是”按钮，将所选文件夹放入“回收站”中。

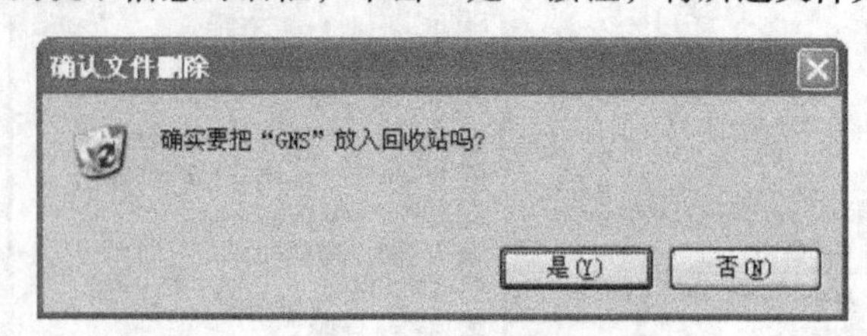

图 2-2-7　提示信息对话框

提示：

- 将所选文件删除到回收站中是逻辑删除，可以从“回收站”将其恢复到原来位置。
- 如果要将文件或文件夹彻底删除，按【Shift+Delete】组合键或清空回收站。

5．文件和文件夹的属性设置

文件和文件夹的属性有 4 个：只读（A）、隐藏（H）、存档（R）和系统（S）。

（1）“系统”属性是由系统指定的，不能设置的。

（2）“只读”属性只能打开，不能修改。

（3）“存档”属性表示在进行文件备份时是否要备份这个文件或文件夹。Windows XP 的备份软件只对设置了存档属性的文件或文件夹进行备份，并且在备份后会取消已备份的文件或文件夹的存档属性。

（4）设置为“隐藏”属性的文件和文件夹不能显示在窗口中。要想在窗口中显示隐藏文件，可选择“工具”→“文件夹选项”命令，弹出图 2-2-8 所示的对话框。在该对话框中选择“查看”选项卡，选中“显示所有文件和文件夹”单选按钮，单击“应用”按钮，然后单击“确定”按钮。此时隐藏文件以浅色显示。

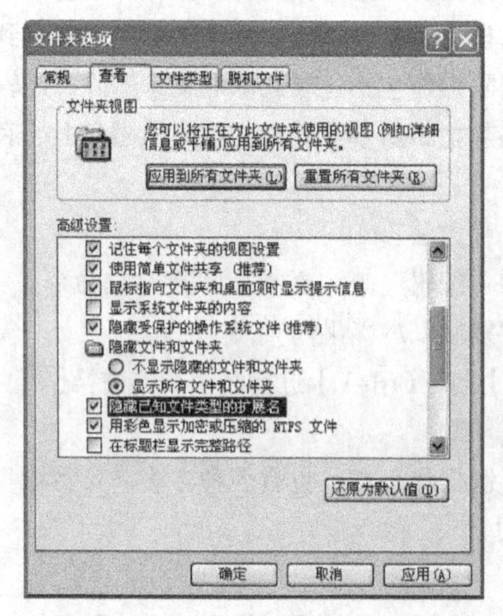

图 2-2-8　“文件夹选项”对话框

6．文件和文件夹的查找

有时需要查看某个文件和文件夹的内容，但却忘记了这一文件或文件夹的名称及具体的存放位置。这时要使用 Windows XP 提供的文件和文件夹的搜索功能来帮助我们查看所要查看的文件或文件夹。

搜索文件和文件夹的具体操作如下：

（1）打开“开始”菜单，选择其中的“搜索”命令。

（2）打开“搜索结果”窗口，如图 2-2-9 所示。

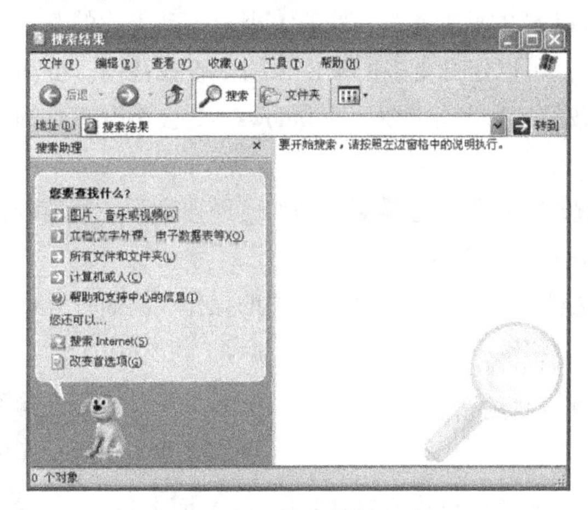

图 2-2-9 “搜索结果”窗口

（3）根据要搜索的内容，选择搜索对象的类型。

在 Windows XP 的搜索项目中，包括图片、音乐或视频，文档，所有文件和文件夹，计算机或人等不同的类别。通常，使用较多的是“所有文件和文件夹”，这里以对这一类进行搜索为例来进行说明。

单击“所有文件和文件夹”超链接，打开搜索条件设置，如图 2-2-10 所示。

图 2-2-10 搜索条件设置

（4）在“全部或部分文件名”文本框中，输入文件或文件夹的名称。

例如：输入框中输入“A*.*”（表示所有以 A 开头的文件，注意扩展名不能省），其中“*”号是通配符，表示任意多个任意字符。还有另一种通配符“？”，表示一个任意字符；再比如：所有记事本文件表示为“*.txt”，所有 Word 文档（或扩展名为.doc 的文件）表示为“*.doc”，所有第三个字母是 A 的文件表示为“??A*.*”。

（5）在“文件中的一个字或词组”文本框中，输入搜索文件或文件夹中可能包含的文字，或者在这个文本框中不进行输入。

（6）“在这里寻找”下拉列表中，选择要搜索的范围。

（7）“什么时候修改的？”：如果不知道要查找的文件或文件夹的文件名的确切信息，但知道它们的大致时间，可选择这一项来定义查找条件。

（8）“大小是？”：可以定义所要查找文件的大小来提高查找的精度。

（9）“更多高级选项”：可以定义更多的条件来缩小查找范围，提高查找的精度。

（10）单击“搜索”按钮，则开始搜索。Windows XP 会将搜索到的结果显示在“搜索结果”右边的窗格中。

（11）如果在搜索的途中，需要停止搜索，例如已经搜索到了所需要的内容，则可以通过单击“停止搜索”按钮来中断正在进行的搜索操作。

（12）搜索到文件或文件夹后，就可以进行相关的操作，例如打开该文件或文件夹或者对查找到的对象进行复制、删除、移动等操作。

7. 文件和文件夹快捷方式的创建

1）认识快捷方式

快捷方式的创建是为了方便用户快速启动程序，在桌面上显示了许多程序的快捷方式，如何识别快捷方式呢？如果图标的左下角有一个向上的箭头，该图标就是某个程序的快捷方式。如图 2-2-11 所示的桌面上各程序的快捷方式。除了“我的电脑”、“我的文档”、“网上邻居”、“回收站”、“IE”这 5 个 Windows XP 系统特有的图标不是快捷方式外，其他的图标都是快捷方式图标。

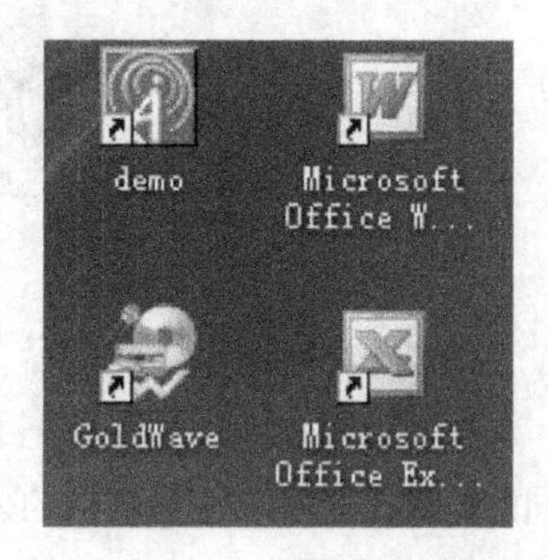

图 2-2-11 快捷方式图标

2）创建快捷方式

创建快捷方式有以下 4 种方法：

（1）右击桌面空白处，在弹出的快捷菜单中选择“新建”→“快捷方式”命令，然后按照提示的步骤一步一步完成。

（2）单击“开始”按钮，选择要创建快捷方式的程序，按下鼠标右键不放，拖动该程序到桌面空白处，松开鼠标，在弹出的快捷菜单中选择“在当前位置创建快捷方式”命令。

（3）在“我的电脑”中找到要创建快捷方式的程序，右击，在弹出的快捷菜单中选择“创建快捷方式”命令。

（4）在“我的电脑”中找到要创建快捷方式的程序，右击，在弹出的快捷菜单中选择“发送到桌面快捷方式”命令。

提示：

快捷方式只是一个程序的链接，并不是真的将某个程序完整的复制下来，所以快捷方式只在本地计算机运行有效，一旦该快捷方式通过 U 盘等复制到另一台计算机，是无法运行的。如果要将程序复制到另一台计算机，不要复制快捷方式，而是要将该程序所有的文件全部复制过去。

任务实施

一、新建、重命名文件和文件夹

（1）在“我的文档”中把新建的文件夹重命名为“ABC”，操作步骤如下：

① 打开“我的文档”窗口，在窗口空白处右击，在弹出的快捷菜单中选择“新建”→“文件夹”命令。

② 右击“新建文件夹“，在弹出的快捷菜单中选择“重命名”命令，在名称框中输入“ABC”按【Enter】键即可。

（2）在D盘根目录下创建一个记事本文档，并修改它的主文件名为“abc”，扩展名为“doc”，操作步骤如下：

① 双击“我的电脑”，在“我的电脑”窗口中双击D盘，在窗口空白处右击，在弹出的快捷菜单中选择“新建”→“文本文档”命令。

② 选择“工具”→“文件夹选项”在弹出的对话框中选择“查看”选项卡，在“高级设置”列表框中取消选择“隐藏已知文件类型扩展名”复选框。这样文件的扩展名才可以显示出来，从而可以修改扩展名。

③ 右击“新建文本文档.txt”文件，在弹出的快捷菜单中选择“重命名”命令，将主文件名改为“abc”，扩展名改为“doc”。改完之后会发现改变扩展名相应的文件图标也发生了改变。

二、复制文件和文件夹

将“我的文档”中“ABC”文件夹复制到D盘的根目录为例介绍复制的方法。

（1）使用“复制”、“粘贴”命令。

① 双击“我的文档”图标，打开“我的文档”。

② 单击ABC文件夹，选择“编辑”→“复制”命令。

③ 双击“我的电脑”图标，打开“我的电脑”窗口，然后双击“D:”，打开D盘。

④ 选择“编辑”→“粘贴”命令。

（2）使用快捷菜单（该方法最常用）。

① 双击“我的文档”图标，打开“我的文档”。

② 右击ABC文件夹，在弹出的快捷菜单中选择“复制”命令。

③ 打开D盘，右击空白处，在弹出的快捷菜单中选择“粘贴”命令。

（3）使用快捷键复制（【Ctrl+C】）与粘贴（【Ctrl+V】）。

① 单击ABC文件夹，按【Ctrl+C】组合键。

② 在D盘窗口中按【Ctrl+V】组合键。

三、删除文件夹

将D盘“ABC”文件夹删除的操作方法有以下两种：

（1）双击“我的电脑”图标，再打开D盘，单击“ABC”文件夹，按【Delete】键。

（2）右击“ABC”文件夹，在弹出快捷菜单中选择“删除”命令。

四、设置文件属性

（1）将 D:\abc.doc 文件属性设置为只读属性，其操作步骤如下：

① 双击“我的电脑”图标，然后打开 D 盘。

② 右击“abc.doc”文件，在弹出的快捷菜单中选择“属性”命令。

③ 在图 2-2-12 所示的“abc.doc 属性”对话框中，选择“只读”复选框，单击“应用”按钮后再单击“确定”按钮。

（2）将 D:\abc.doc 文件属性设置为只读属性，并隐藏，其操作步骤如下：

① 双击“我的电脑”图标，然后打开 D 盘。

② 右击“abc.doc”文件，在弹出的快捷菜单中选择“属性”命令。

③ 在图 2-2-12 所示的对话框中，取消选择“只读”复选框，再选择“隐藏”复选框，单击“应用”按钮后再单击“确定”按钮即可。

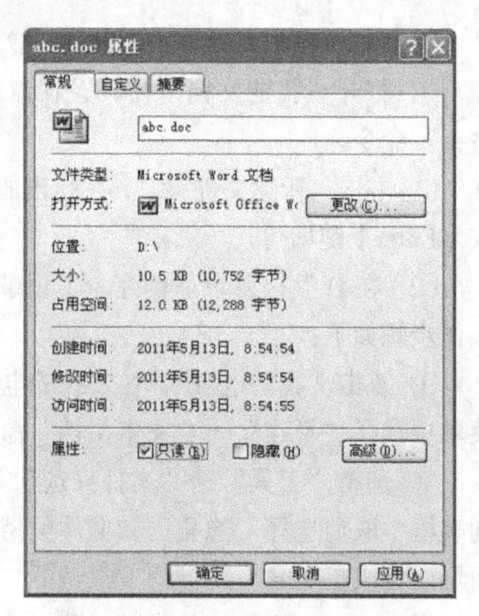

图 2-2-12 “abc.doc 属性”对话框

五、搜索文件

将“flower”文件夹中所有以 B 开头的，创建文件日期在 2012-5-13 到 2013-4-13 之间的记事本文件删除，其操作步骤如下：

（1）右击“flower”文件夹，弹出图 2-2-13 所示的快捷菜单。

（2）选择“搜索”命令，弹出“搜索结果”窗口。

（3）在“全部或部分文件名”文本框中输入“B*.txt”。

（4）“什么时候修改的？”选项设置如图 2-2-14 所示；“更多高级选项”设置如图 2-2-15 所示。

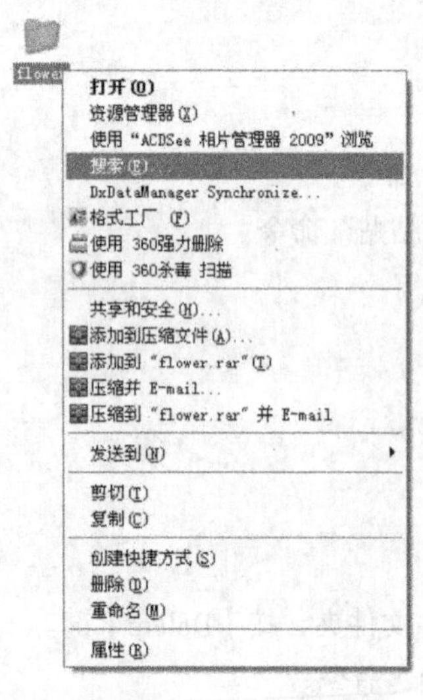

图 2-2-13 快捷菜单

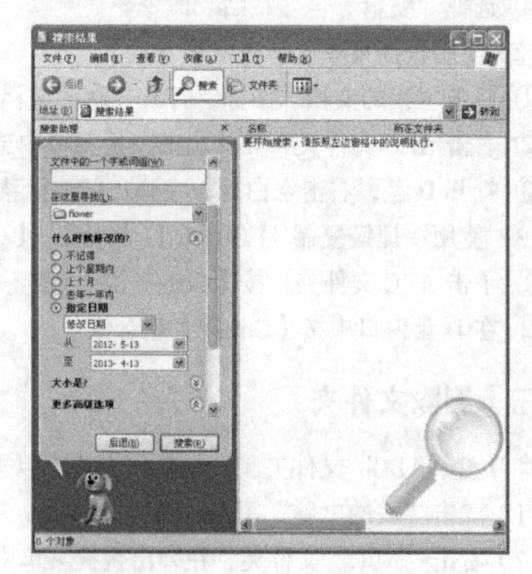

图 2-2-14 设置创建文件的日期

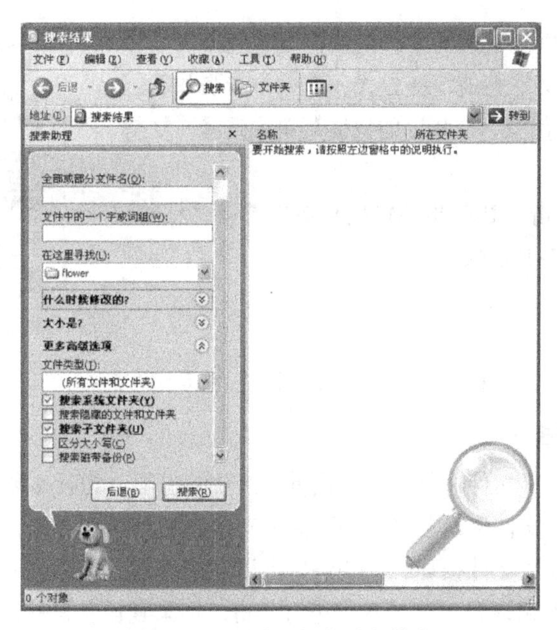

图 2-2-15 设置包含子文件夹

（5）单击“搜索”按钮，系统将自动搜索，搜索结果如图 2-2-16 所示。

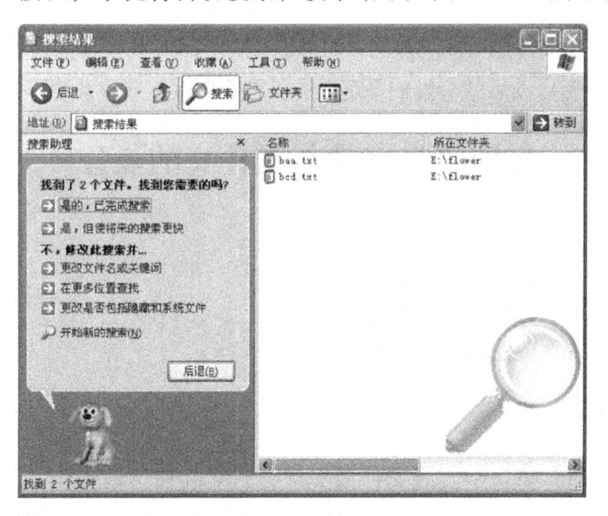

图 2-2-16 “搜索结果”窗口

（6）在搜索结果栏中按【Ctrl+A】组合键，全部选中结果，然后右击，在弹出的快捷菜单中选择“删除”命令，即全部删除了所有以 B 开头的记事本文件。

六、创建快捷方式

（1）在桌面创建写字板的快捷方式，其操作步骤如下：

① 单击“开始”按钮，选择“所有程序”→“附件”→“写字板”命令。

② 按住鼠标右键不放，拖动“写字板”图标到桌面空白处，松开鼠标，在弹出的快捷菜单中选择“在当前位置创建快捷方式”命令。

③ 桌面上就会显示刚创建的写字板的快捷方式图标。

（2）创建“flower”文件夹的快捷方式，其操作步骤如下：

① 右击“flower”文件夹，在弹出的快捷菜单中选择“复制”命令。

② 在桌面空白处右击，在弹出的快捷菜单中选择“粘贴快捷方式”命令，如图 2-2-17 所示。

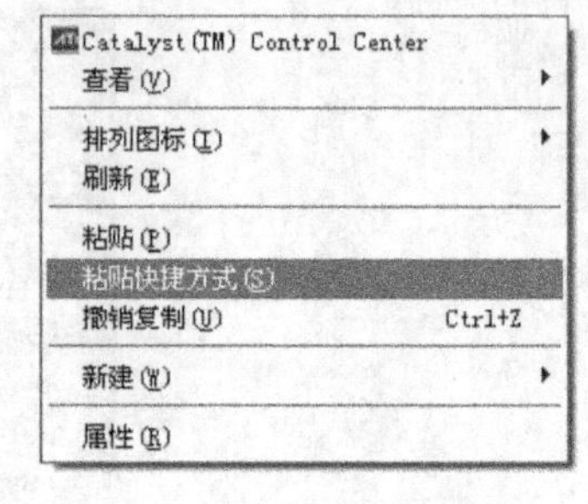

图 2-2-17　粘贴快捷方式

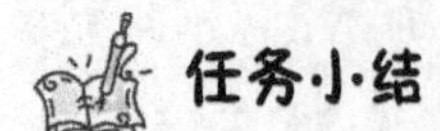

任务小结

为了更好地利用计算机来管理我们的文件，请注意以下两点：

1．文档、文件做好备份

有没有将重要的文档、文件进行备份？没有？赶快备份吧。为什么要备份文件？因为将重要的文档或文件，例如工作文件备份起来，并不需要花多少的时间和金钱，而且万一误删除重要文档、文件或被病毒攻击导致文件损坏，这些备份可以迅速恢复。可将每天的工作或学习文件储存到 U 盘上，或者储存到网络硬盘、刻录盘中进行备份。如果觉得备份是件苦事，不妨想象一下，如果被病毒破坏了硬盘，再把所有损失的工作再做一遍，将是多么痛苦的一件事。

2．不要胡乱删除文件

Windows 系统中的有些文件是不能删除的，如果把 EXE、DLL 或者其他系统程序文件删除，可能系统当时还能运行，但在重新启动后就会发现系统丢失了重要文件，导致系统不能正常工作，甚至瘫痪。

实训四　文件与文件夹的操作

一、实训目标

（1）熟练掌握文件管理的常用操作；

（2）熟练掌握文件夹管理的常用操作。

二、实训内容及要求

（1）在“资源管理器”窗口中实现文件或文件夹的复制和移动操作；

（2）分别用缩略图、列表、详细信息等方式浏览 C：\Windows 文件夹中的内容，观察各种显示方式之间的区别；

（3）分别按名称、大小、文件类型和修改时间对 C：\Windows 文件夹中的内容进行排序，观察四种排序方式的区别；

（4）查找 D：盘上所有扩展名为.doc 的文件，小王的计算机配置单就在其中。

任务三　设置 Windows 系统属性

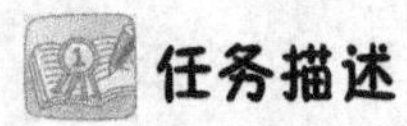

任务描述

小王找到计算机配置单之后，想要把它复制给同学小张，可是忘记带 U 盘了，怎么才能把电子文档复制给同学呢？小王想起了几天前学习的共享文件的方法，于是小王开始对计算机进行系统属性的设置。

相关知识

一、Windows 系统属性

在 Windows XP 系统中，可以通过系统属性设置硬件和设备属性的信息，设置有关计算机连接和登录配置文件的信息及设置其他特定信息。

右击桌面上“我的电脑”图标，在弹出的快捷菜单中选择“属性”命令，此时将弹出“系统属性”对话框，如图 2-3-1 所示，其中包含 7 个选项卡，用户可以在这些选项卡中进行系统属性设置。

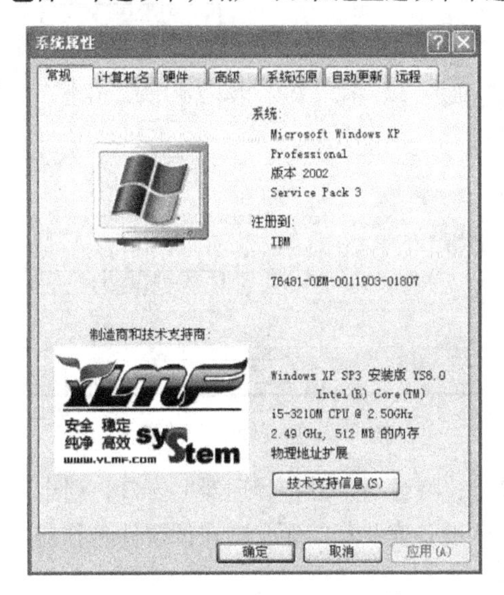

图 2-3-1 “系统属性”对话框

（1）在“常规”选项卡中，用户可以查看系统版本信息、计算机硬件参数等信息。

（2）在“计算机名”选项卡中，用户可以设置计算机名称、网络 ID 和计算机隶属工作组，如图 2-3-2 所示。

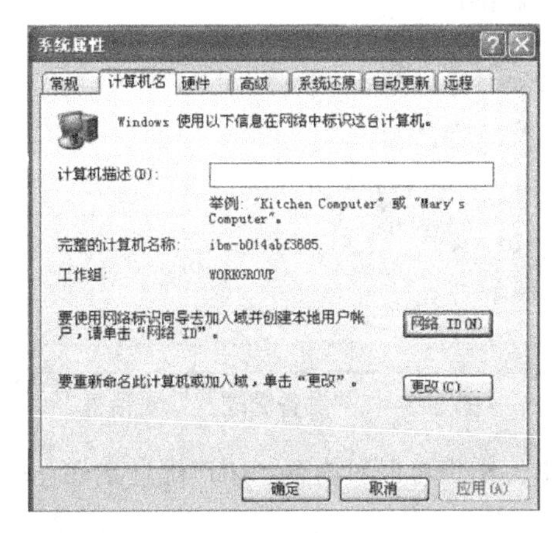

图 2-3-2 “计算机名”选项卡

单击“网络 ID”按钮，将弹出网络标识向导，根据向导提示即可修改网络 ID，在网络中可以用网络 ID 来标识一台计算机。

单击“更改”按钮，将弹出“计算机名称更改”对话框，用户可以在该对话框中重新设置计算机名称及隶属工作组。

（3）在“硬件”选项卡中，用户可以更改硬件设备的属性，如图 2-3-3 所示。

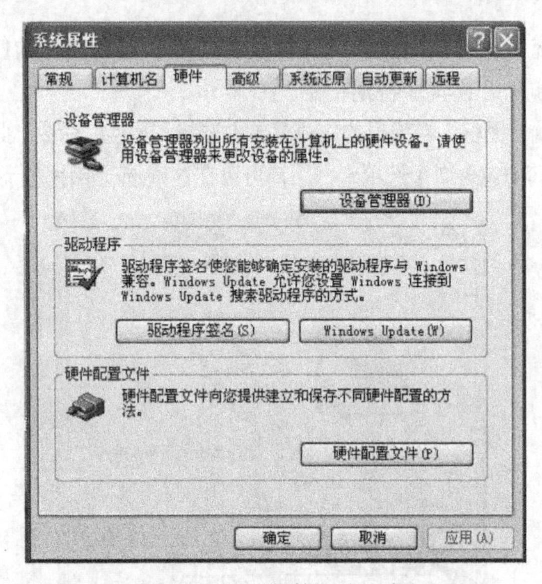

图 2-3-3 “硬件”选项卡

单击“设备管理器”按钮，将弹出“设备管理器”窗口，列出了所有已安装的硬件设备，如图 2-3-4 所示。如果某个硬件设备安装有问题，则在该硬件名称前面会出现黄色的问号，此时需要检查其驱动程序是否安装正确。

图 2-3-4 “设备管理器”对话框

（4）在“高级”选项卡中，用户可以对内存、用户配置文件、启动和故障恢复及环境变量等进行设置。

单击“性能”的“设置”按钮，将弹出“性能选项”对话框，如图 2-3-5 所示。在“视觉效果”选项卡中，可以通过设置让计算机以最佳外观和性能运行。在“高级”选项卡中，可以单击“更改”按钮，将弹出“虚拟内存”对话框，如图 2-3-6 所示，可以重新设置计算机虚拟内存的大小。在“数据执行保护”选项卡中，可以利用数据执行保护帮助保护计算机免受病毒和其他安全威胁的破坏。

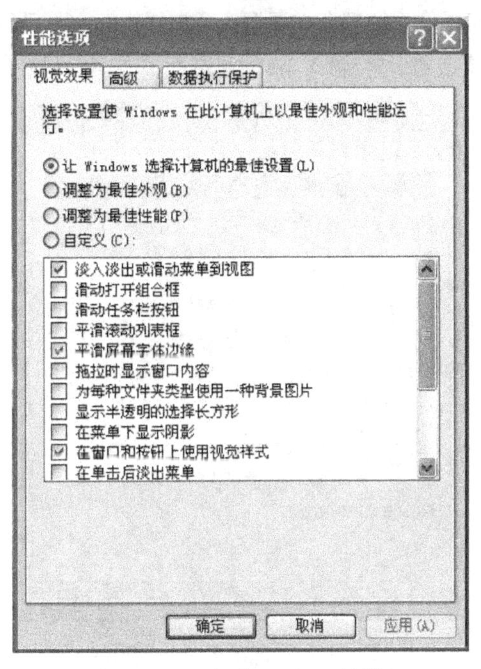

图 2-3-5　“性能选项”对话框

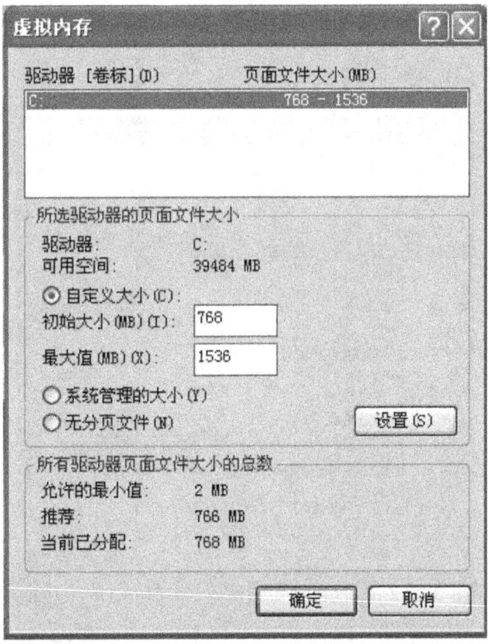

图 2-3-6　“虚拟内存”对话框

（5）在“系统还原”选项卡中，用户可以设置是否开启系统还原功能，开启系统还原，每当系统被修改时，“系统还原”会自动创建还原点（通常保留5个），在用户需要时可以将系统恢复到某个指定的还原点以前的状态；关闭系统还原，可以节省系统盘使用空间。

（6）在“自动更新”选项卡中，用户可以设置是否由计算机自动进行系统更新，并可以设置系统自动更新的日期和时间。任何操作系统都存在漏洞，系统更新的主要目的就是最大限度地减少最新病毒和其他安全威胁，通常在该选项卡中选择“自动（推荐）”选项，如图2-3-7所示。

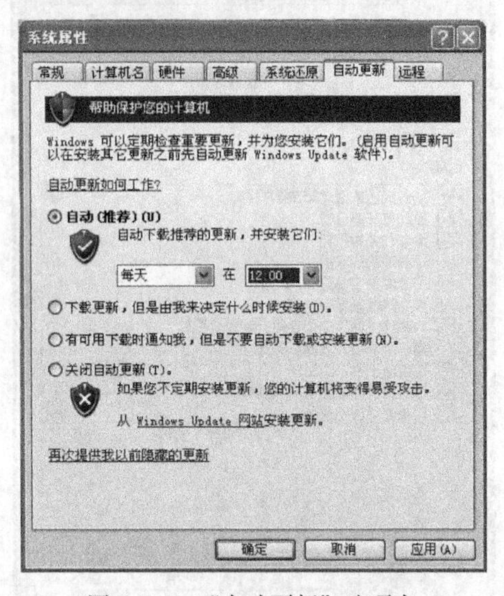

图2-3-7 “自动更新”选项卡

（7）在“远程”选项卡中，用户可以设置远程遥控计算机，能够访问其所有应用程序、文件以及网络资源等，如图2-3-8所示。比如，利用家里的计算机，通过网络操控办公室的计算机完成邮件收发、系统维护、远程协助等工作。

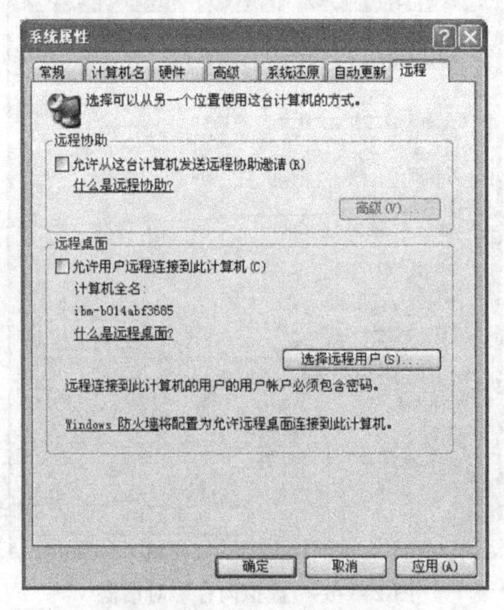

图2-3-8 “远程”选项卡

二、Windows 控制面板

在控制面板中，可以查看、修改、添加、删除 Windows XP 系统的多项配置，涉及计算机硬件、软件以及计算机各种重要参数的设置，所以用户对控制面板的内容进行修改，要慎重，需具有一定计算机技术知识方能顺利完成。

打开“控制面板”窗口的方法较多，可以双击“我的电脑”图标，在打开的“我的电脑”窗口中，双击“控制面板”图标即可打开该窗口，如图 2-3-9 所示。

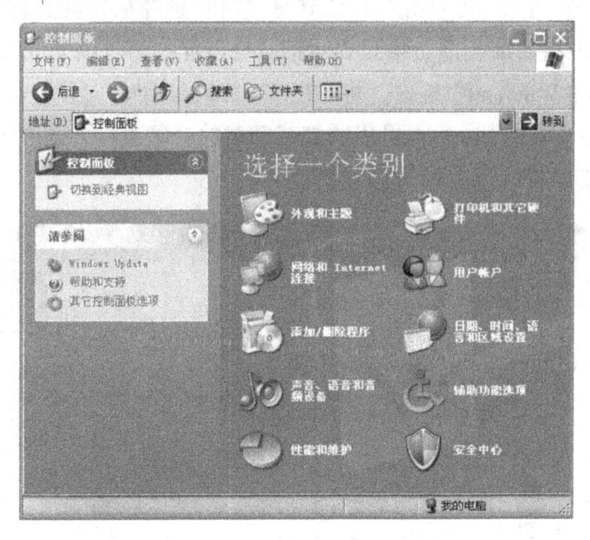

图 2-3-9 “控制面板”窗口

（1）外观和主题：可以进行“任务栏和开始菜单”、“文件夹选项”和“显示”属性的设置。

（2）网络和 Internet 连接：可以进行“网络的安装”、“网络连接”、“Internet 选项”、“Windows 防火墙”和“无线网络安装”等设置。

（3）添加/删除程序：可以进行软件的安装和卸载，还可以添加或者删除 Windows 组件。

双击“添加或删除程序”图标，将弹出“添加或删除程序”窗口，如图 2-3-10 所示。

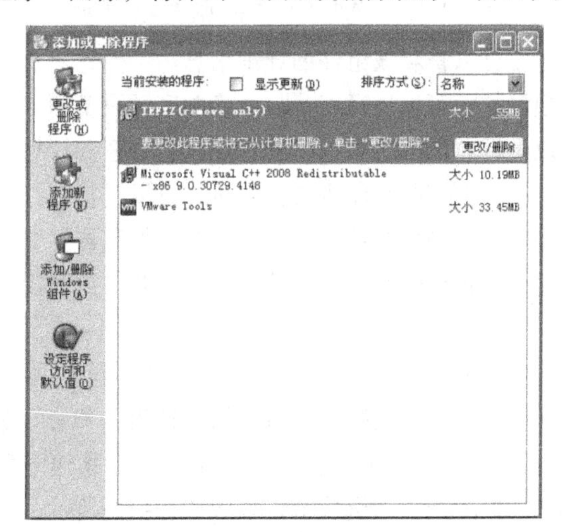

图 2-3-10 “添加或删除程序”窗口

① 单击“更改或删除程序”按钮，将显示出计算机已经安装的软件，可以对其进行卸载。因为软件在安装的过程中，并不仅仅是程序文件的复制，还会在系统中安装许多链接文件，所以在卸载软件时，不能只删除安装目录中的文件，还应该删除这些链接文件，链接文件直接删除比较困难，所以应该在“添加或删除程序”窗口中卸载这些软件，才能彻底清除软件。

卸载的方法：选中某个软件，然后单击右下角的“更改/删除”按钮，根据提示信息即可完全卸载该软件。

② 单击“添加新程序”按钮，再单击“CD或软盘”按钮，选择从光盘安装程序；或单击“Windows Update”按钮，选择从网络安装程序，根据提示信息进行操作都可以完成软件的安装。

③ 单击“添加/删除 Windows”组件，将弹出“Windows 组件向导”对话框，如图2-3-11所示。在“组件”列表框中列出 Windows 可以添加或卸载的一些组件，选中组件前的复选框，单击“下一步”按钮即可添加组件，反之即可卸载组件。

图2-3-11 “Windows 组件向导”对话框

单击“详细信息”按钮，可以查看该组件的详细信息。

(4) 声音、语音和音频设备：可以进行声音、语音和音频设备的安装和调试。

(5) 性能和维护：可以进行“电源选项”、“管理工具”、“任务计划”和“系统”的设置。

(6) 打印机和其他硬件：可以安装打印机或传真机，可以进行“打印机和传真”、“电话和调制解调器”、“键盘”、“鼠标”、“扫描仪和照相机”及“游戏控制器”的安装设置。

(7) 用户账户：可以完成“更改账户”、“创建新账户”和“更改用户登录或注销的方式”的操作。

(8) 日期、时间、语言和区域设置：可以“更改日期和时间”、“更改数字、日期和时间的格式”、“添加其他语言”的任务，并可以进行“区域和语言选项”和“日期和时间”的设置。

① 单击“日期、时间、语言和区域设置”窗口中的“添加其他语言”图标，将弹出“区域和语言选项”对话框，选择“区域选项”选项卡，如图2-3-12所示，可以在下拉列表中选择其他语言，还可以进行数字、货币、时间和日期的设置。

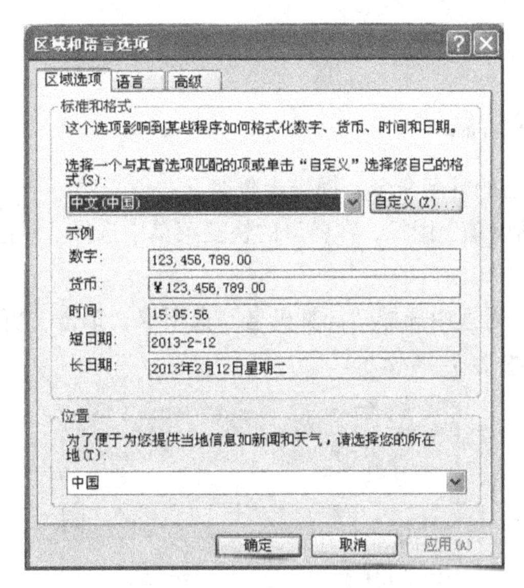

图 2-3-12 “区域和语言选项”对话框

② 选择“区域和语言选项”对话框中的“语言”选项卡，然后单击“详细资料”按钮，将弹出“文字服务和输入语言”对话框，如图 2-3-13 所示，在“默认输入语言”下拉列表中可以选择默认的语言，也可以在“已安装的服务”列表框中添加或者删除各种输入法、语音识别系统和手写系统。

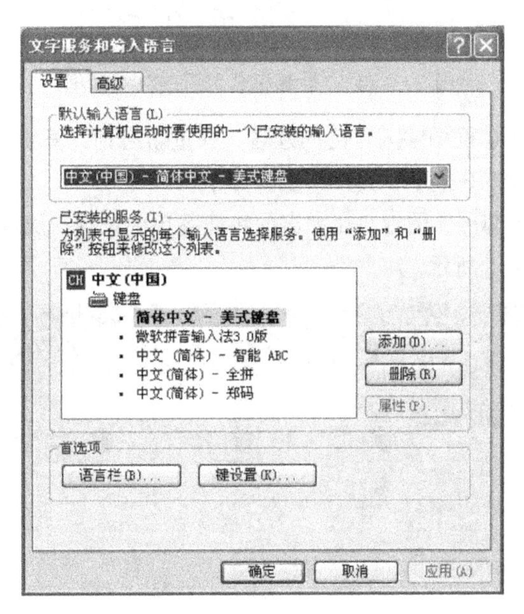

图 2-3-13 “文字服务和输入语言”对话框

（9）辅助功能选项：可以“调整屏幕上的文字和颜色的对比度”、“配置 Windows 满足视觉、听觉和移动的要求”和“辅助功能选项”设置。

（10）安全中心：显示防火墙是否开启，可以对“Internet”、“防火墙”和“自动更新”进行设置。

任务实施

一、设置系统基本信息

（1）将计算机名以自己的姓名命名，操作步骤如下：

① 右击桌面上“我的电脑”图标，在弹出的快捷菜单中选择“属性”命令，此时将弹出“系统属性”对话框。

② 在“系统属性”对话框中选择“计算机名”选项卡，单击“更改”按钮，将弹出“计算机名称更改”对话框，如图 2-3-14 所示。

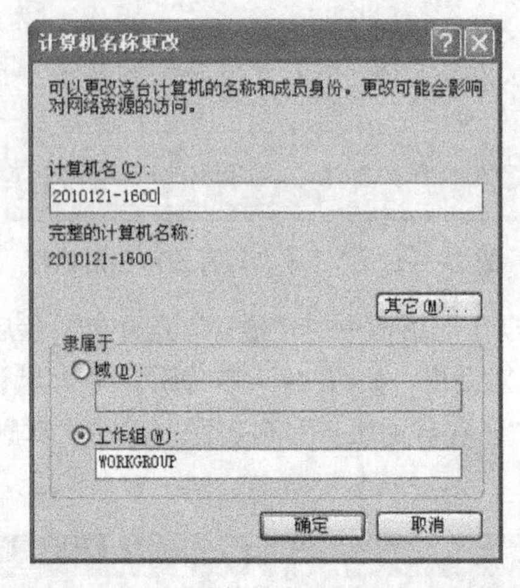

图 2-3-14 “计算机名称更改”对话框

③ 在“计算机名”文本框中输入自己的姓名，并重新启动计算机即可。

（2）查看本地计算机的 IP 地址，其操作步骤如下：

① 右击桌面上“网上邻居”图标，在弹出的快捷菜单中选择“属性”命令，此时将弹出“网络连接”窗口，如图 2-3-15 所示。

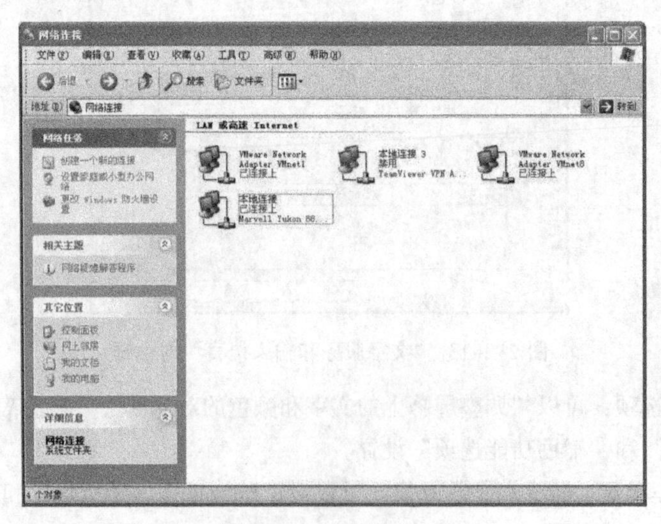

图 2-3-15 “网络连接”窗口

② 右击“本地连接”，在弹出的快捷菜单中选择“属性”命令，此时将弹出“本地连接 属性”对话框，如图 2-3-16 所示。

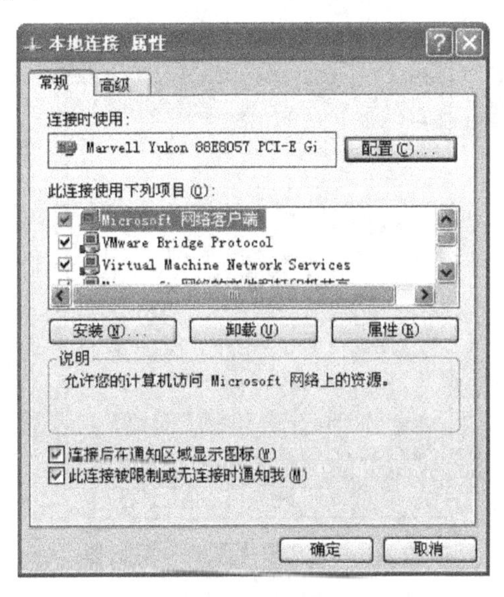

图 2-3-16 “本地连接 属性”对话框

③ 在“此连接使用下列项目”列表框中，找到“Internet 协议（TCP/IP）”项，双击，弹出“Internet 协议（TCP/IP）属性”对话框，如图 2-3-17 所示。

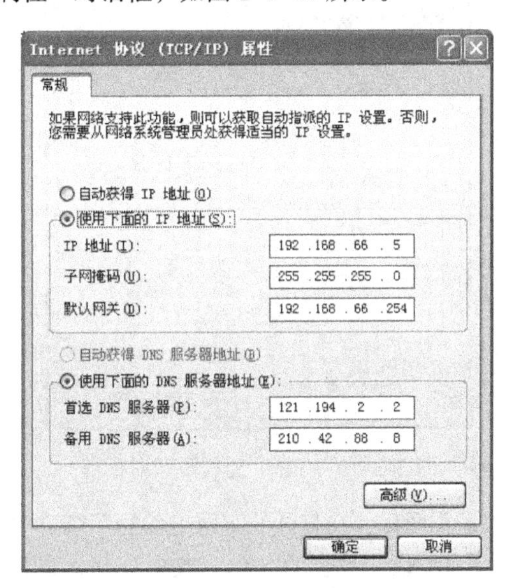

图 2-3-17 “Internet 协议（TCP/IP）属性”对话框

二、设置共享文件夹

在 E 盘新建一个“图片”文件夹，并设置为共享文件夹，其操作步骤如下：

① 打开 E 盘，在窗口的空白处右击，选择“新建”→“文件夹”命令，并为文件夹取名为“图片”。

② 右击“图片”文件夹，选择“共享和安全”命令，弹出“图片 属性”对话框。

③ 选择“共享”选项卡，选择“共享此文件夹”单选按钮，如图 2-3-18 所示

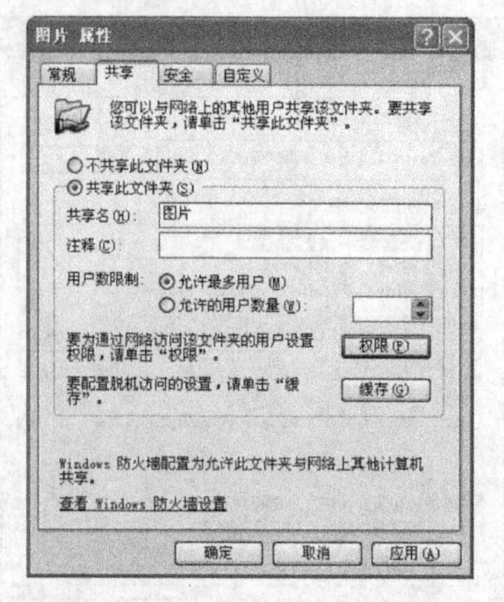

图 2-3-18 “图片 属性”对话框

④ 单击“权限”按钮，可以对共享文件的访问权限进行设置，如图 2-3-19 所示。

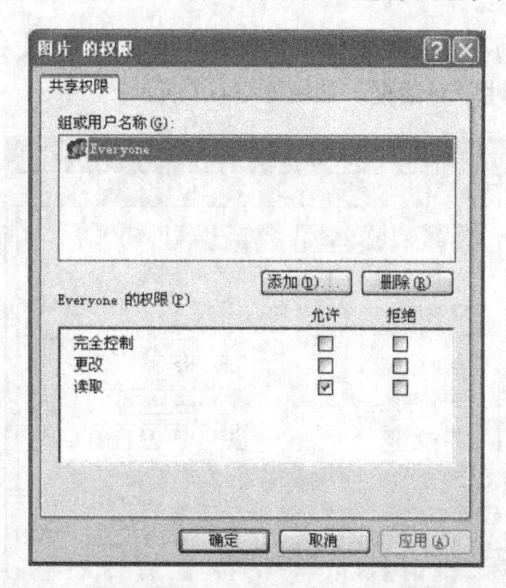

图 2-3-19 “图片 的权限”对话框

⑤ 双击桌面上“网上邻居”图标，在打开的“网上邻居”窗口中，选择左栏的“网络任务”→“查看工作组计算机”，找到本地计算机的名称，双击打开，查看共享文件夹“图片”是否可以访问。

三、添加/删除程序

（1）安装搜狗拼音输入法并查看，其操作步骤如下：

① 双击安装文件，按照引导程序完成搜狗拼音输入法的安装。

② 单击“开始”菜单，在“所有程序”的子菜单中查看“搜狗拼音输入法”。或者单击“任

务栏”右侧的语言栏，在弹出的菜单中查看“搜狗拼音输入法”是否已安装。

（2）卸载搜狗拼音输入法，其操作步骤如下：

① 用程序自带的卸载功能，完成删除操作。

a. 单击“开始”菜单，在“所有程序”的子菜单中找到“搜狗拼音输入法”。

b. 在“搜狗拼音输入法”的子菜单中选择“卸载”命令，完成程序的删除。

② 如果安装程序没有卸载功能，可以用“添加/删除程序”完成程序的删除操作。

a. 双击控制面板中的“添加/删除程序”图标，将弹出“添加或删除程序”窗口。

b. 在“添加或删除程序”窗口中找到“搜狗拼音输入法”，并单击，如图 2-3-20 所示。

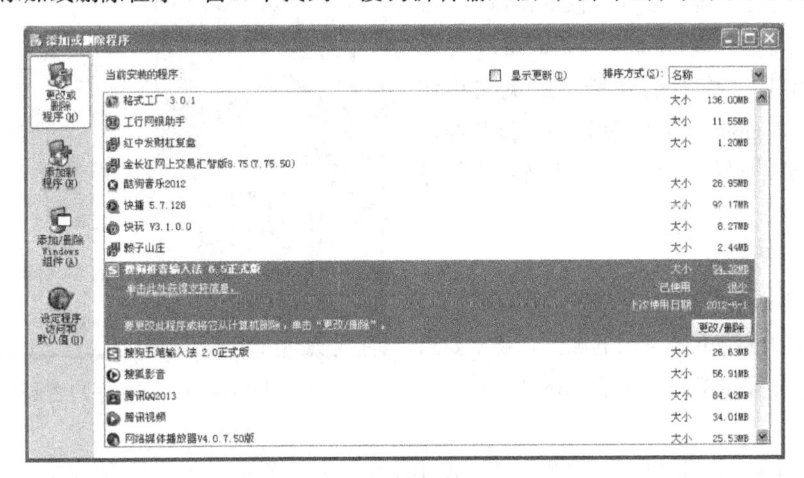

图 2-3-20 “添加或删除程序”窗口

c. 单击“更改/删除”按钮，按照引导程序完成程序的删除操作。

（3）设置语言栏中的输入法，只保留“美式键盘”和“搜狗拼音输入法”，其操作步骤如下：

① 右击任务栏上的“语言栏”图标，在弹出的快捷菜单中选择“设置”命令。

② 在弹出的“文字服务和输入语言”对话框中，单击需要删除的输入法，如“微软拼音输入法”，并单击“删除”按钮，如图 2-3-21 所示。

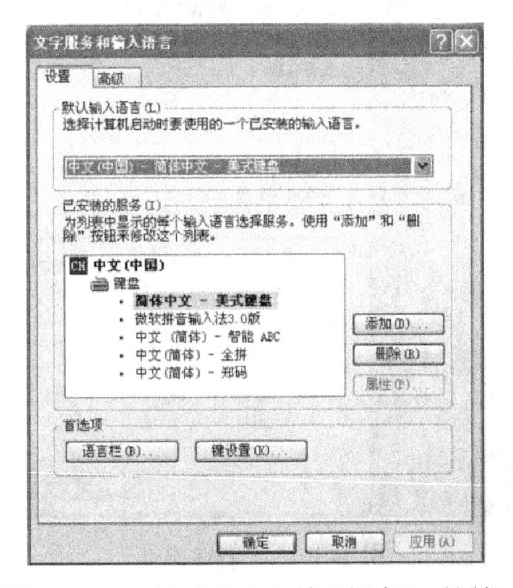

图 2-3-21 “文字服务和输入语言”对话框

③ 若想恢复被删除的输入法，则可以单击“添加”按钮，在【添加输入语言】对话框的“键盘布局/输入法”下拉列表中，单击相应的输入法，单击“确定”按钮即可。

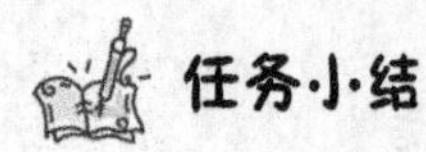

任务小结

为了正确合理地设置计算机的系统属性，保障系统安全与用户数据安全，请注意以下几点：

1. 合理设置开机密码

1）密码设置原则

设置的密码位数最好在6位或6位以上，且密码不能太有规律（如666666、aaaaaaaa、电话号码、出生年月、或有明确意义的英文单词Welcome、My Computer等），密码串不能是纯数字、纯英文字母，最好是字母、数字及特殊符号的组合。

2）密码设置方法

打开“控制面板”，单击其中的“用户账户”，在弹出的界面中继续单击自己的账户名称，如果账户原来没有设置过密码，则显示图2-3-22所示的界面。

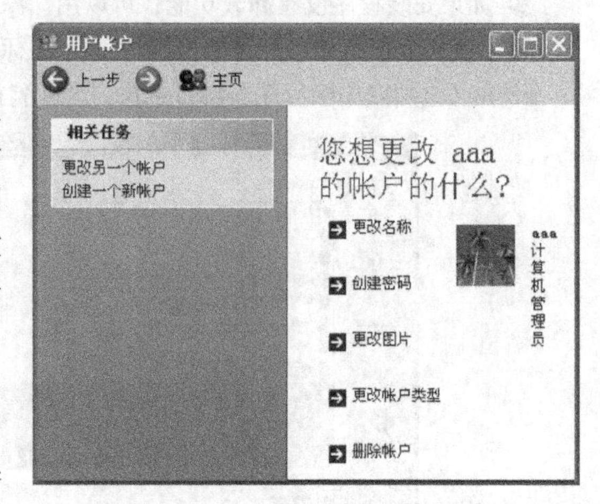

图2-3-22 创建用户密码界面

单击“创建密码”超链接，在弹出的界面中可以进行密码的设置，如图2-3-23所示。

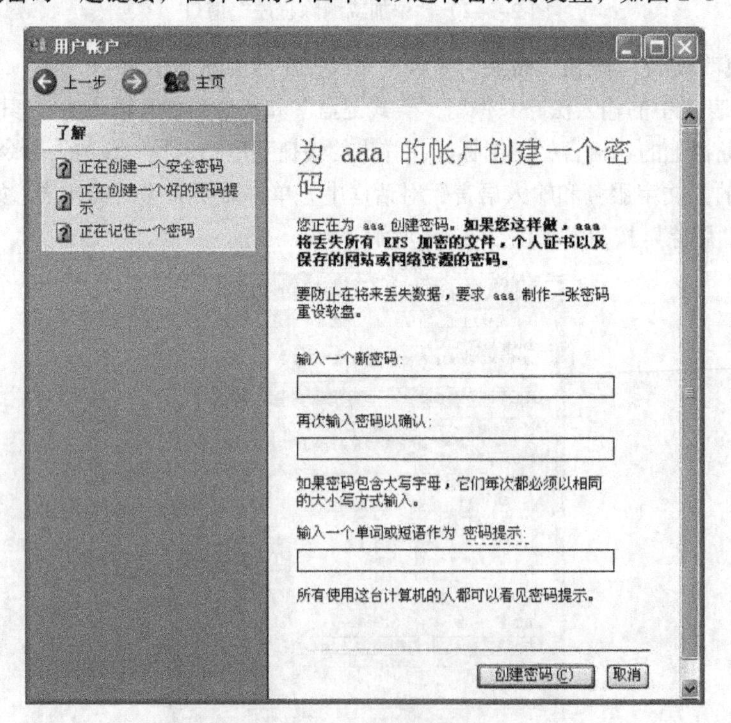

图2-3-23 创建密码

如果账户原来设置过密码，则显示图2-3-24所示的界面。

图 2-3-24 更改用户密码界面

单击“更改我的密码”超链接，在弹出的界面中可以进行密码的修改，如图 2-3-25 所示。

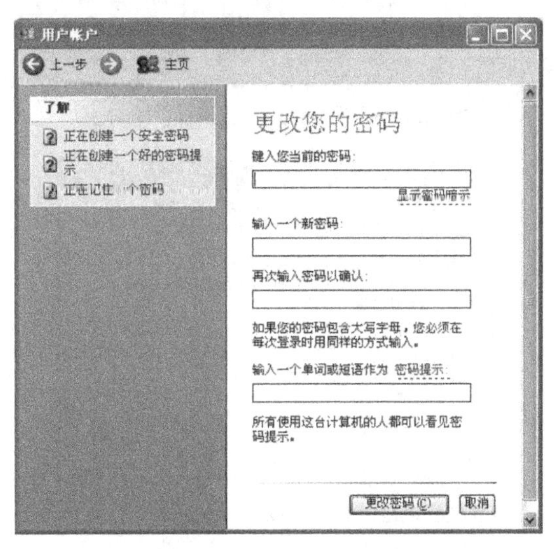

图 2-3-25 修改密码

输入密码，并确定密码提示信息，最后单击“创建密码”或“更改密码”按钮即可完成密码的设置工作。请牢记密码，并定期更换密码。若忘记密码，请输入“密码提示”内容，取回密码。

对于多人共用的计算机，可创建多个用户，并分别设置开机密码。

2. 更改系统 Administrator 账号名称

Administrator 账号是不能被停用的，这意味着他人可以一遍又一边地尝试这个账户的密码，将 Administrator 账户改名可以有效防止这一点。当然，请不要使用 Admin 之类的名字，尽量把它伪装成普通用户，如改成 guestone。方法是：右击“我的电脑”，在弹出的快捷菜单中选择“管理”命令，在弹出的“计算机管理”界面中单击“本地用户和组”再选择“用户”，在右侧窗口中选中 Administrator 账号并右击，在弹出的快捷菜单中选择“重命名”命令，输入新的 Administrator 账号名称即可，如图 2-3-26 所示。

3. 关闭远程控制功能

关闭远程控制功能，以防网络中的其他用户利用此功能监控本机或窃取本机资料。方法是：右击“我的电脑”，在弹出的快捷菜单中选择“属性”命令，将弹出图 2-3-27 所示的界面。选择“远程”选项卡，并取消选择“远程协助”及“远程桌面”复选框，便可关闭远程控制功能。

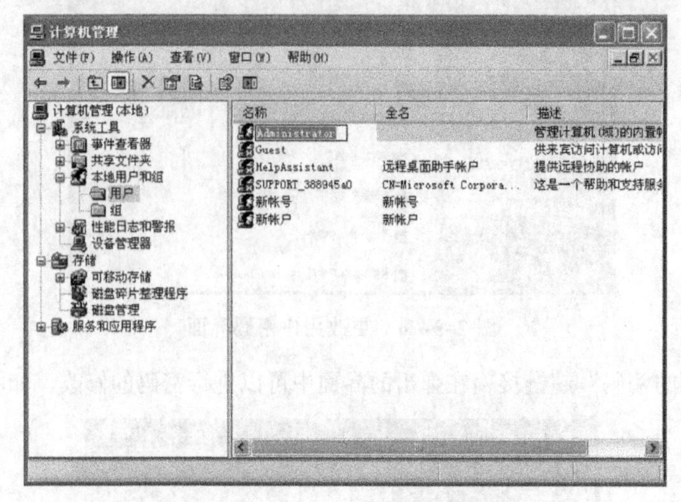

图 2-3-26 更改 Administrator 账号名

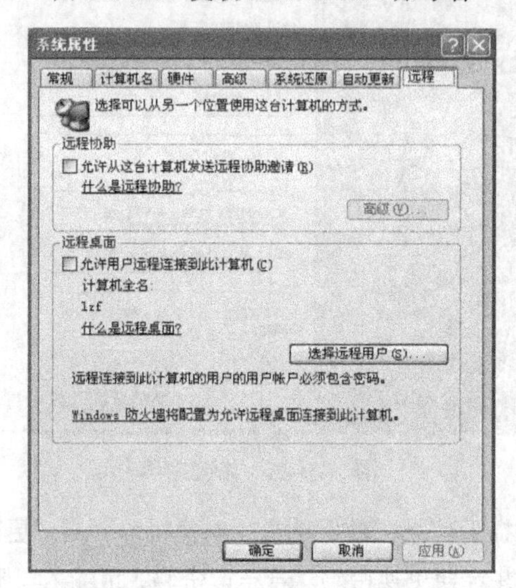

图 2-3-27 关闭远程控制

实训五 Windows 系统设置

一、实训目标

熟练掌握 Windows 系统属性的基本操作。

二、实训内容及要求

（1）查看控制面板中的“声音和音频设备”的属性；

（2）在控制面板中运用“电源选项”为计算机设置一个合适的电源使用方案；

（3）查看鼠标和键盘的属性。

项目三 Word 2007 的应用

学习目标：

- 掌握文档创建、保存的方法；
- 掌握常用的文本编辑的方法；
- 掌握页面设置的方法；
- 掌握图片的插入、编辑方法；
- 掌握表格使用的方法；
- 掌握页眉页脚的设置方法；
- 掌握目录使用的方法。

学习重难点：

- 文档的基本操作；
- 文本的编辑；
- 图文混排；
- 表格的设置；
- 页眉页脚的使用；
- 目录的创建与更新。

任务一　制 作 名 片

任务描述

小王刚到实习单位不久，公司领导交给他的第一个任务是给经理制作一个名片。如何才能制作出简洁美观的让领导满意的名片呢？这是摆在初入职场的小王同学面前的一个亟待解决的问题，他希望能又快又好地完成这个任务。

相关知识

一、文档操作

1. 新建文档

在启动 Word 2007 软件后系统会自动创建一个名为“文档 1”的空白文档，并将光标定位在文档第一页的第一行，可以直接对它进行文本编辑。此外还可以通过“Office 按钮”重新创建空白文档：首先，启动 Word 2007 软件，在 Word 软件窗口中单击“Office 按钮”按钮，在弹出的下拉菜单中选择“新建”命令，如图 3-1-1 所示，打开“新建文档”窗口。然后，单击“空白文档”图标，如图 3-1-2 所示，再单击“创建”按钮，即可创建新文档。

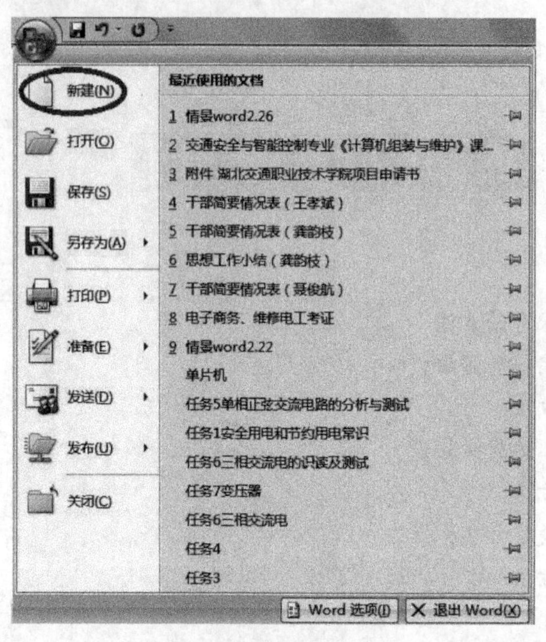

图 3-1-1　选择“新建”命令

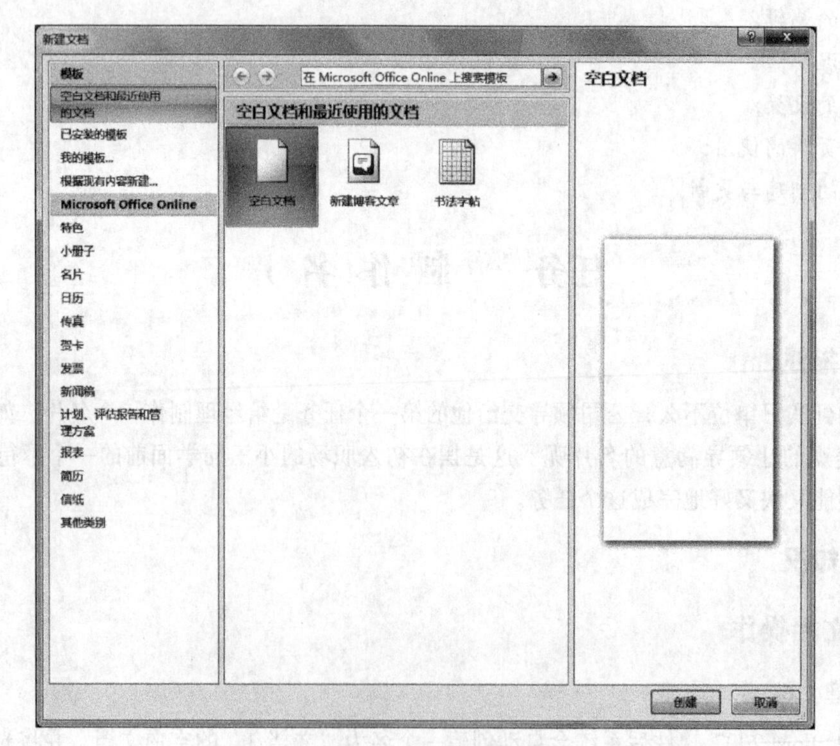

图 3-1-2　新建文档

2. 保存文档

完成对文档的操作后，需要保存文档，这样才不会丢失编辑后的文档。

打开创建好的新文档，单击“Office 按钮”按钮，在弹出的下拉菜单中选择“保存”命令。如果需要将文档保存至其他目录，可以选择“另存为”命令，然后在弹出的“另存为”对话框的保存位置栏中选择新文档保存的路径，或在“文件名”栏中为新文档输入一个文件名，最后单击“保存”按钮即可完成文档的保存，如图 3-1-3 所示。

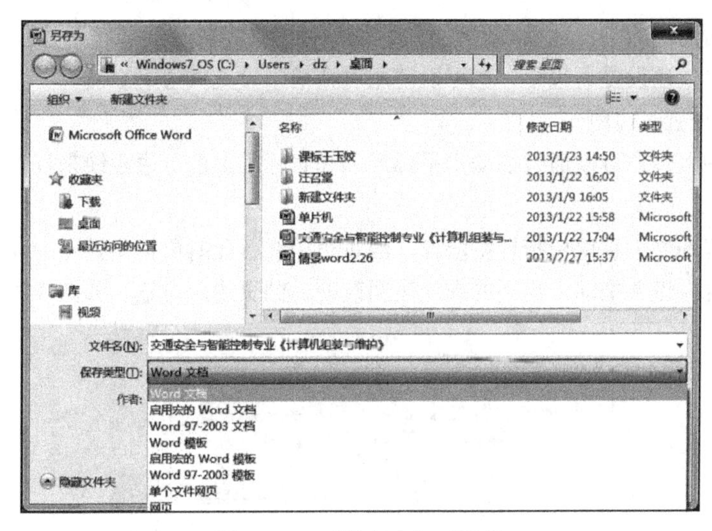

图 3-1-3 “另存为”对话框

3. 打开文档

在使用 Word 软件进行文档编辑时，经常需要打开一个已经保存的 Word 文档来编辑。

首先，在 Word 窗口中单击“Office 按钮”按钮，在弹出的菜单中选择“打开”命令，如图 3-1-4 所示。

图 3-1-4 “打开”对话框

然后，弹出“打开”对话框，在“查找范围”栏中选择打开文档所在的路径，然后选中要打开的文档，单击“打开”按钮即可打开选中的文档。

二、页面设置

在建立新的文档时，Word已经自动设置默认的页边距、纸型、纸张的方向等页面属性。但有时用户必须根据需要对页面属性进行设置。

1. 设置页边距

页边距是页面周围的空白区域。设置页边距能够控制文本的宽度和长度，还可以留出装订边。用户可以使用标尺快速设置页边距，也可以使用对话框来设置页边距。

1）使用标尺设置页边距

在页面视图中，用户可以通过拖动水平标尺和垂直标尺上的页边距线来设置页边距。具体操作步骤如下：

（1）在页面视图中，将鼠标指针指向标尺的页边距线，此时鼠标指针变为↕形状。

（2）按住鼠标左键并拖动，出现的虚线表明改变后的页边距位置，如图3-1-5所示。

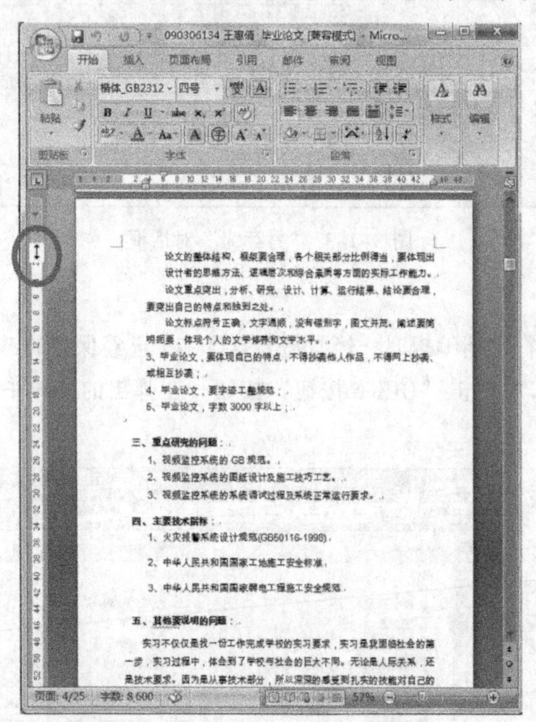

图3-1-5 使用标尺设置页边距

（3）将鼠标拖动到需要的位置后松开鼠标左键即可。

2）使用对话框设置页边距

如果需要精确设置页边距，或者需要添加装订线等，就必须使用对话框来进行设置。具体操作步骤如下：

（1）在“页面布局”选项卡中的“页面设置”组中的“页边距”下拉列表中选择“自定义边距”选项，弹出“页面设置”对话框，选择“页边距”选项卡，如图3-1-6所示。

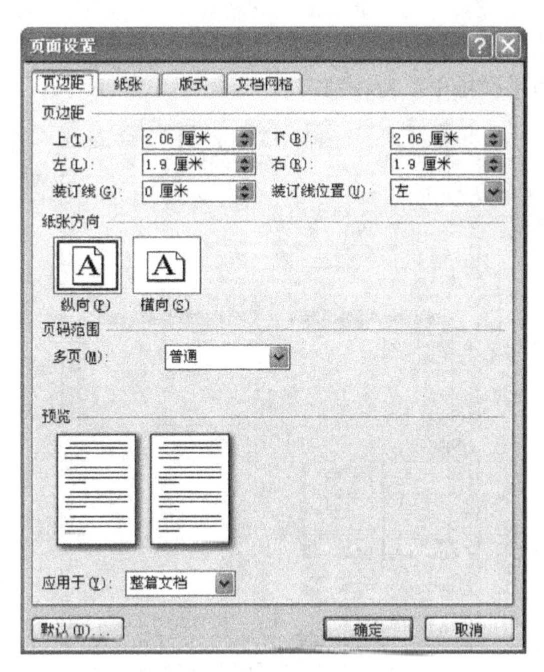

图 3-1-6 “页边距”选项卡

（2）在该选项卡中的“页边距”选区中的“上”、“下”、“左”、“右”微调框中分别输入页边距的数值；在“装订线”微调框中输入装订线的宽度值；在“装订线位置”下拉列表中选择“左”或“上”选项。

（3）在“纸张方向”选区中选择“纵向”或“横向”选项来设置文档在页面中的方向。

（4）在“页码范围”选区中单击“多页”下拉按钮，在弹出的下拉列表中选择相应的选项，可设置页码范围类型。

（5）在“预览”选区中的“应用于”下拉列表中选择要应用新页边距设置的文档范围；在后边的预览区中即可看到设置的预览效果。

（6）设置完成后，单击“确定”按钮即可。

2. 设置纸张类型

Word 2007 默认的打印纸张为 A4，其宽度为 210 mm，高度为 297 mm，且页面方向为纵向。如果实际需要的纸型与默认设置不一致，就会造成分页错误，此时就必须重新设置纸张类型。设置纸张类型的具体操作步骤如下：

（1）在“页面布局”选项卡中的“页面设置”组中的“纸张大小”下拉列表中选择“其他页面大小”选项，弹出“页面设置”对话框，选择“纸张”选项卡，如图 3-1-7 所示。

（2）在该选项卡中单击“纸张大小”下拉按钮，在弹出的下拉列表中选择一种纸型。用户还可在“宽度”和“高度”微调框中设置具体的数值，自定义纸张的大小。

（3）在“纸张来源”选区中设置打印机的送纸方式；在“首页”列表框中选择首页的送纸方式；在“其他页”列表框中设置其他页的送纸方式。

（4）在“应用于”下拉列表中选择当前设置的应用范围。

（5）单击“打印选项”按钮，可在弹出的“Word 选项”对话框的“打印选项”选区中进一步设置打印属性。

（6）设置完成后，单击“确定”按钮即可。

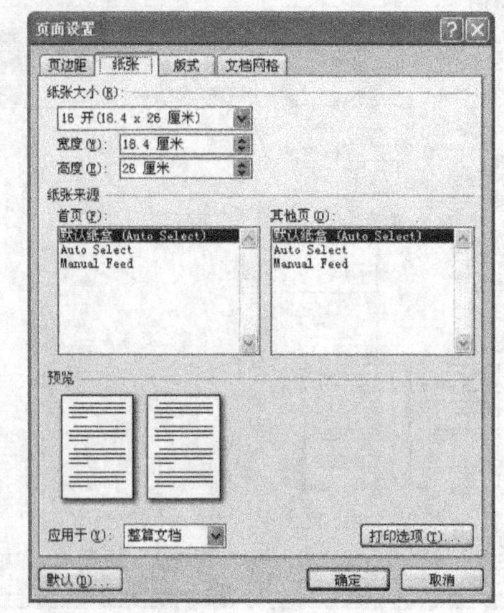

图 3-1-7 “纸张”选项卡

三、设置字符格式

字符格式主要包含字体、字号、字形、颜色、字符边框和底纹等。依据文档要求设置字符格式不仅可以使文档版面美观，同时还能增加文章的可读性。

1．设置字体

Word 常用的汉字字体包括宋体、黑体、隶书、楷书等。在 Word 中输入的汉字默认字体为“宋体”。Word 2007 提供了几十种中文字体和英文字体供用户选择，使用不同字体可以实现不同的效果。

（1）使用鼠标拖动选中需要设置字体的文本，选择“开始”选项卡，在“字体”组中单击其右下角的按钮。

（2）弹出“字体”对话框，如图 3-1-8 所示，在“中文字体”下拉列表中选择文字的字体，如“黑体”。

（3）单击“确定”按钮返回文档窗口，可以看见选中的文字字体由“宋体”变为了“黑体”。

2．设置字号

字号就是字符的大小。在一个文档中，为不同的内容设置不同大小的字号，可以让整个文档看起来重点突出，例如标题一般都选用比较大的字号，如果正文内容中需要突出某个词组也可以将该词组的字号设置得大些。

（1）使用鼠标拖动选中需要设置字号的文本，选择“开始”选项卡，在“字体”组中单击“字号”下拉按钮，在弹出的下拉列表中选择字号，如“小三”。

（2）完成设置后返回文档窗口，可以看见选中的文字字号变为了“小三”。

3．设置字形

在编辑文本的过程中除了加大字号和设置文字颜色来突出文字的醒目和重要性外，也可以通过对文字的字形设置来达到相同的目的。

图 3-1-8 “字体”对话框

（1）使用鼠标拖动选中需要设置字号的文本，选择“开始”选项卡，在“字体”组中单击右下角的按钮。

（2）弹出“字体”对话框，在“字形”下拉列表中选择文字的字形，如“倾斜”，单击“确定”按钮返回文档窗口，可以看见选中的文字字体已经变成所设置的效果。

4．设置字符间距

字符间距是指相邻字符间的距离，通过调整字符之间的距离，可以改变一行文字的字数，在文档编排中，这是经常用到的一种功能。

（1）使用鼠标拖动选中需要设置字号的文本，选择“开始”选项卡，在“字体”组中单击右下角的按钮。

（2）弹出“字体”对话框，选择“字符间距”标签进入设置字符间距对话框，如图 3-1-9 所示，单击“间距”右侧的下拉按钮，在下拉列表中选择“加宽”选项，磅值设置为“3 磅”。

图 3-1-9 设置字符间距

（3）单击“确定”按钮返回文档窗口，可以发现选中的文字的间距已经拉开了。

四、使用图片

图片是由其他文件和工具创建的图形，用户可以方便地在 Word 2007 文档中插入各种图片，对其进行编辑可以使文档更加形象和生动。

1．插入图片

用户可以方便地在 Word 2007 文档中插入各种图片，例如 Word 2007 提供的剪贴画和图形文件（如 BMP，GIF，JPEG 等格式）。

1）插入文件图片

在 Word 文档中还可以插入由其他程序创建的图片，具体操作步骤如下：

（1）将光标定位在需要插入图片的位置。

（2）在“插入”选项卡中“插图”组中单击“图片”按钮，弹出“插入图片”对话框，如图 3-1-10 所示。

（3）在“查找范围”下拉列表中选择合适的文件夹，在其列表框中选中所需的图片文件。

（4）单击“插入”按钮，即可在文档中插入图片。

2）插入剪贴画

剪贴画是一种表现力很强的图片，使用它可以在文档中插入各种具有特色的图片。例如人物图片、动物图片、建筑类图片等。在文档中插入剪贴画的具体操作步骤如下：

（1）将光标定位在需要插入剪贴画的位置。

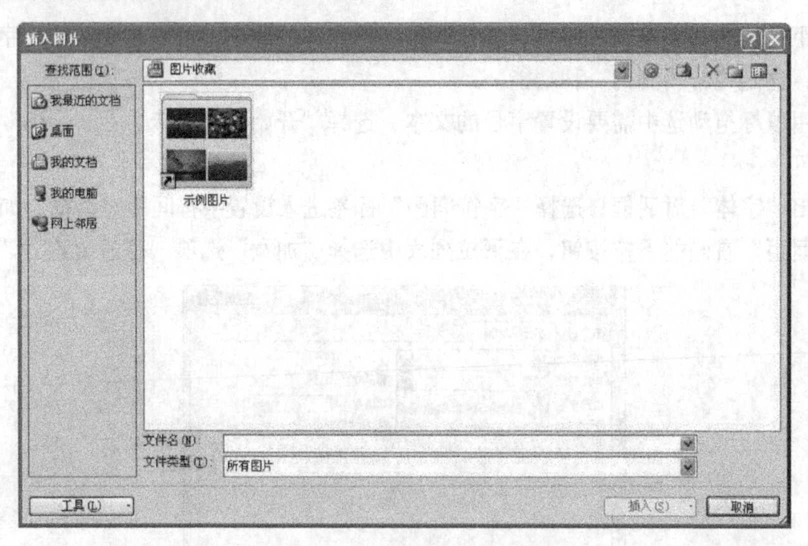

图 3-1-10 “插入图片”对话框

（2）在“插入”选项卡的“插图”组中单击“剪贴画”按钮，打开“剪贴画”任务窗格，如图 3-1-11 所示。

（3）在“搜索文字”文本框中输入剪贴画的相关主题或类别；在“搜索范围”下拉列表中选择要搜索的范围；在“结果类型”下拉列表中选择文件类型。

（4）单击“搜索”按钮，即可在“剪贴画”任务窗格中显示查找到的剪贴画，如图 3-1-12 所示。

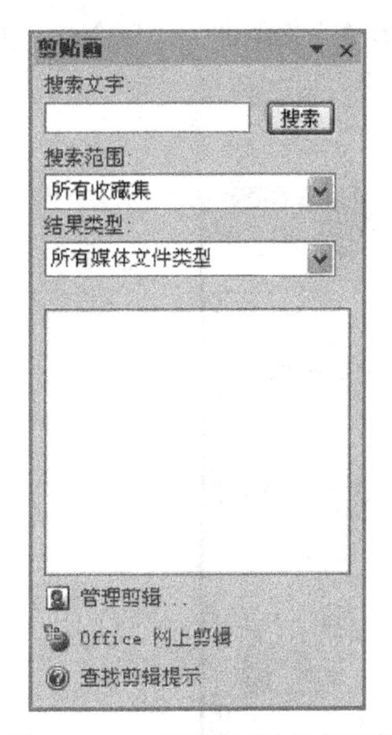

图 3-1-11　“剪贴画”任务窗格

图 3-1-12　搜索剪贴画

2. 编辑图片

在文档中插入图片后，图片的大小、位置和格式等不一定符合要求，需要进行各种编辑才能达到令人满意的效果。选中图片，然后在“格式”选项卡中对图片进行各种编辑操作。

1）调整图片大小

调整图片大小的方法主要有快速调整和精确调整两种。

快速调整图片大小的具体操作步骤如下：

（1）选中要调整大小的图片。

（2）此时图片周围出现 8 个控制点，如图 3-1-13 所示。

（3）将鼠标指针移至图片周围的控制点上，此时鼠标指针变为⤢或⤡形状，按住鼠标左键并拖动，如图 3-1-14 所示。

图 3-1-13　选中图片

图 3-1-14　调整图片大小

（4）当达到合适大小时松开鼠标，即可调整图片大小。

精确调整图片大小的具体操作步骤如下：

（1）在需要调整大小的图片中右击，从弹出的快捷菜单中选择“大小”命令，弹出“大小”对话框，选择“大小”选项卡，如图 3-1-15 所示。

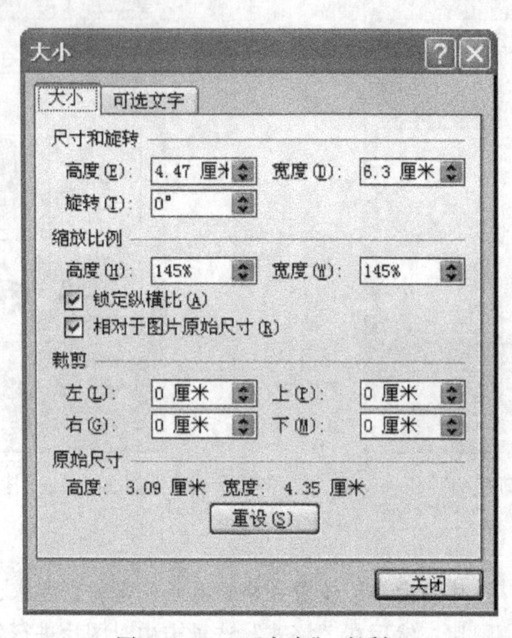

图 3-1-15 “大小”对话框

（2）在该选项卡中的“尺寸和旋转”选区中设置图片的高度、宽度和旋转角度；在“缩放比例”选区中设置图片高度和宽度的比例。

（3）选择“锁定纵横比”复选框，可使图片的高度和宽度保持相同的尺寸比例；选择“相对于图片原始尺寸”复选框，可使图片的大小相对于图片的原始大小进行调整。

（4）设置完成后，单击“关闭”按钮即可精确调整图片大小。

注意：按住【Ctrl】键并拖动图片控制点时，将从图片的中心向外垂直、水平或沿对角线缩放图片，如图 3-1-16 所示。

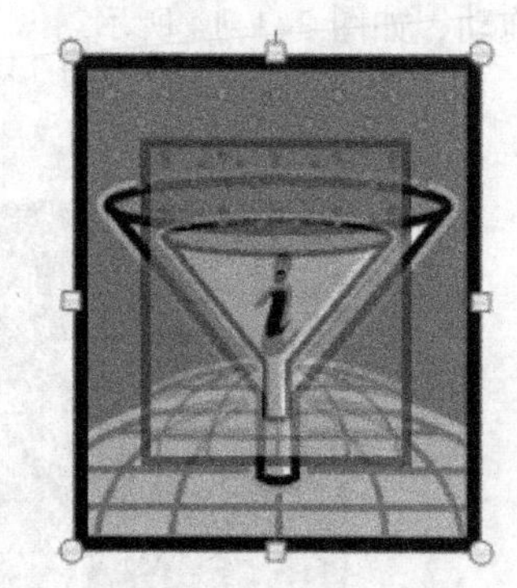

图 3-1-16 按住【Ctrl】键缩放图片

2）环绕方式

设置图片的环绕方式可以使图片的周围环绕文字，实现 Word 的图文混排功能。选中图片后，在“格式”选项卡的“排列”组中单击“文字环绕”按钮，弹出如图 3-1-17 所示的下拉列表。在该下拉列表中选择相应的选项，即可设置图片的环绕方式。选择“其他布局选项”选项，弹出“高级版式”对话框，选择“文字环绕”选项卡，如图 3-1-18 所示。在该对话框中可对图片的环绕方式进行精确设置。

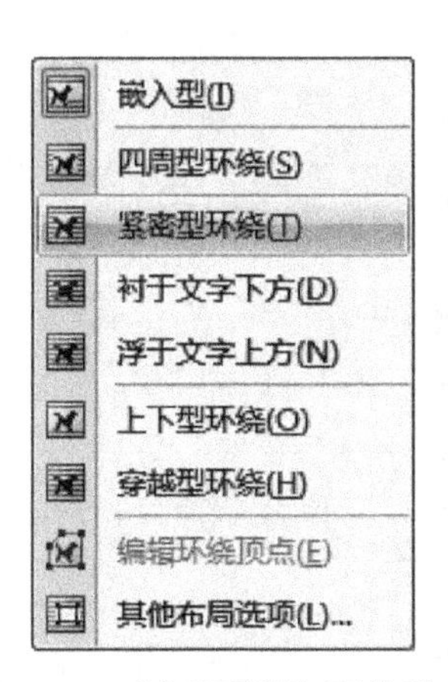

图 3-1-17 "文字环绕"下拉列表

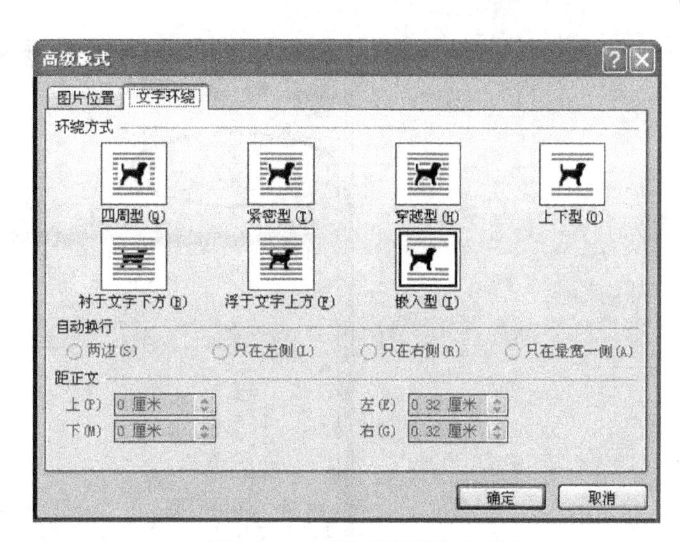

图 3-1-18 "文字环绕"选项卡

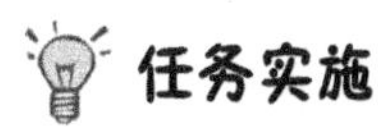

任务实施

一、初始化页面

（1）单击"Office 按钮"按钮，然后在弹出的下拉菜单中选择"新建"命令，弹出"新建文档"对话框，在左侧的"模板"列表框中选择"空白文档和最近使用的文档"选项，然后在右侧的列表框中选择"空白文档"选项，单击"创建"按钮，即可创建一个空白文档。

（2）单击"页面布局"选项卡中"页面设置"组右下角的按钮，弹出"页面设置"对话框，如图 3-1-19 所示。在"页边距"选项卡中的"页边距"选区中设置"上"、"下"、"左"和"右"页边距均为"1 厘米"；在"纸张方向"选区中设置页面方向为"横向"。

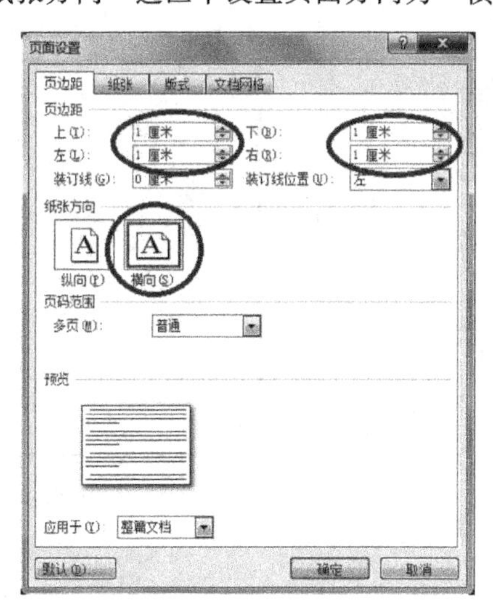

图 3-1-19 "页边距"选项卡

（3）选择"纸张"选项卡，如图 3-1-20 所示，在"纸张大小"选区中设置"宽度"和"高度"分别为"15 厘米"和"10 厘米"。

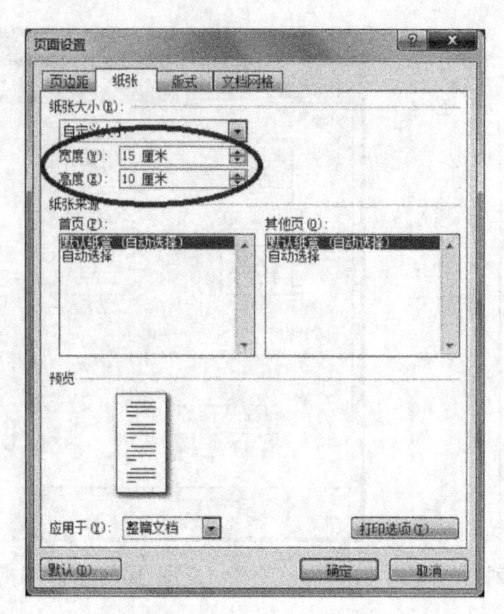

图 3-1-20 “纸张”选项卡

二、设置图案填充效果

（1）在“页面布局”选项卡中的“页面背景”组中单击“页面颜色”按钮，在弹出的下拉列表中选择“填充效果”选项，弹出“填充效果”对话框，选择“图案”选项卡，如图 3-1-21 所示。

（2）在该选项卡中选择第一种填充图案，单击“确定”按钮，效果如图 3-1-22 所示。

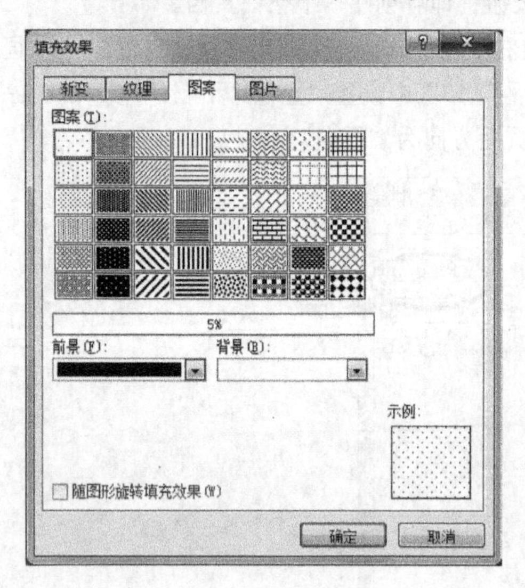

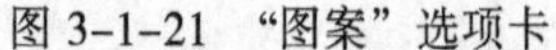

图 3-1-21 “图案”选项卡　　图 3-1-22 填充图案效果

三、图文混排

（1）在文档中输入文本“武汉天美科技有限公司”，设置“字体”为“华文新魏”；“字号”为“三号”。根据需要输入其他的文本，并将地址、电话设置其字体为“宋体”，字号为“小四”，效果如图 3-1-23 所示。

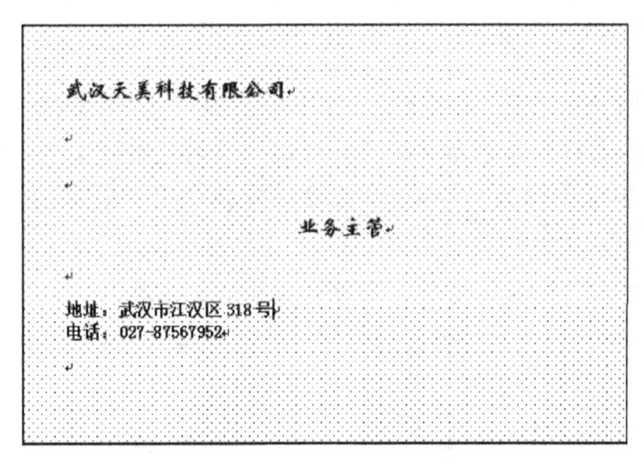

图 3-1-23 输入文本效果

（2）在“插入”选项卡的“插图”组中单击“图片”按钮，弹出“插入图片”对话框，如图 3-1-24 所示。

图 3-1-24 “插入图片”对话框

（3）在该对话框中选择需要插入的图片，单击“插入”按钮，将图片插入到文档中。

（4）选中插入的图片，在“格式”选项卡的“排列”组中单击“文字环绕”按钮，在弹出的下拉列表中选择“浮于文字上方”选项，并调整图片大小和位置，效果如图 3-1-25 所示。

图 3-1-25 调整图片大小和位置

四、插入艺术字

（1）在“插入”选项卡的“文本”组中单击“艺术字”按钮，弹出其下拉列表，如图3-1-26所示。

（2）在该下拉列表中选择一种艺术字样式，弹出“编辑艺术字文字”对话框。

（3）在“文本”文本框中输入“李响”，设置“字体”为“隶书”；“字号”为“28”，如图3-1-27所示。

（4）设置完成后，单击“确定”按钮，在文档中插入艺术字。

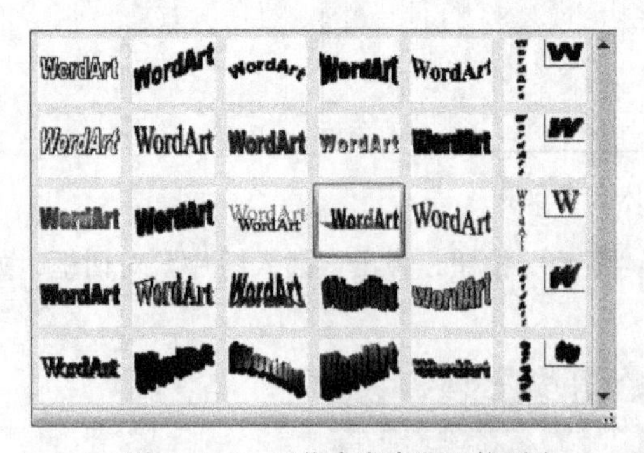

图3-1-26 “艺术字库”下拉列表

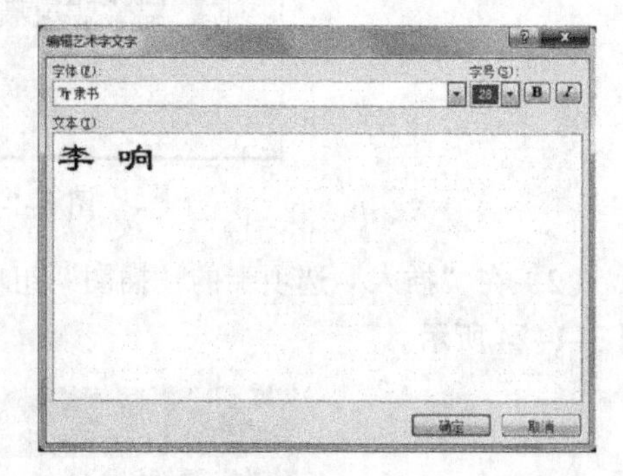

图3-1-27 “编辑艺术字文字”对话框

（5）选中插入的图片，在“格式”选项卡的“排列”组中单击“文字环绕”按钮，在弹出的下拉列表中选择“浮于文字上方”选项，并调整艺术字的位置，效果如图3-1-28所示。

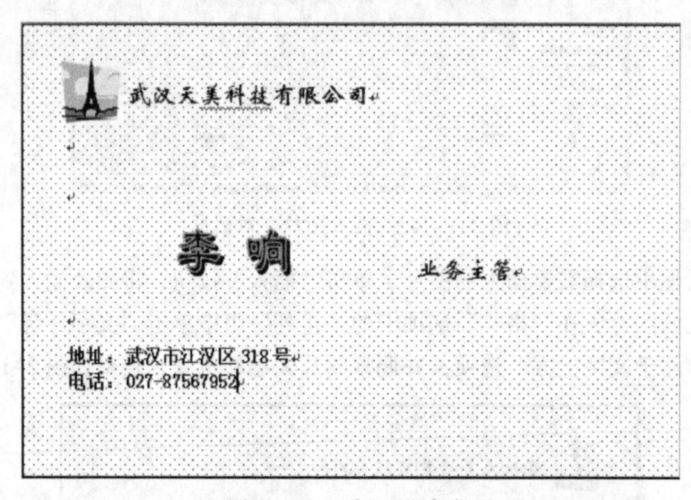

图3-1-28 插入艺术字

五、插入形状

（1）在“插入”选项中的“插图”组中单击“形状”按钮，在弹出的下拉列表中选择“椭圆”选项，在文档中绘制一个椭圆，并调整其大小和位置，如图3-1-29所示。

（2）选中绘制的椭圆，右击，从弹出的快捷菜单中选择“设置自选图形格式”命令，弹出“设置自选图形格式”对话框，选择“颜色与线条”选项卡，如图3-1-30所示。在该选项卡中设置填充颜色为“灰色，透明度为25%”，线条颜色为“无线条颜色”。

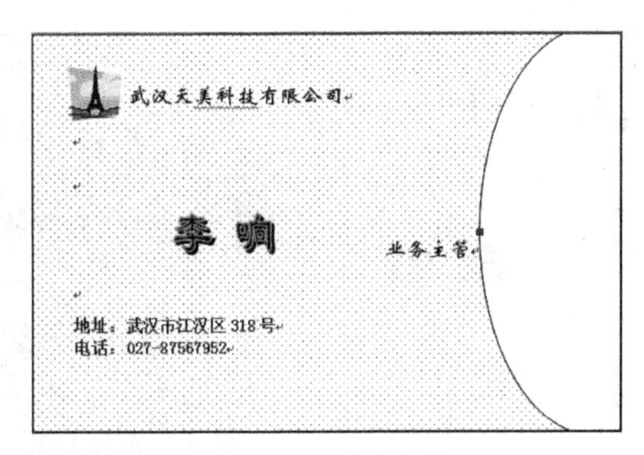

图 3-1-29　绘制椭圆

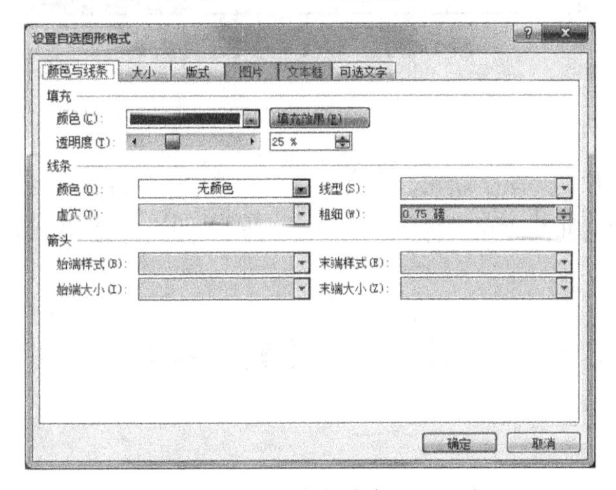

图 3-1-30　“颜色与线条”选项卡

（3）在“设置自选图形格式”对话框中选择“版式”选项卡，如图 3-1-31 所示。在该选项卡中的“环绕方式”选区中选择“衬于文字下方”选项。

图 3-1-31　“版式”选项卡

（4）设置完成后，单击“确定”按钮，效果如图 3-1-32 所示。

图 3-1-32 设置自选图形格式

任务小结

本任务通过制作名片，介绍了新建、保存及打开文档的基本操作，同时详细描述了页面设置及字符格式的设置方法。此外，在文档中插入图片、编辑图片，实现图文混排的基本操作也是完成本任务的核心操作。

实训六 制作教材封面

一、实训目标

（1）掌握文档创建、保存的方法；
（2）掌握基本的文本编辑方法；
（3）掌握图片的插入、编辑方法；
（4）掌握图文混排的技巧。

二、实训内容及要求

（1）制作一本《计算机应用基础》教程的封面；
（2）设置合适的文本格式；
（3）合理安排图片、文字的排版。

任务二 制作个人简历

任务描述

小邓今年7月即将毕业，他希望找到一份不仅适合自己的专业，而且福利待遇相对较好的工作。如何在竞争激烈的就业市场脱颖而出，给用人单位留下良好的第一印象？小邓准备从制作个人简历开始。

相关知识

一、插入表格

在 Word 2007 中，可以通过从一组预先设好格式的表格中选择，或通过选择需要的行数和列数来插入表格，同时也可以将表格插入到文档中或将一个表格插入到其他表格中以创建更复杂的表格。

1. 使用表格菜单

使用“表格”菜单插入表格的具体操作步骤如下：

（1）将光标定位在需要插入表格的位置。

（2）在“插入”选项卡的“表格”组中单击“表格”按钮，然后在弹出的下拉列表中拖动鼠标以选择需要的行数和列数，如图 3-2-1 所示。

2. 使用“插入表格”命令

使用“插入表格”命令插入表格，可以让用户在将表格插入文档之前选择表格的尺寸和格式。具体操作步骤如下：

（1）将光标定位在需要插入表格的位置。

（2）在“插入”选项卡的“表格”组中单击“表格”按钮，然后在弹出的下拉列表中选择“插入表格”选项，弹出“插入表格”对话框，如图 3-2-2 所示。

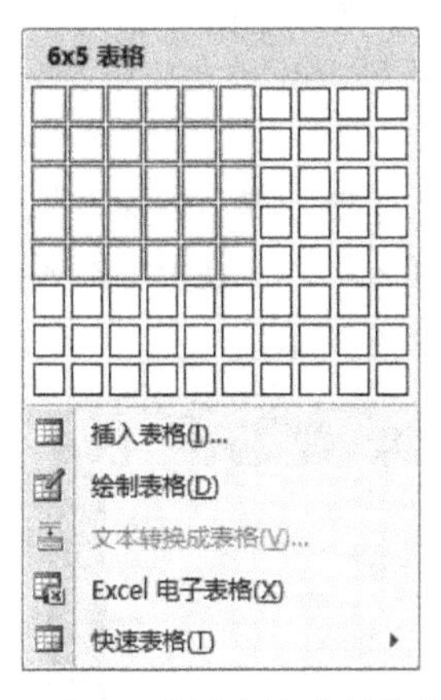

图 3-2-1　选择表格的行数和列数

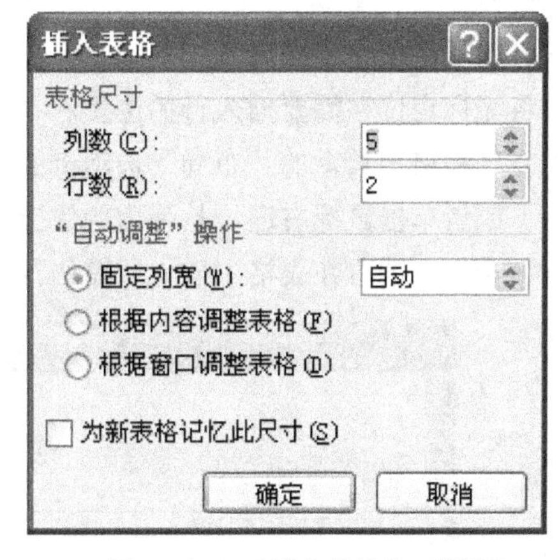

图 3-2-2　“插入表格”对话框

（3）在该对话框中的“表格尺寸”选区中的“列数”和“行数”微调框中输入具体的数值；在“‘自动调整’操作”选区中选中相应的单选按钮，设置表格的列宽。

（4）设置完成后，单击“确定”按钮，即可插入相应的表格。

二、编辑表格

用户制作表格时，可根据需要在表格中插入单元格、行或列。

1. 插入单元格

插入单元格的具体操作步骤如下：

（1）将光标定位在需要插入单元格的位置。

（2）在“表格工具”的“布局”选项卡的“行和列”组中单击右下角的 按钮，弹出“插入单元格”对话框，如图 3-2-3 所示。

（3）在该对话框中选择相应的单选按钮，例如选择“活动单元格右移”单选按钮，单击“确定”按钮，即可插入单元格，效果如图 3-2-4 所示。

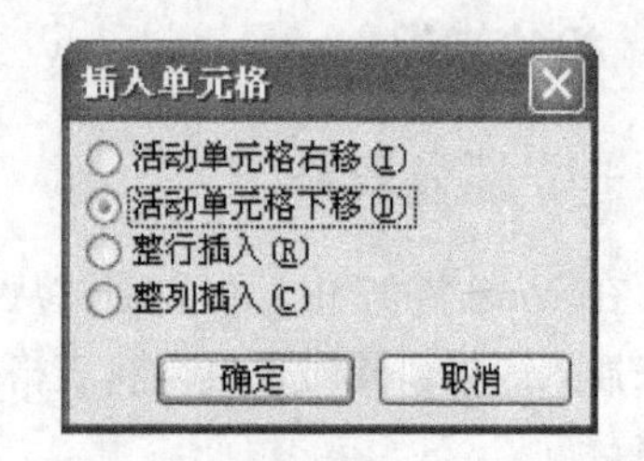

图 3-2-3 “插入单元格”对话框

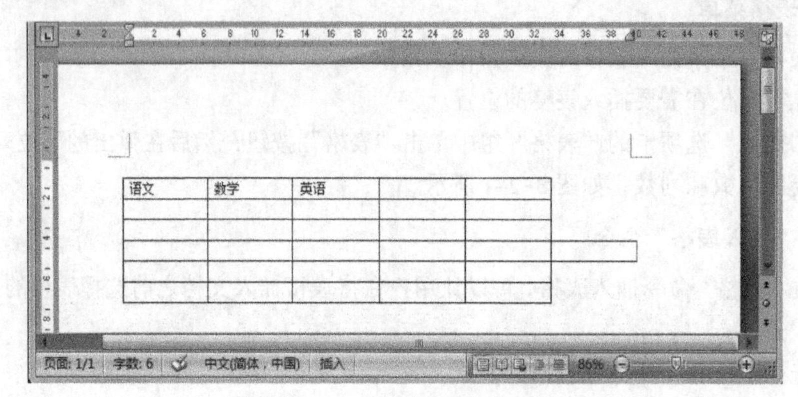

图 3-2-4 插入单元格效果

2. 插入行

插入行的具体操作步骤如下：

（1）将光标定位在需要插入行的位置。

（2）在“表格工具”的“布局”选项卡的“行和列”组中单击“在上方插入”或“在下方插入”按钮，或者单击鼠标右键，从弹出的快捷菜单中选择“插入”→“在上方插入行”或“在下方插入行”命令，即可在表格中插入所需的行，效果如图 3-2-5 所示。

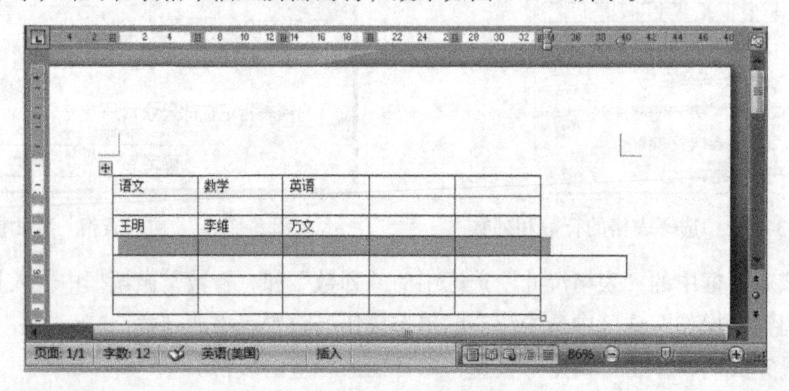

图 3-2-5 插入行效果

3. 插入列

插入列的具体操作步骤如下：

（1）将光标定位在需要插入列的位置。

（2）在“表格工具”的“布局”选项卡的“行和列”组中单击“在左侧插入”或“在右侧插

入”按钮，或者单击鼠标右键，从弹出的快捷菜单中选择“插入”→“在左侧插入列”或“在右侧插入列”命令，即可在表格中插入所需的列，效果如图 3-2-6 所示。

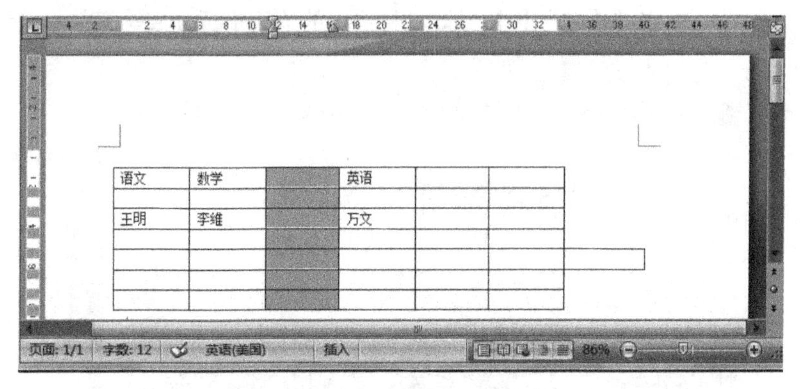

图 3-2-6 插入列效果

4. 合并单元格

在编辑表格时，有时需要将表格中的多个单元格合并为一个单元格，具体操作步骤如下：

（1）选中要合并的多个单元格。

（2）在“表格工具”的“布局”选项卡中单击“合并”组中的“合并单元格”按钮，或者单击鼠标右键，从弹出的快捷菜单中选择“合并单元格”命令，即可清除所选定单元格之间的分隔线，使其成为一个大的单元格，效果如图 3-2-7 所示。

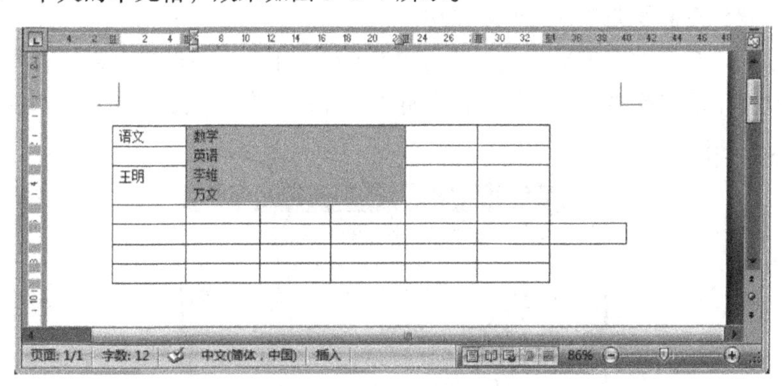

图 3-2-7 合并单元格效果

5. 拆分单元格

用户还可以将一个单元格拆分成多个单元格，具体操作步骤如下：

（1）选定要拆分的一个或多个单元格。

（2）在“表格工具”的“布局”选项卡的“合并”组中单击“拆分单元格”按钮，或者单击鼠标右键，从弹出的快捷菜单中选择“拆分单元格”命令，弹出“拆分单元格”对话框，如图 3-2-8 所示。

（3）在该对话框中的“列数”和“行数”微调框中输入相应的列数和行数。

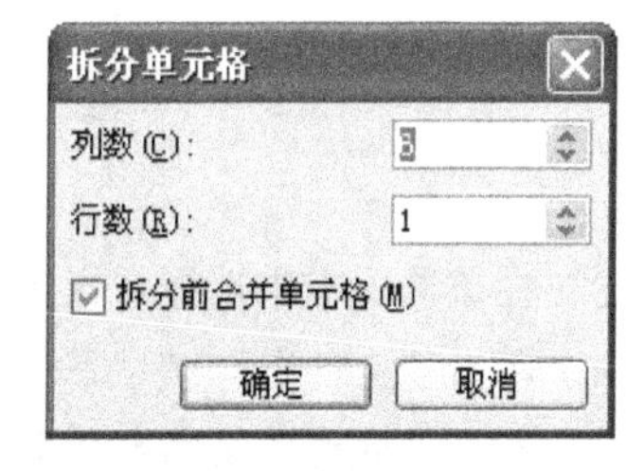

图 3-2-8 “拆分单元格”对话框

（4）如果希望重新设置表格，可选择“拆分前合并单元格”复选框；如果希望将所设置的列数和行数分别应用于所选的单元格，则不选中该复选框。

（5）设置完成后，单击“确定”按钮，即可将选中的单元格拆分成等宽的小单元格，效果如图 3-2-9 所示。

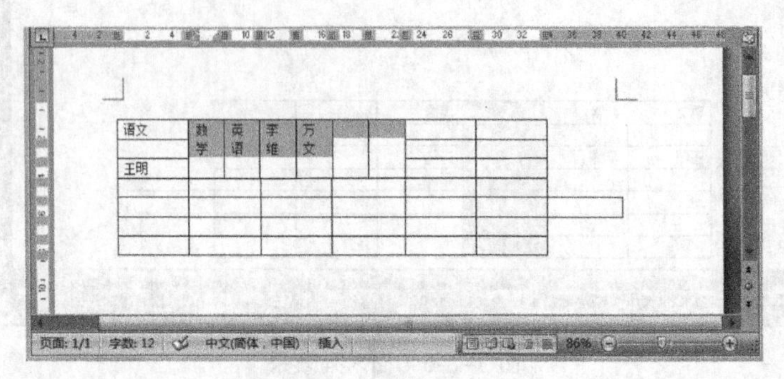

图 3-2-9　拆分单元格效果

三、格式化表格

格式化表格主要包括调整表格的行高和列宽、对齐方式以及混合排版等操作。

1. 调整表格的行高

调整表格行高的具体操作步骤如下：

（1）将光标定位在需要调整行高的表格中。

（2）在“表格工具”的“布局”选项卡的“单元格大小”组中设置表格行高和列宽，或者单击鼠标右键，从弹出的快捷菜单中选择“表格属性”命令，弹出“表格属性”对话框，选择“行”选项卡，如图 3-2-10 所示。

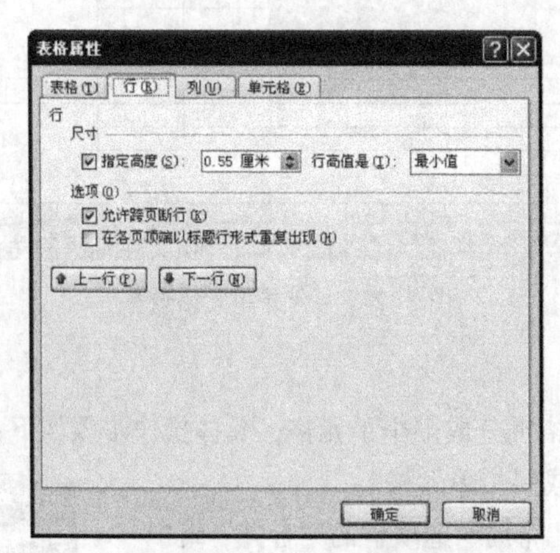

图 3-2-10　“行”选项卡

（3）在该选项卡中选择“指定高度”复选框，并在其后的微调框中输入相应的行高值。

（4）单击“上一行”或“下一行”按钮，继续设置相邻的行高。

（5）选择“允许跨页断行”复选框，允许所选中的行跨页断行。

（6）设置完成后，单击“确定”按钮。

2. 调整表格的列宽

调整表格列宽的具体操作步骤如下：

（1）将光标定位在需要调整列宽的表格中。

（2）在“表格工具”的“布局”选项卡的“单元格大小”组中设置表格行高和列宽，或者右击，从弹出的快捷菜单中选择“表格属性”命令，弹出“表格属性”对话框，选择“列”选项卡，如图 3-2-11 所示。

（3）在该选项卡中选择“指定宽度”复选框，并在其后的微调框中输入相应的列宽值。

（4）单击“前一列”或“后一列”按钮，继续设置相邻的列宽。

（5）设置完成后，单击“确定”按钮。

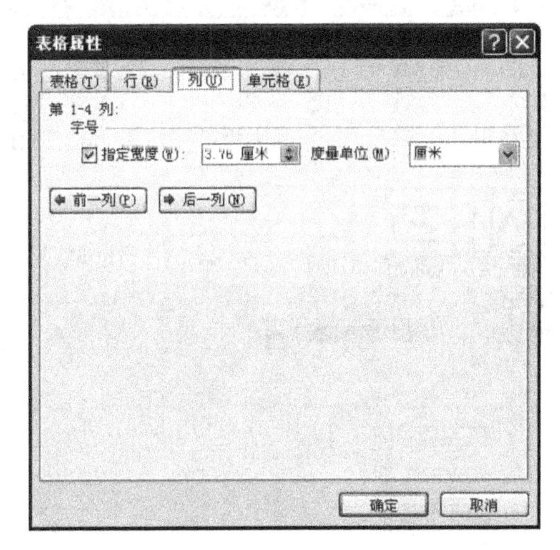

图 3-2-11 “列”选项卡

3. 表格的对齐方式

对表格中的文本可设置其对齐方式，具体操作步骤如下：

（1）选定要设置对齐方式的区域。

（2）在“表格工具”的“布局”选项卡的“对齐方式”组设置文本的对齐方式，如图 3-2-12 所示。例如，单击“水平居中”按钮，效果如图 3-2-13 所示。

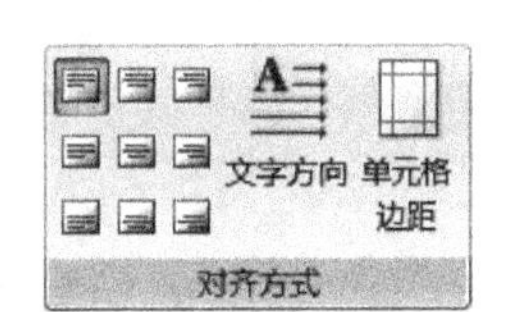

图 3-2-12 “对齐方式”组

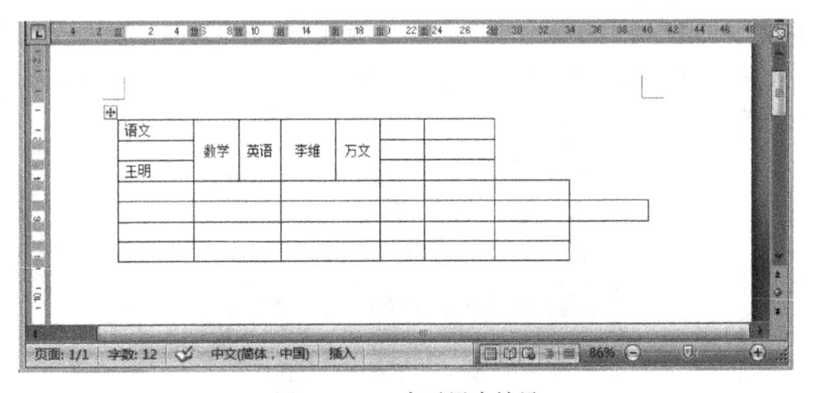

图 3-2-13 水平居中效果

任务实施

一、初始化页面

（1）新建一个 Word 文档，按【Ctrl+S】组合键将其保存为“个人简历”。

（2）单击“页面布局”选项卡中“页边距”按钮，在弹出的下拉列表中选择“自定义边距”选项，随即将弹出“页面设置”对话框，在“页边距”选区中将上、下、右边距设为 2.4 厘米，左边距设为 3 厘米。单击“确定”按钮完成页面设置，如图 3-2-14 所示。

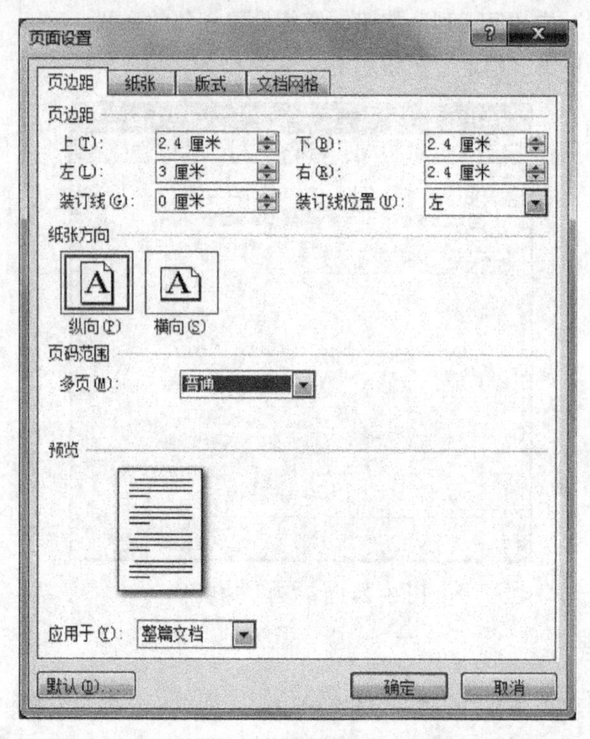

图 3-2-14 “页面设置”对话框

二、为表格添加标题

（1）输入标题内容“个人简历”。

（2）选中标题，设置标题的字体为宋体、小二、加粗，且居中对齐。选中标题，单击“开始”选项卡中的按钮，在弹出的下拉列表中选择“调整宽度”选项，弹出“调整宽度”对话框。在“调整宽度”对话框中设置“新文字宽度”为“8 字符”，如图 3-2-15 所示。

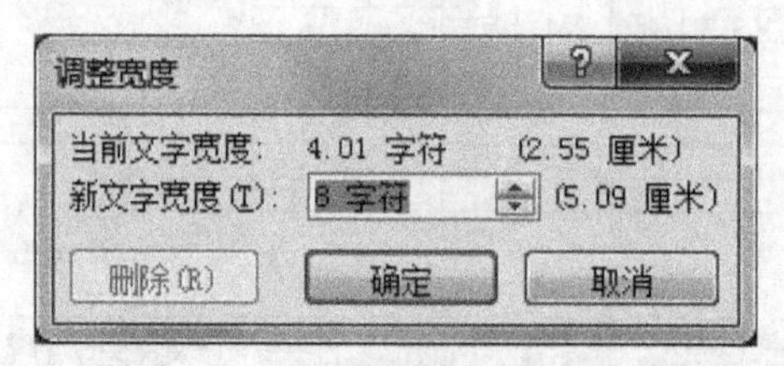

图 3-2-15 “调整宽度”对话框

三、插入表格

单击“插入”选项卡中的“表格”按钮，在弹出的下拉列表中选择“插入表格”选项，弹出“插入表格”对话框，在“列数”和“行数”文本框中分别输入 2 和 14，如图 3-2-16 所示。

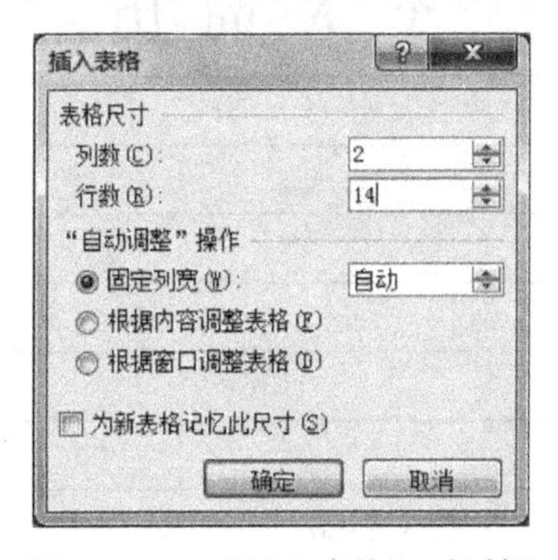

图 3-2-16 “插入表格”对话框

四、修改表格结构

（1）将指针停留在两列间的边框上，指针变为 ↔，向左拖动边框到合适的宽度。可以事先在第一列中输入文本“应聘职务”，拖动边框时以能容纳此文本的宽度为准，如图 3-2-17 所示。

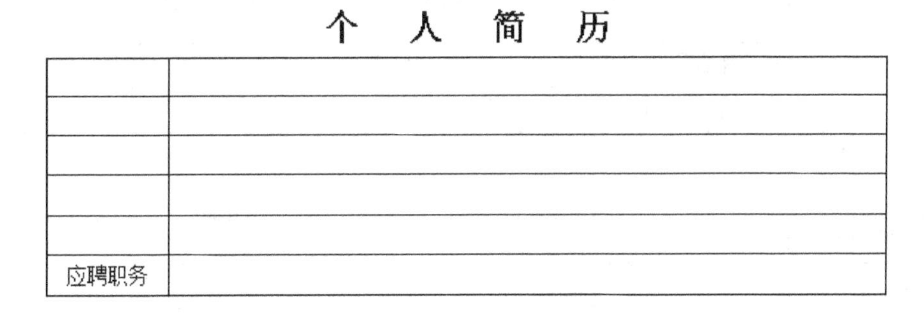

个 人 简 历

应聘职务	

图 3-2-17 调整表格宽度

（2）为方便修改表格结构操作，首先选择“布局”选项卡，通过对表格执行合并单元格、拆分单元格操作，将 2 行 14 列的表格修改为各行列数不等的表格。

（3）同时选中前 4 行第 2 列的所有单元格，单击“拆分单元格”按钮，设置列数为 2，单击“确定”按钮，如图 3-2-18 所示，通过拆分单元格，使前 4 行变成 3 列，如图 3-2-19 所示。

图 3-2-18 “拆分单元格”对话框

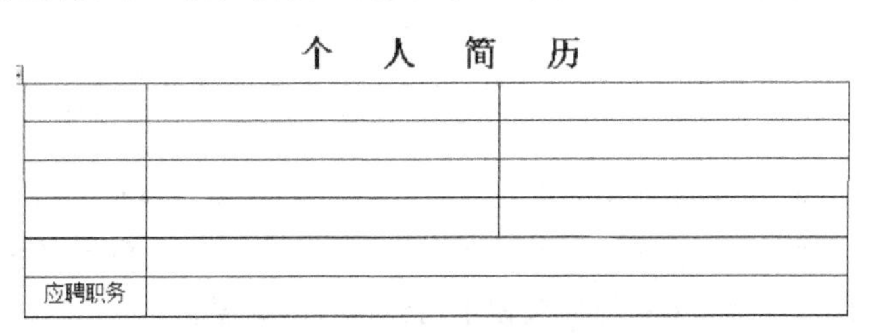

个 人 简 历

应聘职务		

图 3-2-19 拆分单元格后的效果

（4）同时选中前4行第3列的所有单元格，单击“合并单元格”按钮，将其合并为一个单元格，用于插入照片，并拖动边框到合适的宽度，如图3-2-20所示。

<table>
<tr><th colspan="3">个 人 简 历</th></tr>
<tr><td></td><td></td><td rowspan="4"></td></tr>
<tr><td></td><td></td></tr>
<tr><td></td><td></td></tr>
<tr><td></td><td></td></tr>
<tr><td></td><td colspan="2"></td></tr>
<tr><td>应聘职务</td><td colspan="2"></td></tr>
</table>

图3-2-20　合并单元格

（5）同理，通过拆分、合并单元格，并输入单元格内容，效果如图3-2-21所示。

<table>
<tr><th colspan="7">个 人 简 历</th></tr>
<tr><td>姓名</td><td></td><td>性别</td><td></td><td>年龄</td><td></td><td rowspan="4">贴照片</td></tr>
<tr><td rowspan="3">地址</td><td colspan="5"></td></tr>
<tr><td>邮政编码</td><td></td><td>电子邮件</td><td colspan="2"></td></tr>
<tr><td>电话</td><td></td><td>传真</td><td colspan="2"></td></tr>
<tr><td>毕业学校
及专业</td><td colspan="6"></td></tr>
<tr><td>应聘职务</td><td colspan="6"></td></tr>
<tr><td rowspan="2">教育</td><td></td><td colspan="5"></td></tr>
<tr><td></td><td colspan="5"></td></tr>
<tr><td>奖励</td><td colspan="6"></td></tr>
<tr><td>语言</td><td colspan="6"></td></tr>
<tr><td>工作经历</td><td colspan="6"></td></tr>
<tr><td>推荐</td><td colspan="6"></td></tr>
<tr><td>技能</td><td colspan="6"></td></tr>
<tr><td>获得证书</td><td colspan="6"></td></tr>
</table>

图3-2-21　效果图

（6）调整单元格宽度：为使第1行的3～6这4个单元格的宽度一样，可以应用“分布列”功能，即选择这4个单元格，单击“分布列”按钮，就可以在选定的宽度内平均分配各列的宽度。同理，也有“分布行”按钮平均分布行的宽度。

（7）设置行高：单击表格左上角的标记⊞，选定整个表格。单击“布局”选项卡中“表格属性”项目中的“属性”按钮，弹出“表格属性”对话框，选择“行”选项卡，勾选指定高度，设置第 1～14 行的行高为 0.8 厘米，行高值是“最小值”，如图 3-2-22 所示。单击“确定”按钮完成设置。

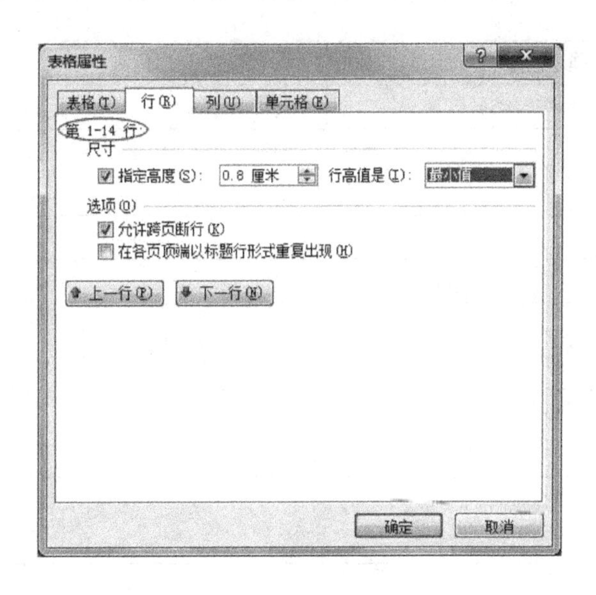

图 3-2-22 “表格属性”对话框

（8）选择“教育”项目的第 2 行（即表格第 8 行），打开“表格属性”对话框，选择“行”选项卡，设置行高为 3 cm，如图 3-2-23 所示。单击“确定”按钮完成设置。

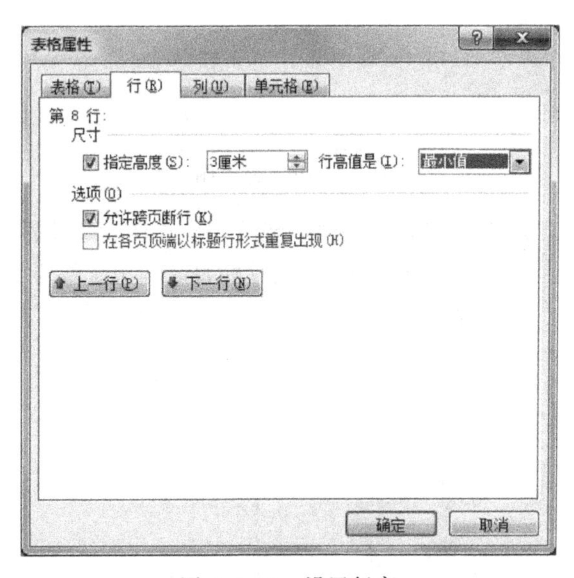

图 3-2-23 设置行高

（9）参照上步，依次设置“奖励”“工作经历”“获得证书”所在的行高为 3 cm，“技能”所在的行高为 2 cm，如图 3-2-24 所示。

个 人 简 历

<table>
<tr><td>姓名</td><td></td><td>性别</td><td></td><td>年龄</td><td></td><td rowspan="4">贴照片</td></tr>
<tr><td rowspan="3">地址</td><td colspan="5"></td></tr>
<tr><td>邮政编码</td><td></td><td>电子邮件</td><td colspan="2"></td></tr>
<tr><td>电话</td><td></td><td>传真</td><td colspan="2"></td></tr>
<tr><td>毕业学校
及专业</td><td colspan="6"></td></tr>
<tr><td>应聘职务</td><td colspan="6"></td></tr>
<tr><td rowspan="2">教育</td><td></td><td colspan="5"></td></tr>
<tr><td></td><td colspan="5"></td></tr>
<tr><td>奖励</td><td colspan="6"></td></tr>
<tr><td>语言</td><td colspan="6"></td></tr>
<tr><td>工作经历</td><td colspan="6"></td></tr>
<tr><td>推荐</td><td colspan="6"></td></tr>
<tr><td>技能</td><td colspan="6"></td></tr>
<tr><td>获得证书</td><td colspan="6"></td></tr>
</table>

图 3-2-24 效果图

（10）修饰表格：单击表格左上角的标记⊞，选定整个表格。设置字体为宋体小四号字。

（11）移动鼠标指针到表格第 1 列的顶端，指针变为⬇，选定整列。右击，选择快捷菜单中的“单元格对齐方式”→“中部居中”命令，如图 3-2-25 所示。

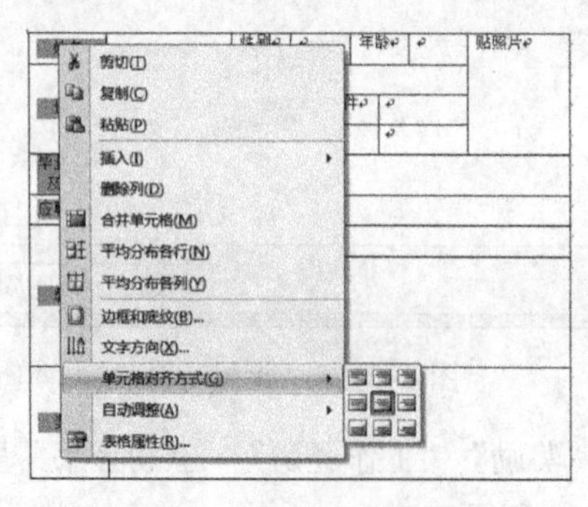

图 3-2-25 设置单元格的对齐方式

（12）右击“教育”所在的单元格，选择快捷菜单中的“文字方向”命令，弹出“文字方向”对话框，如图 3-2-26 所示，设置单元格文字方向。

图 3-2-26　设置文字方向

（13）依次设置“奖励”、“工作经历”、“技能”、“获得证书”的文字方向。

（14）依次调整“教育”、“奖励”、“技能”的字符宽度为 4 字符，最终效果如图 3-2-27 所示。

<table>
<tr><th colspan="7">个 人 简 历</th></tr>
<tr><td>姓名</td><td></td><td>性别</td><td></td><td>年龄</td><td></td><td rowspan="4">贴照片</td></tr>
<tr><td rowspan="3">地址</td><td colspan="5"></td></tr>
<tr><td>邮政编码</td><td></td><td>电子邮件</td><td colspan="2"></td></tr>
<tr><td>电话</td><td></td><td>传真</td><td colspan="2"></td></tr>
<tr><td>毕业学校
及专业</td><td colspan="6"></td></tr>
<tr><td>应聘职务</td><td colspan="6"></td></tr>
<tr><td rowspan="2">教
育</td><td></td><td colspan="5"></td></tr>
<tr><td></td><td colspan="5"></td></tr>
<tr><td>奖
励</td><td colspan="6"></td></tr>
<tr><td>语言</td><td colspan="6"></td></tr>
<tr><td>工
作
经
历</td><td colspan="6"></td></tr>
<tr><td>推荐</td><td colspan="6"></td></tr>
<tr><td>技
能</td><td colspan="6"></td></tr>
<tr><td>获
得
证
书</td><td colspan="6"></td></tr>
</table>

图 3-2-27　最终效果图

任务小结

本任务通过制作个人简历，详细介绍了插入表格、编辑表格的基本操作。根据需要修改表格结构是完成本任务的基本要求。

实训七　制作通讯录

一、实训目标

（1）掌握创建、编辑表格的方法；
（2）掌握拆分、合并单元格的方法；
（3）掌握表格内容排版的方法。

二、实训内容及要求

（1）运用表格制作一份学生通讯录；
（2）合理规划表头内容；
（3）设置表格格式。

任务三　制作毕业论文

任务描述

小李马上就要毕业了，毕业论文总算是写好了，可他发现论文的格式比较乱，调整了好几次，每次都会出现一些新的问题，效率很低，他头疼不已。小李希望能找到一个高效的排版论文的好方法。

相关知识

一、设置段落格式

段落是文档结构的重要组成部分，在 Word 中不管是输入字符、语句或者是一段文字，只要在文本后面加上一个段落标记就构成一个段落。在输入文本时，每按下一次【Enter】键，就会插入一个段落标记，开始另外一个新的段落，并在插入段落的同时会把上一个段落的格式应用到这个新的段落中。

为了使文档的版面丰富，同时更好地表达文章的内容，可以对文章中的段落设置各种不同的格式。

1．设置段落缩进

“缩进”是表示一个段落的首行、左边和右边距离页面左边和右边以及相互之间的距离关系。设置段落缩进可以利用菜单和标尺两种方法，使用标尺比较快捷方便。

标尺中有“首行缩进”、“悬挂缩进”、“左缩进”、“右缩进”等几个缩进标志。

（1）首行缩进：段落第一行由左缩进位置向内缩进的距离，中文习惯首行缩进一般为两个汉字的宽度。

（2）悬挂缩进：段落中每行的第一个文字由左缩进位置向内侧缩进的距离。悬挂缩进多用于带有项目符号或编号的段落。

（3）左缩进：段落的左边距离页面左边距的距离。

（4）右缩进：段落的右边距离页面右边距的距离。

借助 Word 2007 文档窗口中的标尺，可以方便地设置 Word 文档段落缩进。操作步骤如下：

（1）首先，打开 Word 2007 文档窗口，切换到“视图”功能区。在“显示/隐藏”分组中选择“标尺”复选框，如图 3-3-1 所示。

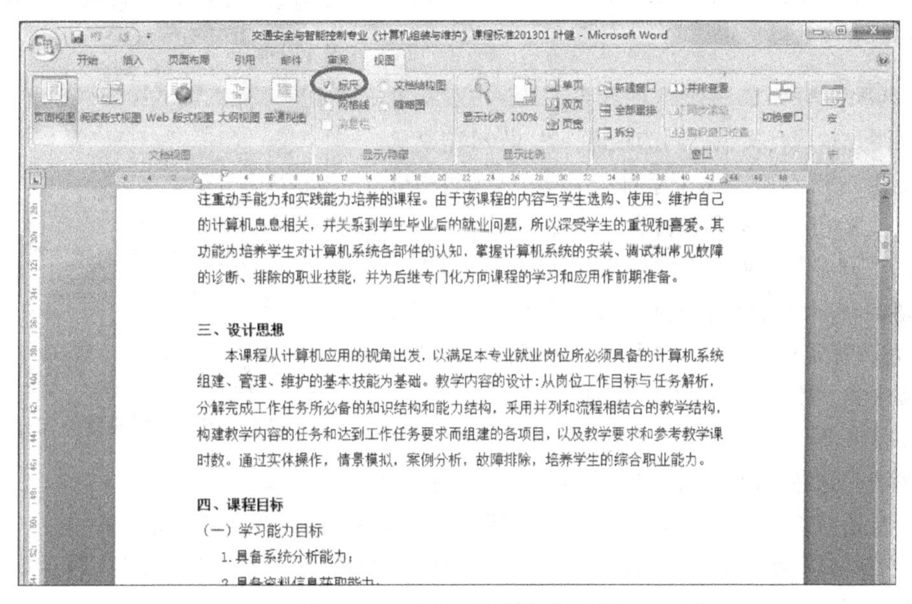

图 3-3-1　选择“标尺”复选框

（2）然后，在标尺上可以看见 4 个缩进滑块，拖动首行缩进滑块可以调整首行缩进；拖动悬挂缩进滑块设置悬挂缩进的字符；拖动左缩进和右缩进滑块设置左右缩进，如图 3-3-2 所示。

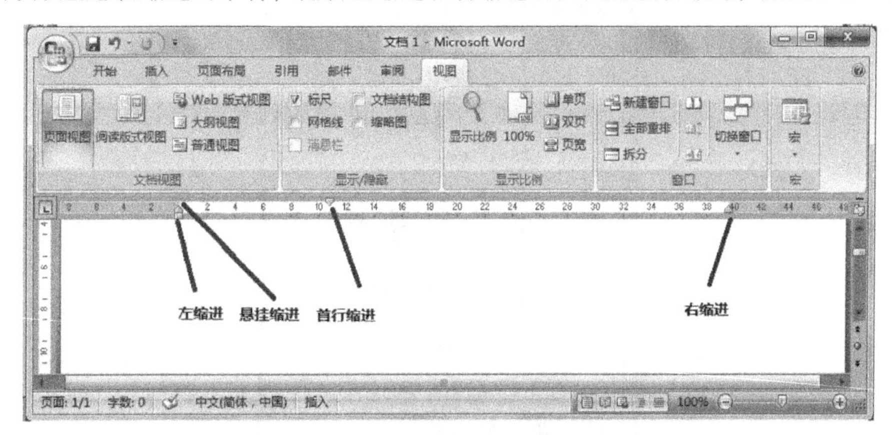

图 3-3-2　拖动滑块设置缩进

2．设置段落对齐方式

段落可以设置不同的对齐格式，例如文档标题可以使用居中对齐方式，正文可以使用左对齐、右对齐或两端对齐等方式。

（1）将光标定位到需要设置段落对齐方式的段落，单击“开始”选项卡的“段落”组中右下角的按钮。

（2）弹出“段落”对话框，单击“对齐方式”下拉按钮，在下拉列表中选择一种对齐方式，如“右对齐”，如图 3–3–3 所示。

（3）单击“确定”按钮返回文档窗口，可以看到设置段落右对齐的效果。

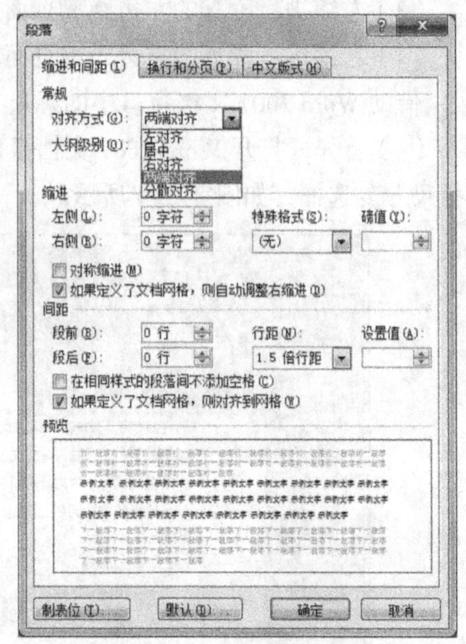

图 3–3–3　设置段落对齐方式

3．设置行间距

行间距是指两行文字之间的距离，在 Word 中默认的行间距为一个行高，当某个字符的字号变大或行中出现图形时，Word 会自动调整行高。

使用“开始”选项卡上的“段落”组，可以快速设置段落的行间距。设置行间距的具体操作步骤如下：

（1）将光标定位到需要设置行间距的某行，单击“开始”选项卡的“段落”组中右下角的按钮。

（2）弹出“段落”对话框，单击“行距“下拉按钮，在下拉列表中选择行距大小，如“多倍行距”，设置值为“3”。

（3）单击“确定”按钮返回文档窗口，可以看到设置行间距为 3 倍后的效果。

当在“段落”对话框的“行距”栏选择“最小值”、“固定值”或“多倍行距”时，可以在“设置值”数值框中设置任意的数值，如图 3–3–4 所示。

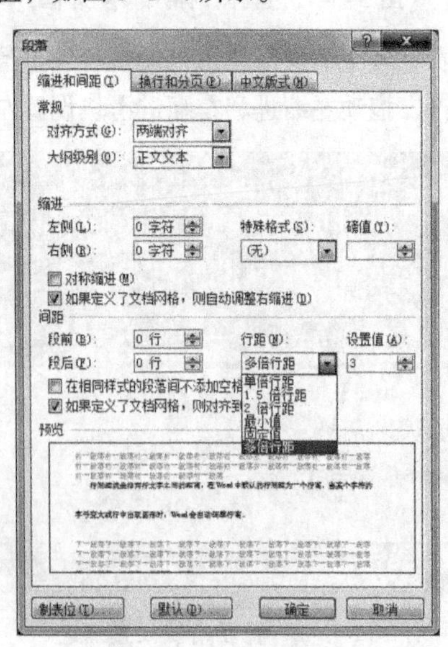

图 3–3–4　设置行间距

4. 设置段间距

段间距是指两段文字之间的距离，设置段间距可以使用按【Enter】键插入空行的简便方式，也可以在“段落”对话框中精确设置段间距。具体操作步骤如下。

（1）将光标定位到需要设置段间距的段落，单击“开始”选项卡的“段落”组中右下角的按钮。

（2）弹出“段落”对话框，在“段前”文本框中设置“2 行”，“段后”文本框中设置“3 行”，如图 3-3-5 所示。

（3）单击“确定”按钮返回文档窗口，可以看到设置段前、段后的间距分别为 2 行和 3 行后的效果。

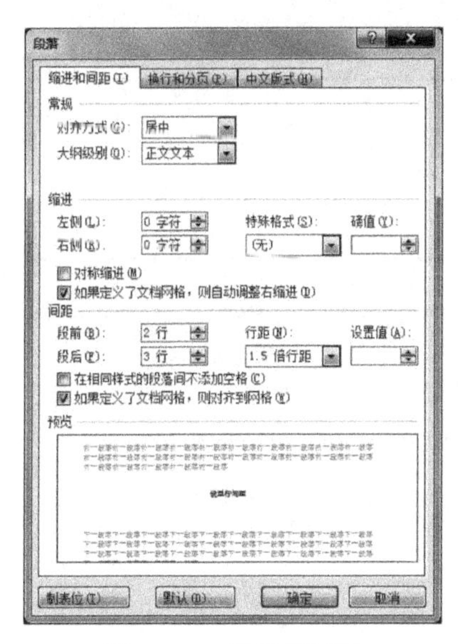

图 3-3-5　设置段间距

二、页眉页脚

页眉和页脚是文档中每个页面的顶部、底部和两侧页边距（即页面上打印区域之外的空白空间）中的区域，可以在页眉和页脚中插入或更改文本或图形。例如，可以添加页码、时间和日期、公司徽标、文档标题、文件名或作者姓名。

1. 插入页眉页脚

如果需要在整个文档中插入相同的页眉和页脚，可以在“插入”选项卡的“页眉和页脚”组中单击“页眉”或“页脚”按钮，如图 3-3-6 所示，选择所需的页眉或页脚设计类型，页眉或页脚即被插入到文档的每一页中。

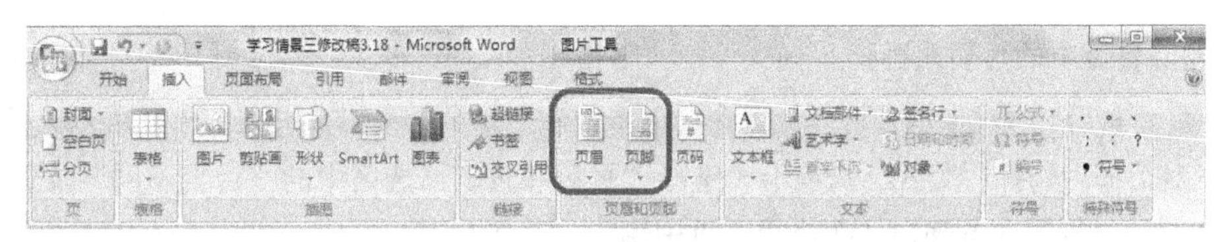

图 3-3-6　“页眉和页脚”组

2．修改页眉或页脚的内容

在“插入”选项卡的“页眉和页脚”组中单击“页眉”或“页脚”按钮，然后在弹出的下拉列表中选择“编辑页眉”或“编辑页脚”选项，如图 3-3-7 所示，即可方便地编辑页眉或页脚。选中需要修改的文本，然后进行修改，例如，可以更改字体、应用加粗格式或应用不同的字体颜色。

3．删除整个文档中的页眉或页脚

单击文档中的任何位置，在“插入”选项卡的“页眉和页脚”组中单击“页眉”或“页脚”，在弹出的下拉列表中选择“删除页眉”或“删除页脚”选项，页眉或页脚即从整个文档中删除。

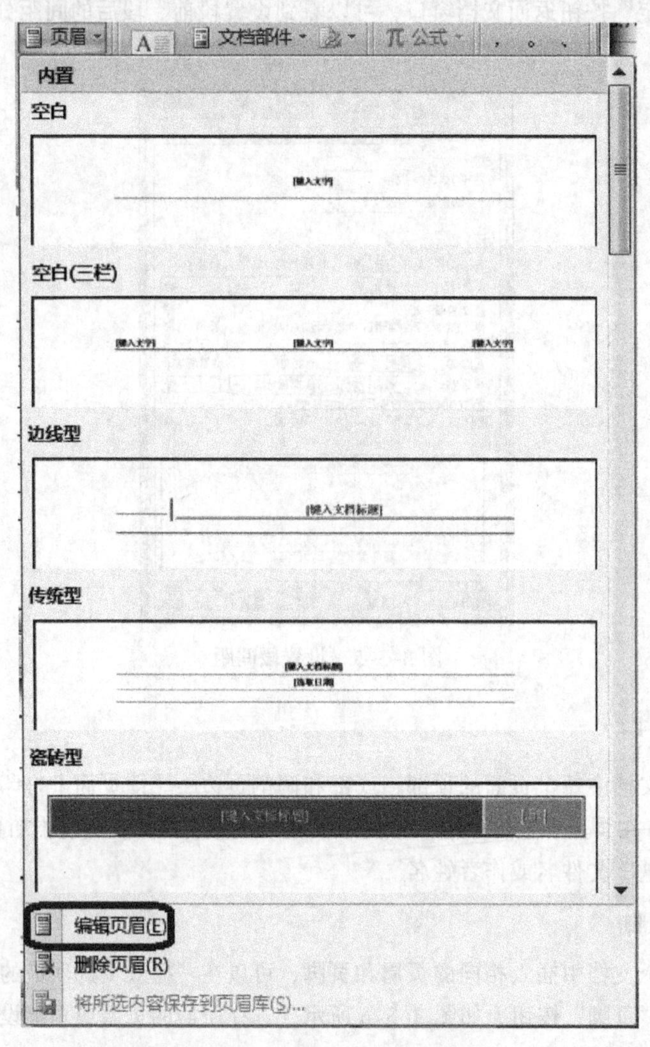

图 3-3-7 “页眉”下拉列表

4．删除首页中的页眉或页脚

在“页面布局”选项卡的“页面设置”组中单击右下角的按钮，如图 3-3-8 所示，弹出“页面设置”对话框，选择“版式”选项卡，选择“页眉和页脚”选区中的“首页不同”复选框，如图 3-3-9 所示，页眉和页脚即从文档的首页中删除。

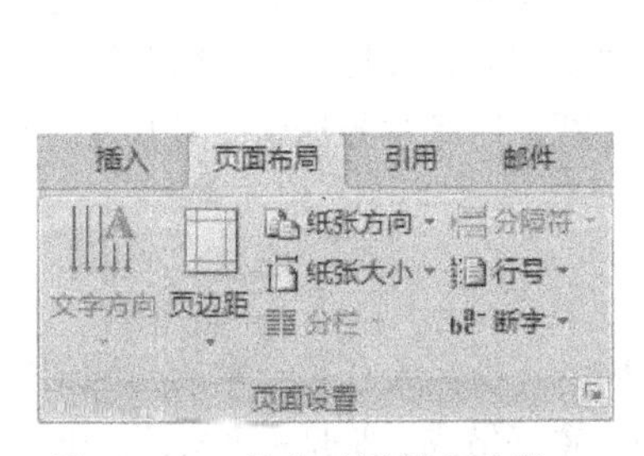

图 3-3-8　单击对话框启动器

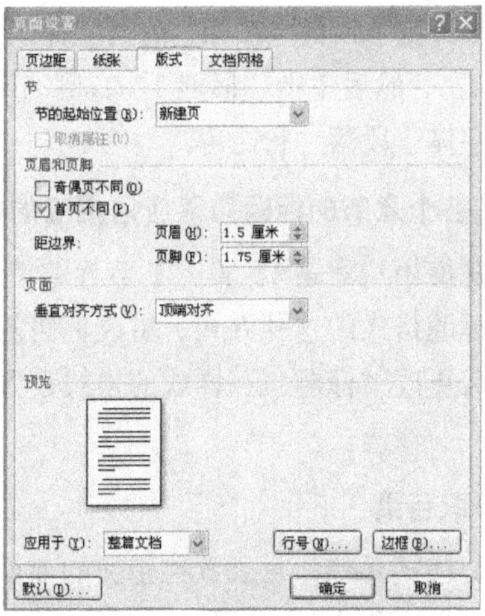

图 3-3-9　“页面设置”对话框

5. 对奇偶页使用不同的页眉或页脚

奇偶页上有时需要使用不同的页眉或页脚，例如，用户可能选择在奇数页上使用文档标题，而在偶数页上使用章节标题。在“插入”选项卡的“页眉和页脚”组中单击“页眉”或“页脚”按钮，然后选择下拉列表中的“编辑页眉”或“编辑页脚”选项。在“页眉和页脚工具”标签的“选项”组中选择“奇偶页不同”复选框，如图 3-3-10 所示。

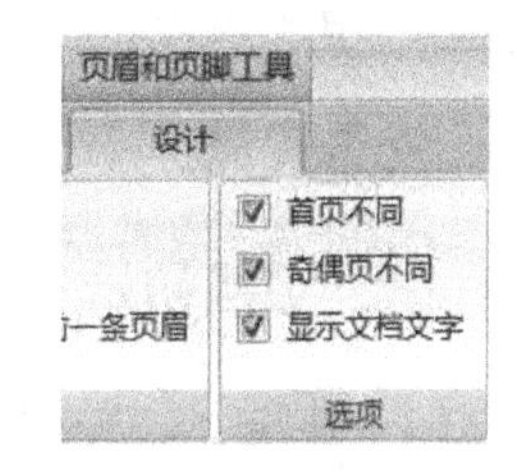

图 3-3-10　“选项”组

三、目录

目录的作用是要列出文档中各级标题及每个标题所在的页码，编制完目录后，只需要单击目录中某个页码，就可以跳转到该页码所对应的标题。因此，目录可以帮助用户迅速了解整个文档讨论的内容，并很快查找到自己感兴趣的信息。

在使用目录前需要了解大纲级别这一概念。Word 是使用层次结构来组织文档，大纲级别就是段落所处层次的级别编号，Word 提供了 9 级大纲级别，Word 的目录提取就是基于大纲级别和段落样式的，在 Normal 模板中已经提供了内置的标题样式，它们是“标题 1”、“标题 2”，……，“标题 9”，分别对应大纲级别的 1～9。一般目录制作方法可直接使用 Word 的内置标题样式。为各级标题设置大纲级别的方法是：选中标题文本，右击选择“段落”命令，弹出“段落”对话框，在大纲级别下拉列表中选择相应的级别，如图 3-3-11 所示。

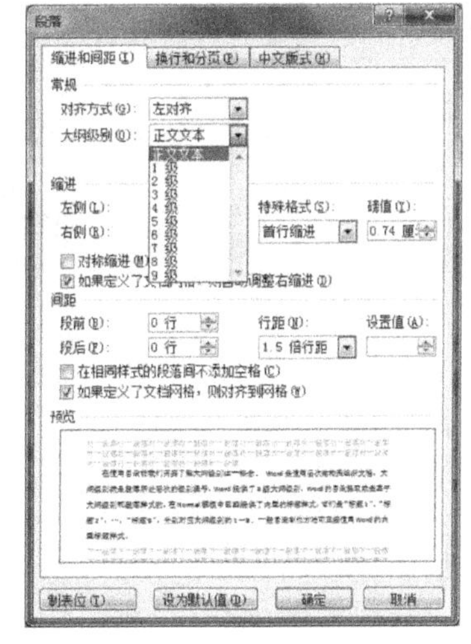

图 3-3-11　设置大纲级别

目录的制作通常可以分三步进行：

1. 修改标题样式的格式

通常 Word 内置的标题样式可能不符合论文格式要求，需要手动修改。在“开始”选项卡“样式”组中单击右下角的按钮，打开“样式”任务窗格，在下拉列表中选择需要修改的标题样式，如“标题 1”，然后单击“标题 1”右侧的下拉箭头，选择“修改”，即可修改该标题样式下的内容，包括字体、段落、行距等。

2. 在各个章节的标题段落应用相应的格式

章标题使用“标题 1”样式，节标题使用“标题 2”，第三层次标题使用“标题 3”。使用样式来设置标题格式的这种方式，更改标题的格式非常方便。例如，要把所有一级标题的字号改为小三，只需更改“标题 1”样式的格式设置，然后自动更新，所有章的标题字号都变为小三号，不用手工一一修改。

3. 提取目录

按论文格式要求，目录放在正文的前面。在正文前插入一新页（在第一章的标题前插入一个分页符），光标移到新页的开始，添加“目录”二字，并设置好格式。新起一个段落，单击“引用”选项卡中“目录”组中的“目录”按钮，Word 就会自动生成目录。若有章节标题不在目录中，可能是未使用标题样式或使用不当。此后若章节标题改变，或页码发生变化，只需要更新目录即可。

任务实施

一、文档初始化

（1）新建一个 Word 文档，按【Ctrl+S】组合键将其保存为“毕业论文”。

（2）切换到“页面布局”选项卡，单击“页边距”按钮下方的三角形小按钮，在弹出的下拉列表中选择“自定义边距”选项，弹出“页面设置”对话框。

如图 3-3-12 所示，按照上文中提到的论文页面要求，将上页边距设置为 3 cm、下边距和左右边距均设置为 2.5 cm，装订线设置为 1 cm，装订线位置则保持默认的“左”。

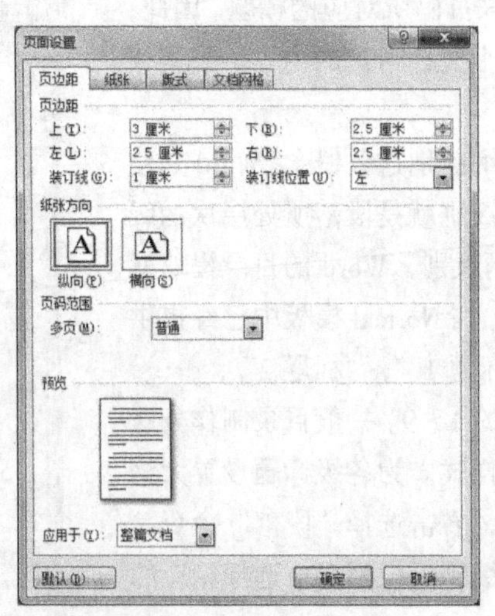

图 3-3-12　设置论文页面边距

提示：注意长度单位的变化，需将毫米转换为厘米。

接下来，切换到“纸张”选项卡，单击“纸张大小”下拉按钮，并选择“A4”（见图 3-3-13），这样，论文所使用的纸张被定义为规定的 A4 幅面。

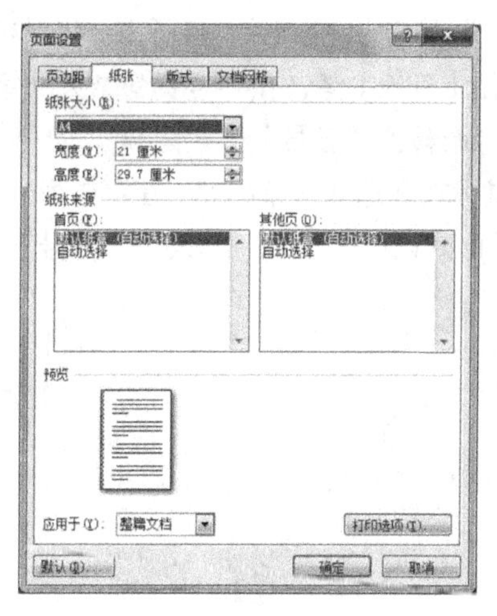

图 3-3-13　设置论文纸张大小

切换到“版式”选项卡，将“页眉”和“页脚”的边界距离分别设置为 1.6 cm 和 1.5 cm（见图 3-3-14），以使添加页眉页脚后，整体布局更加协调美观。

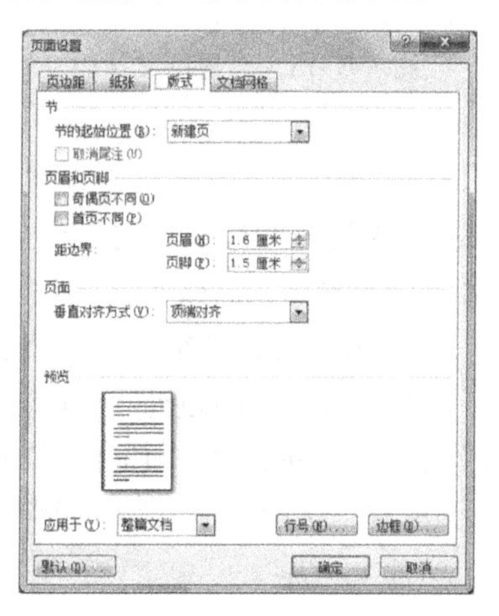

图 3-3-14　设置页眉和页脚

完成上述设置后，单击“确定”按钮确认修改，之前的调整将被立即应用，并实时在 Word 窗口中体现。

（3）在文档区域可以开始完成论文的编写工作。

二、设置正文规格

页面设置完成后，就可以开始调整论文格式了。毕业论文标题通常使用二号黑体居中，正文字体使用小四号宋体，小标题使用三号黑体，参考资料用五号宋体。字间距为标准字间距，行间距（即“段落”）设置为固定值 20 磅。

另外，如果论文结构比较复杂，例如有 4～5 个层次，那么我们还应该为每一层次设置一种样式。

（1）设置字号字体：通常正文字体使用小四号宋体，参考资料使用五号宋体，标题设置为二号黑体居中。首先按【Ctrl+A】组合键，选择全部文字，切换到“开始”选项卡，然后单击“字号”下拉列表，将字号由“五号”调整为“小四”；接下来，将鼠标定位到参考资料部分的初始文字前，拖动页面到最下方，按住【Shift】键，在参考资料结束文字后单击，将参考资料部分文字全部选择，再将字号由“小四”调整到“五号”。

（2）设置论文标题：使用鼠标拖动选择文章标题，在字体列表（默认显示“宋体（中文正文）”处）中选择“黑体”，并将字号由默认的“五号”修改为“二号”（见图 3-3-15）。

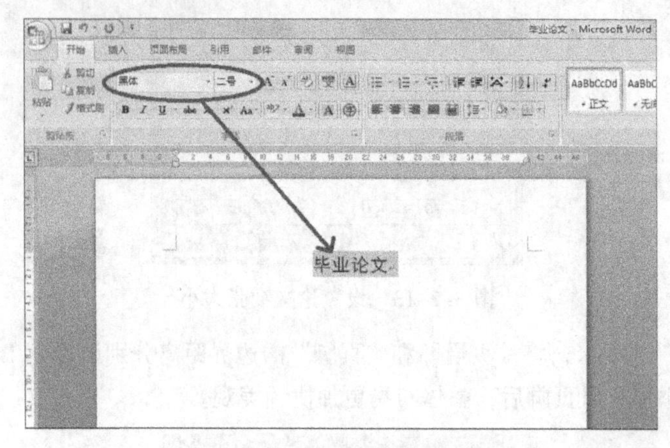

图 3-3-15　设置论文标题

三、设置段落格式

在默认状态下，Word 2007 将行间距设置为 12 磅，这样行与行之间的距离比较紧，不适合较大文字量的阅读。行距与段落间距的具体设置方法如下：

按【Ctrl+A】组合键全选论文，将鼠标移动到选择区域并右击，在弹出的快捷菜单中选择“段落”命令，在弹出的“段落”对话框中可以对行间距进行调整。

如图 3-3-16 所示，在“行距”下拉列表中选择“固定值”，并在“设置值”文本框中填写“20 磅”，以将行间距调整为 20 磅。另外，在“间距”选区中，建议“段前”保持默认的“0 行”，而将“段后”修改为“1 行”。

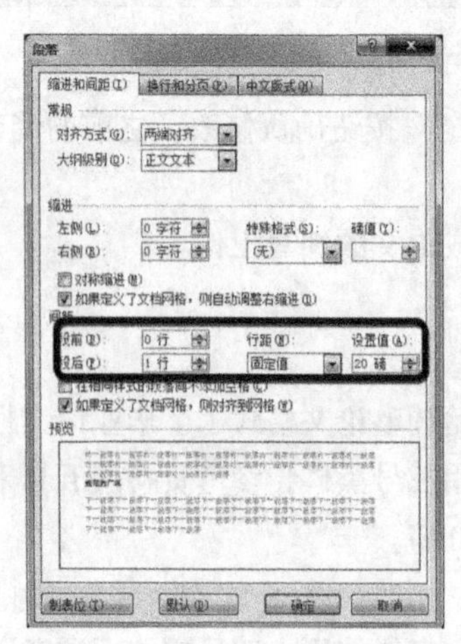

图 3-3-16　调整行间距与段落间距

确认无误后单击“确定”按钮，可以看到，行与行之间的距离被扩大，达到 20 磅，而每段之后，都会自动留空一行，整体布局更加美观。

四、图文混排

在论文中，通常会插入一些图片以示说明。在论文中插图首先需要将鼠标定位到需插入图片的位置，然后在导航栏中切换到“插入”选项卡，单击“图片”按钮（见图 3-3-17），能将硬盘中的一张图片插入到 Word 文档中。在图片插入的过程中会涉及调整图片文件格式、图片插入大小、图片插入效果等。

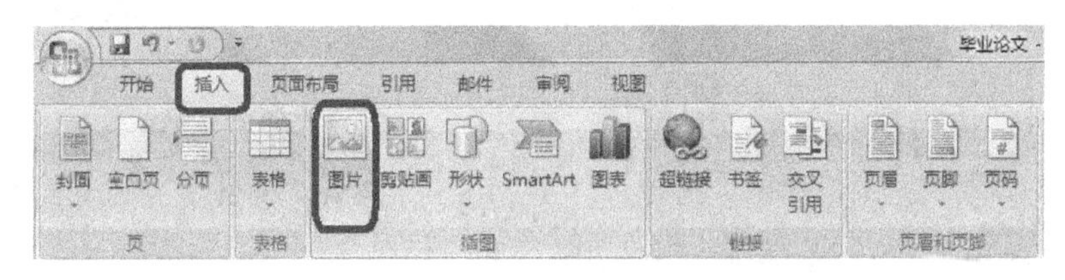

图 3-3-17 插入图片

1. 设置图片文件格式

图片的格式不同，文件的大小也不相同。如果在文档中过多插入 BMP 格式的图片，或者在插入前未根据文档大小进行调整，将会导致文档容量急剧上升。一个 DOC 文件的容量会高达几百兆，既不方便也没有必要。

在能看清楚图片的前提下，没必要使用无损压缩格式的文件，可以选择 JPG 或 GIF 等图片文件，以尽可能压缩 Word 2007 文档容量，避免在打开文档时，带来不必要的麻烦。

2. 图片插入大小

如上文所述，论文页面使用 A4，长宽分别为 21 cm 和 29.7 cm，再考虑边距和装订线的因素，实际可视区域长宽为 15 cm 和 24.2 cm。因而在插入图片时，应该对图片大小进行必要的调整。可以选择如 Photoshop、ACDSee 等软件轻松地调整图片的大小，需要注意的是，在缩小图片时，要等比例缩小，以免产生图片拉伸变形的结果。如果只是简单的图片裁剪，Word 2007 也是可以实现的。操作方法如下：

（1）在文档中选择插入的图片，在“格式”选项卡的“大小”组中单击“裁剪”按钮，如图 3-3-18 所示。

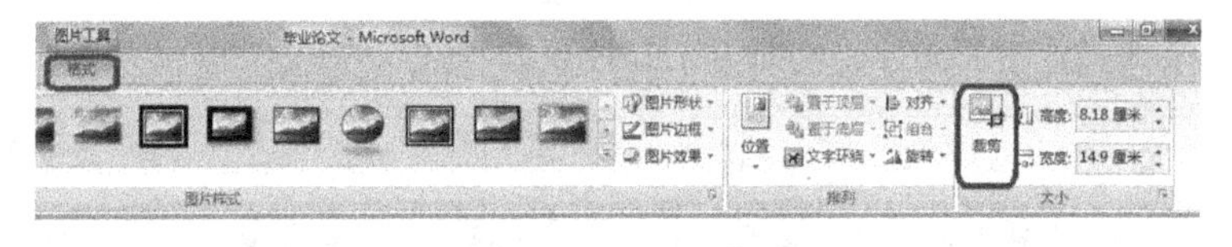

图 3-3-18 图片裁剪

（2）单击“裁剪”按钮，此时所选图片的四周变成黑色粗框，如图 3-3-19 所示，当鼠标指针靠近图片四周边沿时，光标成为⊣图案，此时便可对图片进行裁剪。

3. 图片插入效果

单击插入的图片，导航栏中出现“格式”选项卡，可以对插入的图片进行更细致的设置。Word

2007提供了几十种图片设置选项，在此仅选择一些较常用的功能进行说明。

（1）压缩图片：单击“格式”选项卡中的“压缩图片”按钮，弹出“压缩图片”对话框，这里可以选择是针对文档中全部图片，还是“仅应用于所选图片”，如图3-3-20所示。

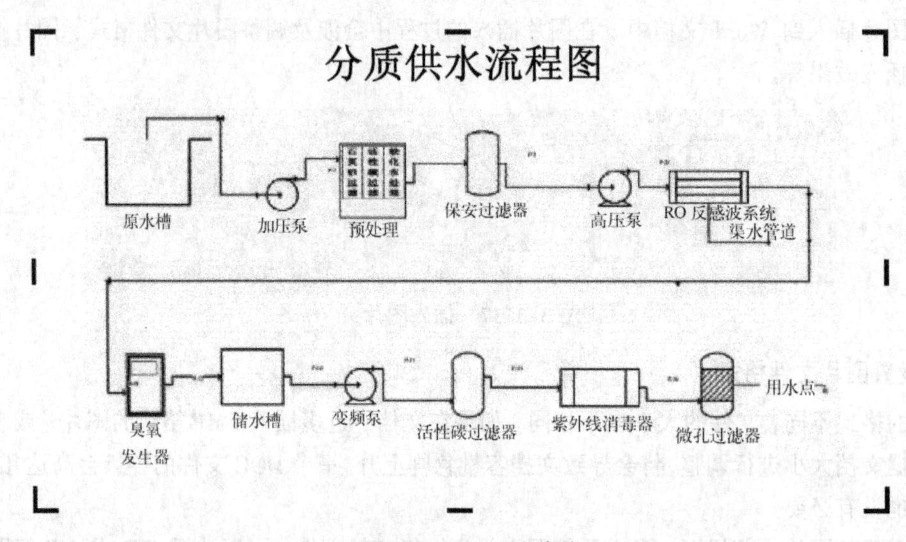

图3-3-19 图片裁剪

单击“选项”按钮，弹出“压缩设置”对话框，如图3-3-21所示。

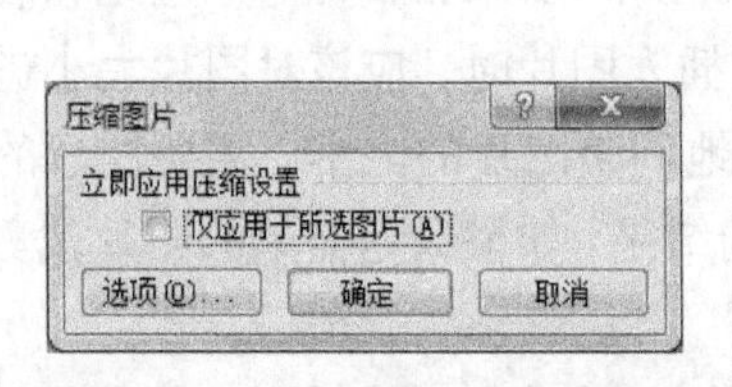

图3-3-20 “压缩图片”对话框

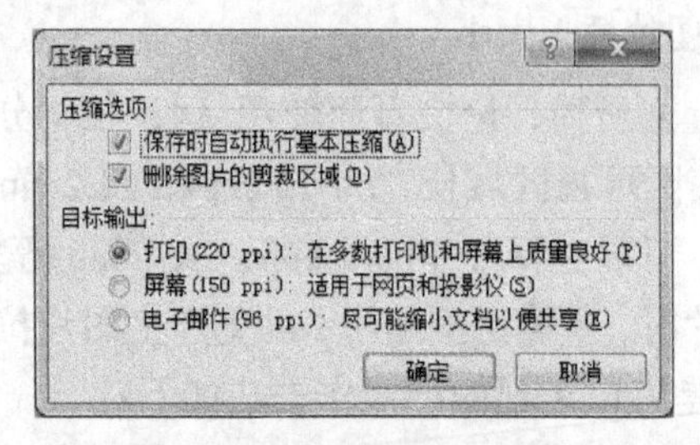

图3-3-21 “压缩设置”对话框

（2）图片样式：在“图片样式”列表中展示了数十种默认的图片样式，如图3-3-22所示，将鼠标悬停在某个样式上时，图片将实时显示其效果。

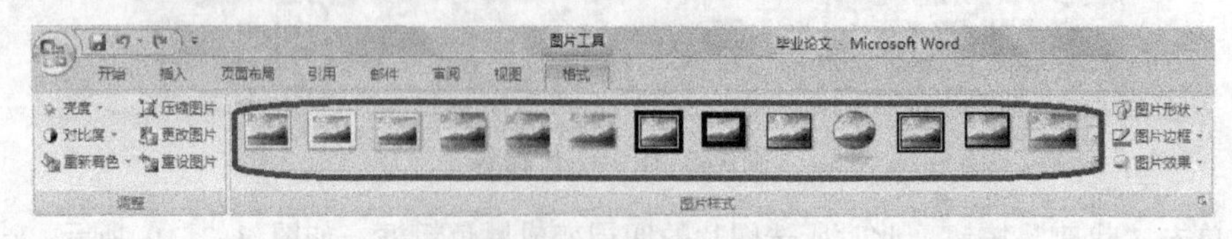

图3-3-22 图片样式

（3）文字环绕：默认状态下，图片插入后，与文字的关系为“嵌入型”，即图片单独占据版面位置，文字则位于图片的上方或下方。如果需要调整关系，可以单击图片，单击“文字环绕”按钮，在下拉列表中直接选择所需的文字环绕方式，如图3-3-23所示。如需要更详细的设置，可以选择其他布局选项，将弹出“高级版式”对话框，如图 3-3-24 所示。

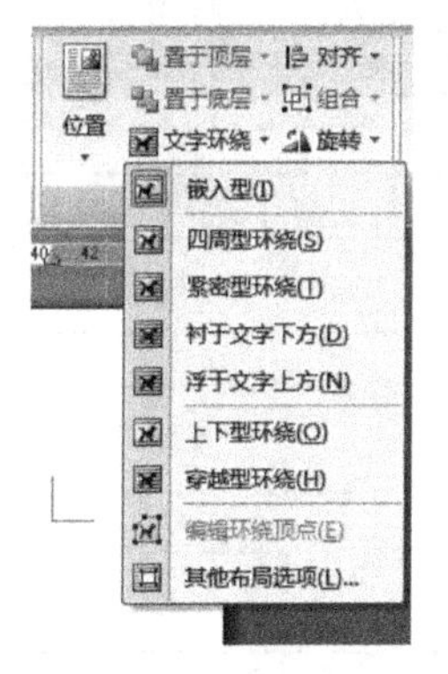

图 3-3-23 “文字环绕”类型

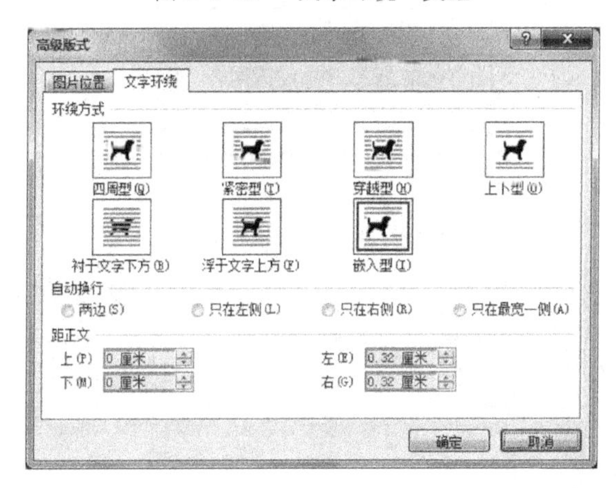

图 3-3-24 “高级版式”对话框

五、设置页眉与页脚

论文主体部分完成后，为了让论文更加美观，或者添加一些实用的功能，例如页码，需要给论文添加页眉页脚。通常在页眉中添加学校 LOGO 和论文标题，在页脚中添加论文页码。

页眉指页面上方空白部分，我们一般插入大学 LOGO，以及论文的标题，论文标题采用五号宋体并右侧对齐。在 Word 中，设置页眉之后，页眉与正文间将会自动出现一条下画线。

页脚指页面下方空白部分，一般插入页码。在 Word 2007 中，内置了数十种页码格式，一般建议采用“第×页共×页”的样式，以方便查询，页脚文字采用小五号宋体并右侧对齐。

1. 在页面中添加学校 LOGO 和论文标题

切换到“插入”选项卡，然后单击“页眉”下拉按钮，选择“编辑页眉”选项，如图 3-3-25 所示。此时，页面上方出现可编辑区域，填写论文标题，并将其设置为五号宋体右侧对齐。这样就完成了论文标题在页眉中的添加，如图 3-3-26 所示。

保持页眉的可编辑状态，在新出现的“设计”选项卡中单击“图片”按钮，导入学校的 LOGO，并使用 Word 内置的工具调整 LOGO 大小。同时，将文字环绕类型修改为“四周型环绕”，将 LOGO 拖动到页眉左侧，如图 3-3-27 所示。

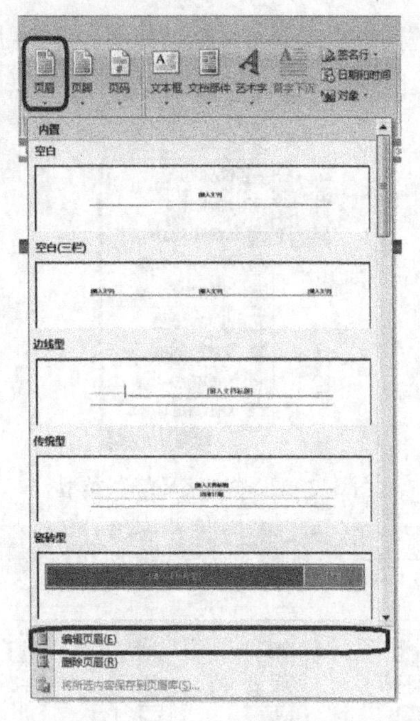

图 3-3-25 选择“编辑页眉”选项

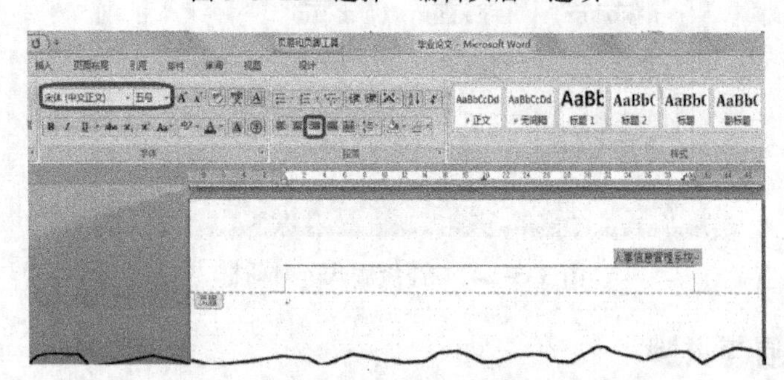

图 3-3-26 在页眉中添加论文标题

图 3-3-27 页眉中添加学校 LOGO

2. 在页脚中添加论文页码

切换到“设计”选项卡，单击“转至页脚”按钮，如图 3-3-28 所示，激活页脚编辑区，就可以在页脚中插入论文页码。

图 3-3-28 单击“转至页脚”按钮

依次单击“页码”按钮，在弹出的下拉列表中选择“页面底端”→“加粗显示的数字 3”选项，如图 3-3-29 所示，就能在页脚处添加论文页码，且令其右侧对齐。

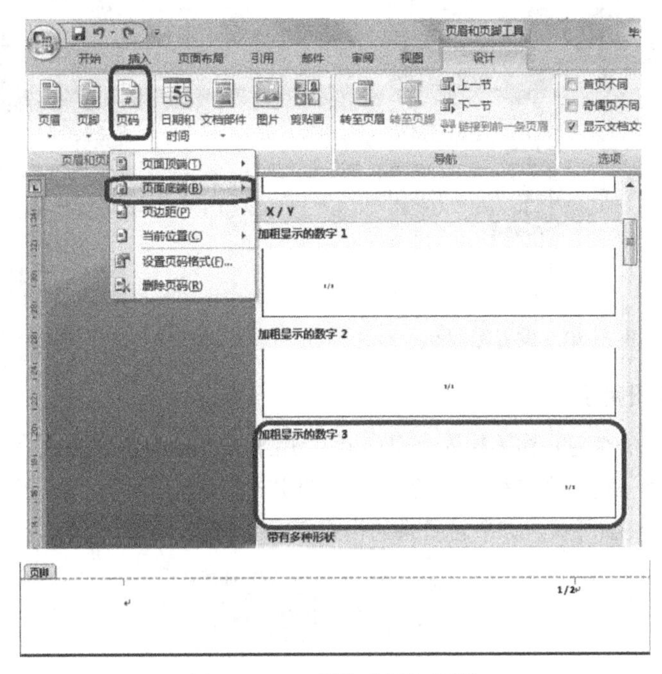

图 3-3-29 页脚中添加页码

六、创建和更新目录

毕业论文一般都较长，需要在论文开始插入一个文章目录，以便在阅读论文之前，让读者大体了解文章架构及整体思路。手动输入目录，一方面操作麻烦，另一方面一旦加入了新的内容，页码也会随之变化，会造成多次修改目录，劳心费神。而使用 Word 内置的索引功能，自动生成文章的索引目录。

1. 设置标题的大纲级别

让论文生成索引目录，需要将论文中的小标题设置大纲级别，如一级小标题、二级小标题、三级小标题等。

方法一：首先选中小标题并右击，选择“段落”命令，在“段落”对话框中可以设置大纲级别：如 1 级或 2 级等。在第一级标题上，选 1 级。同样，在第二级标题上，选 2 级。这样，整个文档的结构就标注出来了，如图 3-3-30 所示。

方法二： 选中小标题，单击“开始”选项卡中“样式”组右下角的按钮，打开“样式”任务窗格，然后在样式中选择“标题 1”或“标题 2”等，如图 3-3-31（这里不仅添加了标题对应的格式，与此同时标题的级别、层次结构也加进去了）。

添加的过程中，会发现样式中最多只有标题 1、标题 2，如果需要设置标题 3 或标题 4 等，可以单击“选项”按钮，弹出“样式窗格选项”对话框，选择“所有样式”选项，如图 3-3-31 所示，这样标题 1、标题 2、表标题 3 等均会出现在样式列表中。

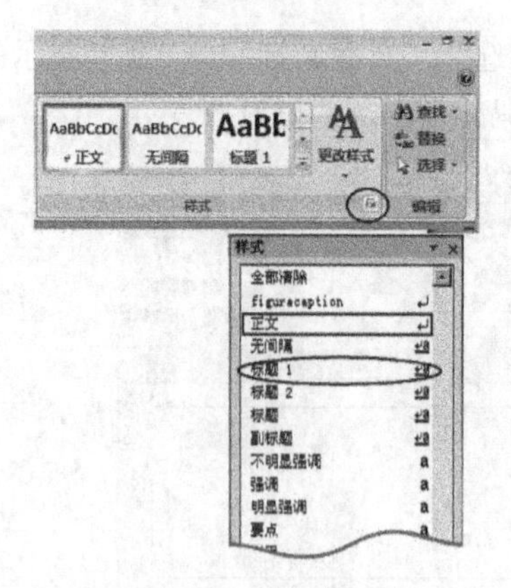

图 3-3-30 设置标题

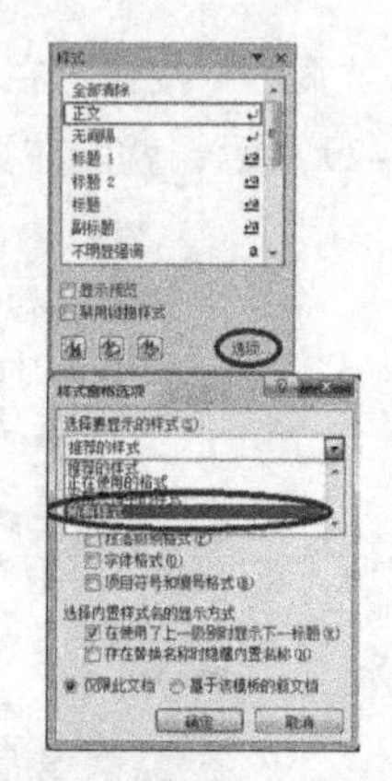

图 3-3-31 “样式窗格选项”对话框

2. 自动生成索引目录

在论文开头插入一个空白页（插入—空白页），用来插入自动生成的目录。接下来，将光标放置在这个空白页的第一行，在导航栏中切换到“引用”选项卡，展开“目录”下拉列表选择一款自动目录，如图 3-3-32 所示。如果对目录的格式等需要调整，可以单击“插入目录”按钮。

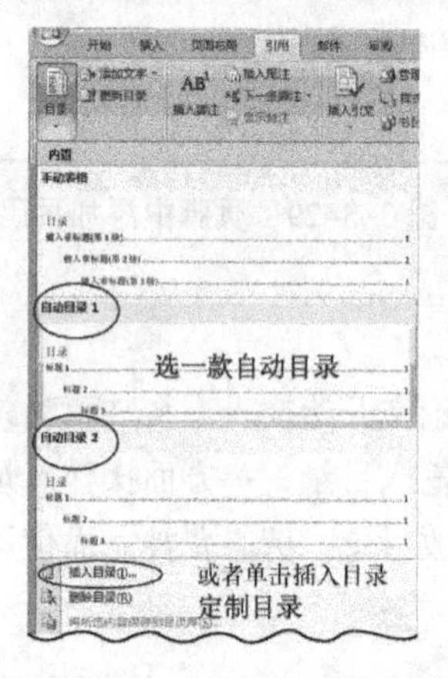

图 3-3-32 “目录”下拉列表

弹出“目录”对话框，如图 3-3-33 所示，在“目录”选项卡中，可供选择的选项主要有 3 个，“格式”下拉列表中有多种格式供选择，像一套模板，使用方便。目录标题和页码间的那条线可以用制表符前导符设置。显示级别一般不需要更改，精确到三级即可。完成上述操作后，单击“确定”按钮。此时，论文的目录将自动在空白页中生成。

另外，此时生成的目录，仍然使用默认的正文格式，如需调整目录的格式，可以全选该目录并右击，选择“字体”命令，在弹出的对话框中。设置目录的字号和字体。右击选择“段落”，则可以设置间距。

3. 更新目录

当论文结构发生变化后，论文的标题、页码都会变动，此时正文中的变动不会马上反映在目录中，等论文全部修改成功后，便可更新一下目录。

方法一：全选目录，右击后选择“更新域”命令，即能令目录自动更新，而无须手动调整。

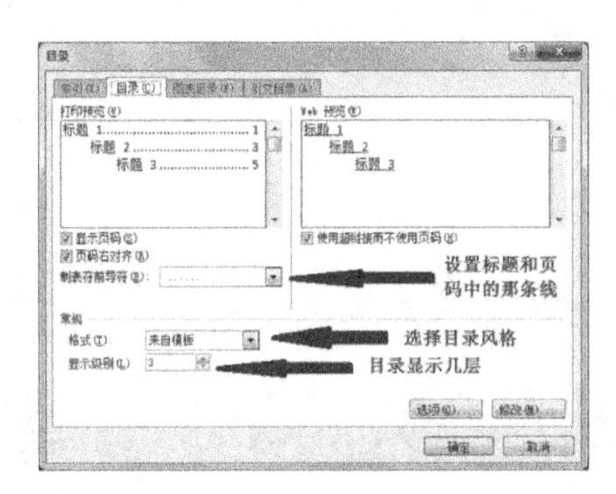

图 3-3-33 “目录”对话框

方法二：在导航栏中切换到“引用”选项卡，单击“更新目录”按钮，如图 3-3-34 所示，可以选择更新整个目录或者只更新页码，目录生产后，效果如图 3-3-35 所示。

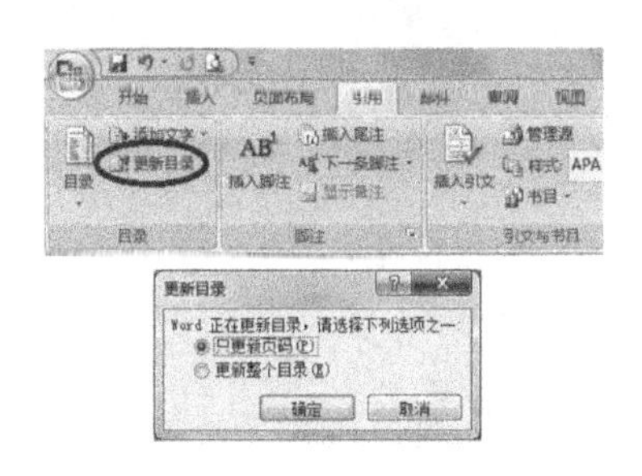

图 3-3-34 单击“更新目录”目录

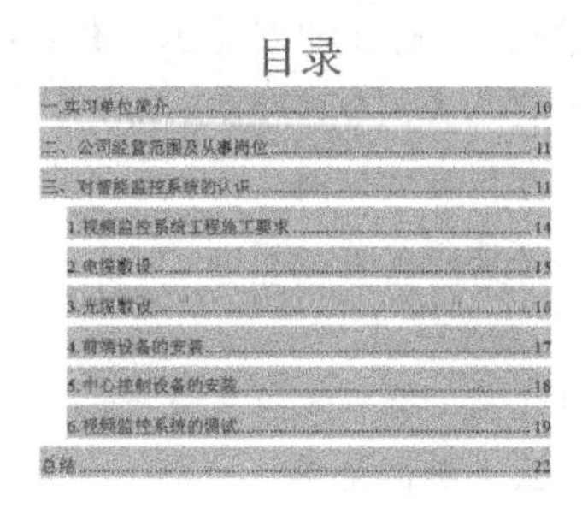

图 3-3-35 效果图

任务小结

本任务通过设计排版毕业论文，介绍了段落设置的方法，页眉页脚的使用方法，以及插入目录、更新目录的基本操作。综合运用 Word 2007 各项基本功能，完成文档、图片的编辑是完成本任务的核心步骤。

实训八 制作调研报告

一、实训目标

（1）掌握文本编辑的方法；

（2）掌握图文混排的技巧；

（3）掌握页眉、页脚的设置方法；

（4）掌握创建和更新目录的方法。

二、实训内容及要求

（1）排版一份调研报告；

（2）合理设置文本、图片格式；

（3）设置页眉页脚；

（4）设置目录。

项目四 Excel 2007 的应用

学习目标：

- 了解 Excel 2007 的窗口界面；
- 掌握 Excel 2007 的基本操作技巧；
- 掌握公式函数的使用；
- 掌握图表的使用；
- 熟练高级操作技巧。

学习重难点：

- 单元格的操作及样式设置；
- 公式函数的使用；
- 掌握排序、筛选、分类汇总等高级操作。

任务一 制作期末考试成绩表

任务描述

小王的辅导员正在登记各个班级期末考试成绩，而用纸质登记又非常不方便，也不符合现代信息化管理的潮流，如何才能更好地管理期末考试成绩呢？这是辅导员非常苦恼的一个问题，小王就向辅导员建议用 Excel 电子表格来编辑期末考试成绩表，并对其进行修饰，让其更为美观。

相关知识

一、Excel 2007 功能

Excel 2007 是美国微软公司开发的 Office 2007 办公软件重要组件之一，提供了更加人性化的软件界面，使用户能更加方便快捷地完成操作。它是目前应用最为广泛的电子表格处理软件，特别在数据处理方面，能利用各种电子表格方便地对数据进行组织，用各种公式与函数进行复杂的运算，并能通过图表来说明数据之间的关系。它以其强大的功能和简便的操作等优点为金融、财务、商务等领域广泛应用其强大功能主要体现在以下几个方面：

1. Office 主题和 Excel 样式

在 Excel 2007 中，可以通过应用主题和使用特定样式，在工作表中快速设置数据格式。主题可以与 Word 2007 和 PowerPoint 2007 共享，而样式只用于更改特定的 Excel 项目，例如 Excel 表格、图表、形状或图的格式。应用主题为一组预定义的颜色、字体、线条和填充效果，可以应用于整个工作簿。应用样式是用来设置所选单元格的格式。图 4-1-1 所示为绘制的形状样式。

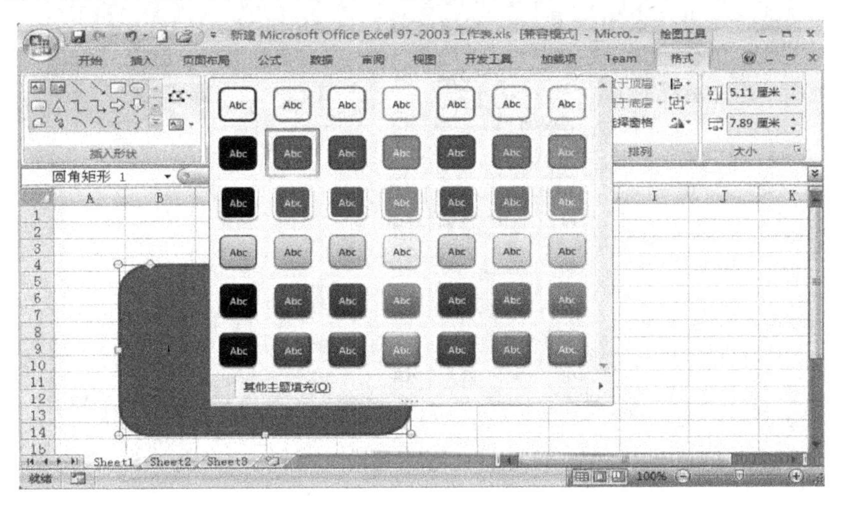

图 4-1-1　形状样式

2. 丰富的条件格式

在 Excel 2007 中，用户可以使用改进了的条件格式进行直观的数据分析。这样可以比较容易地查找数据中潜在的问题，且可以实施超过 3 个条件格式规则，这些规则能以渐变色、数据柱线和可视性极强的格式来修饰符合规则的数据，如图 4-1-2 所示。

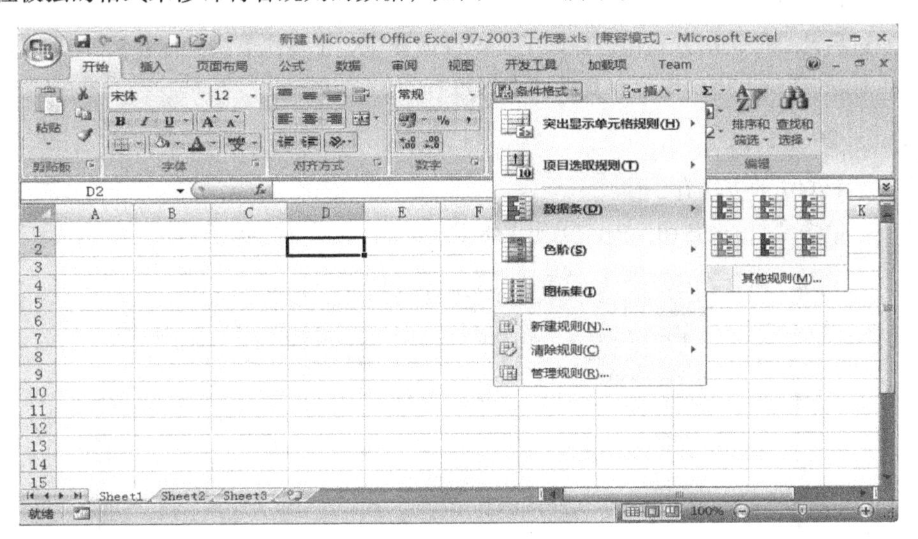

图 4-1-2　丰富的条件格式

3. 强大的数据管理功能

Excel 2007 提供了足够大的空白工作表，用于各种数据处理的需要。用户不需要具备编程基础，就可以对数据进行检索、分类、排序、筛选等操作。并利用函数、图表对数据进行分析、统计。Excel 2007 提供了多种基本图表，如柱体图、条形图、面积图等。也可对图表中的各种内容进行编辑与修改，如图 4-1-3 所示。

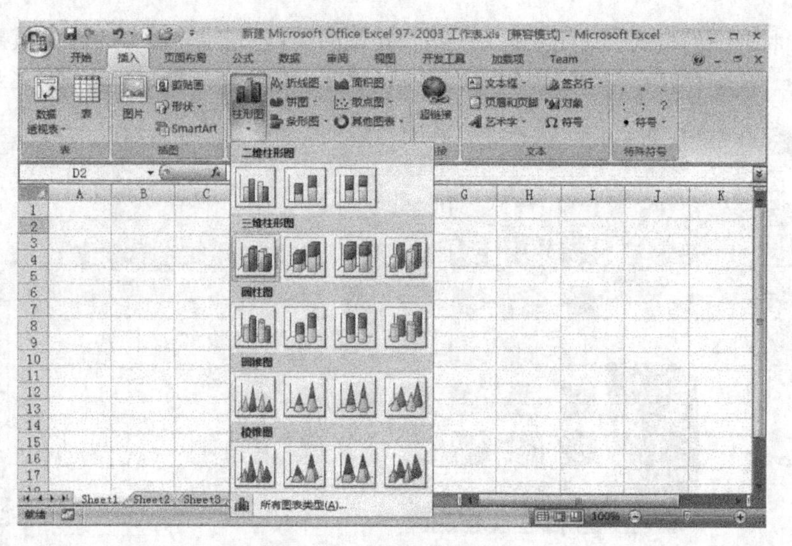

图 4-1-3 多种基本图表

二、Excel 2007 的启动和退出

1. Excel 2007 的启动

Excel 2007 应用程序的启动有多种方法：

（1）通过桌面上的“开始”菜单，选择“所有程序”→“Microsoft Office”→“Microsoft Office Excel 2007”命令。

（2）通过启动桌面快捷方式快速启动 Excel 2007 程序。在桌面上将鼠标移到 Windows 桌面上的 Microsoft Office Excel 2007 图标，直接双击即可打开。

2. Excel 2007 的退出

退出 Excel 2007 的方法有 3 种：

方法一：单击“Office 按钮”→“退出 Excel”命令，如图 4-1-4 所示。

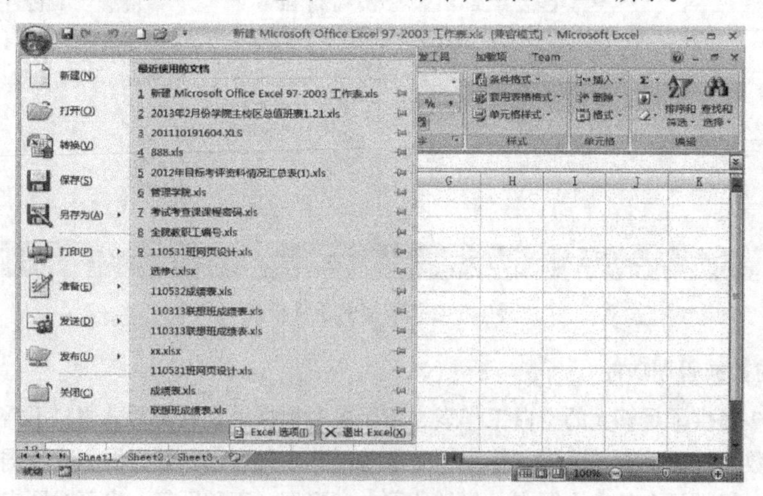

图 4-1-4 单击“退出 Excel”按钮

方法二：单击 Excel 2007 窗口标题栏右上角的“关闭”按钮。

方法三：按【Alt+F4】组合键。

三、Excel 2007 的工作界面

成功启动 Excel 2007 后，屏幕上就会出现 Excel 2007 的工作界面，如图 4-1-5 所示。启动 Excel 后，系统将自动生成一个新的工作簿文件，其文件名为 Book1。

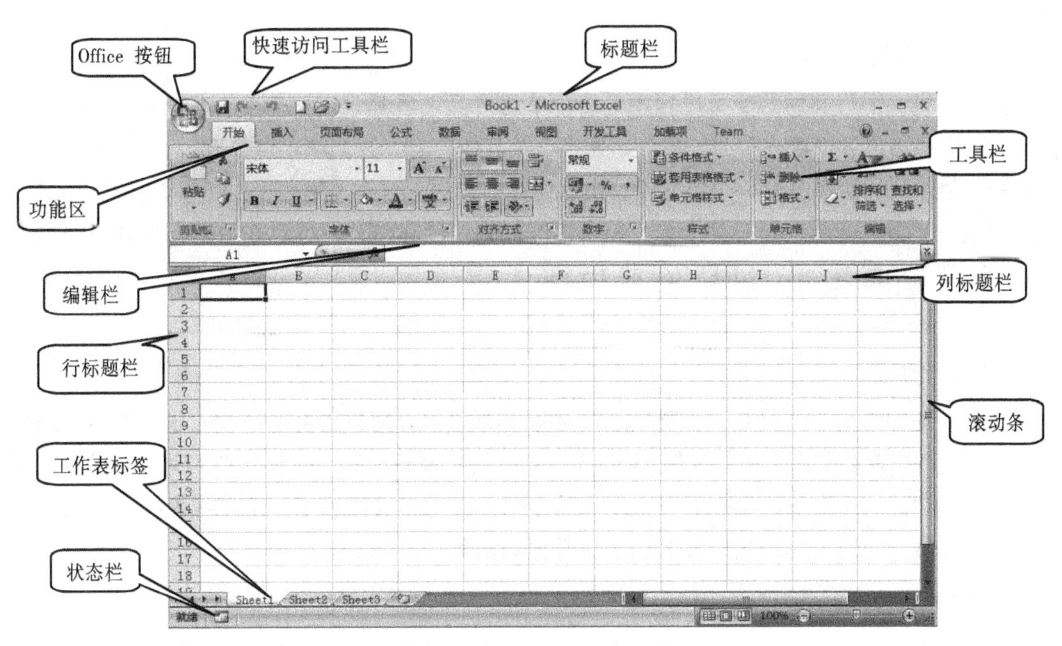

图 4-1-5 Excel 2007 主窗口

1. Office 按钮

单击该按钮，在弹出的菜单中可以对文档执行新建、保存、打印、查看最近使用的文档和 Excel 选项等操作。

2. 快速访问工具栏

在该工具栏中集成了多个常用的按钮，默认状态下包括“保存”、“撤销”、“恢复”按钮。也可以根据需要对其进行添加和更改。

3. 标题栏

标题栏位于主窗口正上方，告诉用户正在运行的程序名称和正在打开的文件的名称。标题栏显示“Book1–Microsoft Excel”，表示此窗口的文档名字叫 Book1，这也是 Excel 的默认文件名，即在 Excel 中打开的当前文件的文件名为 Book1.xlsx。

4. 功能区

单击功能区上的标签，可打开相应的选项卡，选项卡中为用户提供了多种不同的操作设置选项。

5. 编辑栏

编辑栏用来输入和编辑单元格的数据，以及显示活动单元格中的数据或公式。分为两个区域，名称框（地址框）和编辑区。名称框中显示的是活动单元格的坐标，也可在名称框中直接输入一个或一块单元格的地址进行单元格的快速选定；位于“编辑栏”右部的编辑区是用于编辑活动单元格的内容，它包含 3 个按钮和一个编辑区。当向活动单元格输入数据时，公式栏中便出现 3 个按钮，3 个按钮从左至右分别是“╳”（取消）按钮、“√”（确认）按钮和“*fx*”（插入函数）按钮。

6. 行、列标题

工作表中每一个行和列的交叉位置就是一个单元格，它是 Excel 2007 存放数据的最基本的单位，在单元格中用户可以输入符号、数值、公式以及其他内容。每个单元格都有一个唯一的地址，由列标和行号组成。如单击第一个单元格，在地址栏中看到“A1”，表示第 A 列第 1 行的单元格，A 是列标题，1 为行标题，即对某个单元格命名时，列标题在前，行标题在后。行标题用阿拉伯数字表示，其表示范围为 1～1048576，共 65 536 行。列标题用英文字母表示，表示范围为 A～XFD，共 16 384 列。

7. 工作表标签

工作表标签通常用“Sheet1”、“Sheet2”等名称来表示，用户也可以通过右击标签名，选择弹出菜单中的“重命名”命令来修改标签名。Excel 一般同时显示工作表队列中的前 3 个标签。利用标签队列左边的一组标签滚动按钮可显示队列中的后续工作表的标签。工作簿窗口中的工作表称为当前工作表，当前工作表的标签为白色，其他为灰色。

8. 滚动栏

当工作表很大时，如何在窗口中查看表中的全部内容呢？可以使用工作簿窗口右边及下边的滚动栏，使窗口在整张表上移动查看，也可以通过修改“常用”工具栏中的“显示比例框”的参数来扩大整个工作表的显示范围。

9. 状态栏

状态栏位于 Excel 窗口底部，显示的是 Excel 的当前工作状态、视图按钮和显示比例。例如，当工作表准备接受命令或数据时，信息区显示“就绪”；当在“编辑栏”中输入新的内容时，信息区显示“输入”；当选择菜单命令或单击工具按钮时，信息区显示此命令或工具按钮用途的简要提示。

用户可以设定自己喜爱的工作界面。这里介绍几种自定义工作界面，包括快速访问工具栏、自定义表格显示比例和自定义表格视图。

10. 自定义快速访问工具栏

用户可将需要的常用按钮显示在其中，也可以将不需要的按钮进行删除。下面介绍添加和删除按钮的操作方法。

添加按钮到工具栏中，需要在工具栏右边单击下拉按钮，从下拉式列表中选择需要添加到快速访问中的命令，如图 4-1-6 所示。

图 4-1-6　选择需要添加的命令

或者单击“其他命令”，在弹出的“Excel 选项”对话框中选择需要的按钮，如图 4-1-7 所示。

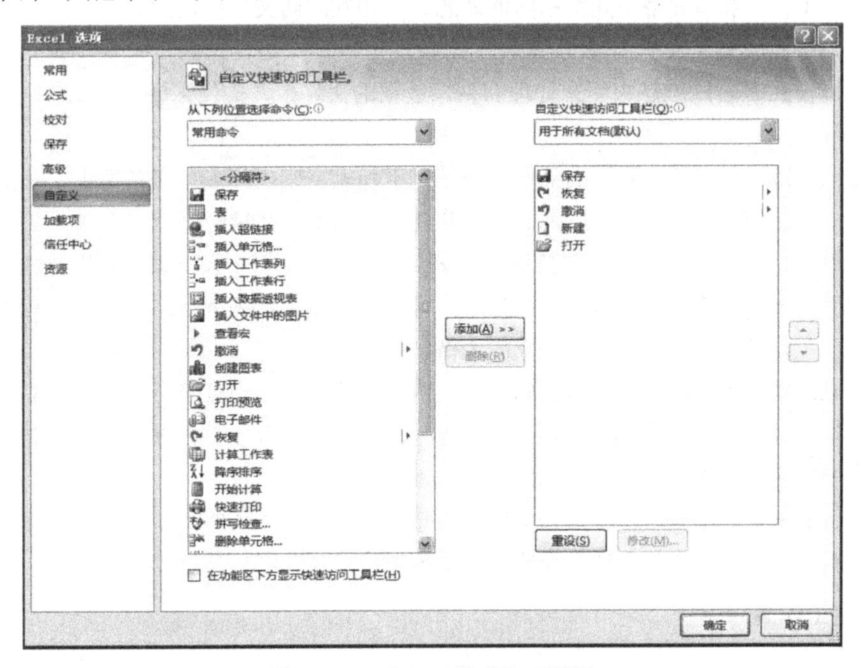

图 4-1-7　“Excel 选项”对话框

也可以将任意功能区中的命令添加到快速访问工具栏中，例如右击“字体颜色”按钮，在图 4-1-8 所示的快捷菜单中选择“添加到快速访问工具栏”命令。

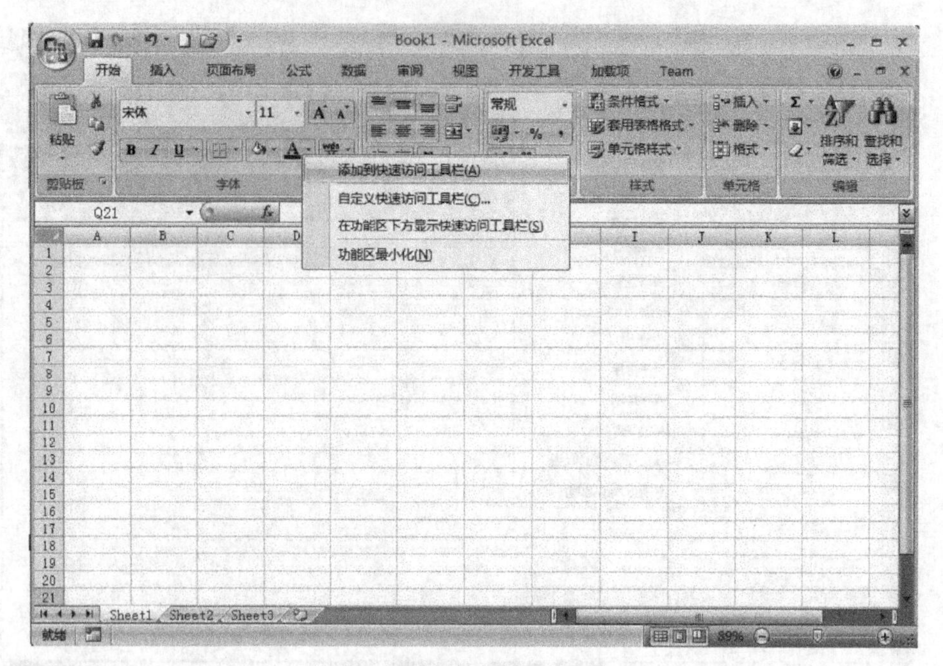

图 4-1-8 快速访问工具栏

四、Excel 2007 的工作簿

工作簿、工作表和单元格是几个不同的概念，但相互之间又有一定的联系，在学习本项目之前，一定要弄清其区别与联系。

工作簿是指在 Excel 2007 中用来处理和存储数据的文件，其文件扩展名为.xlsx，一个工作簿就是一个文件。

启动 Excel 2007 后，用户看到的工作画面就是工作表，它由许多行和列构成。一张或多张工作表构成了一个工作簿文件，其中 Excel 2007 建立一个新的工作簿时，默认包含了 3 张工作表。工作簿窗口最多可以包含了 255 张独立的工作表。开始时，窗口中显示第 1 张工作表“Sheetl”，该表为当前工作表。当前工作表只有一张，用户可通过单击工作表下方的标签激活其他工作表为当前工作表。工作表是一个由行和列组成的表格。

在 Excel 2007 编辑界面中，可以看到屏幕上由网格线构成的许多表格，即单元格。单元格为 Excel 中最小的编辑单位，可以向其中输入数据、公式或图表信息。在每张工作表中，每个单元格都具有唯一的名字，用来标识其具体位置。

工作簿就是 Excel 2007 的一个文档文件，用户可以创建一个新的工作簿、保存建立或修改过的工作簿、打开已有的工作簿、在打开的工作簿中切换以及关闭打开的工作簿。

1. 新建工作簿

单击按钮，从弹出的菜单中选择“新建”命令，如图 4-1-9 所示，弹出“新建工作簿”对话框，在最左侧的列表中单击“空白文档和最近使用的文档”选项，然后在中间的列表框中单击“空工作簿”选项，再单击“创建”按钮即可，如图 4-1-10 所示。其实还有一种更直接、快速的方法，按【Ctrl+N】快捷键可直接新建一个工作簿。

图 4-1-9 单击“新建”命令

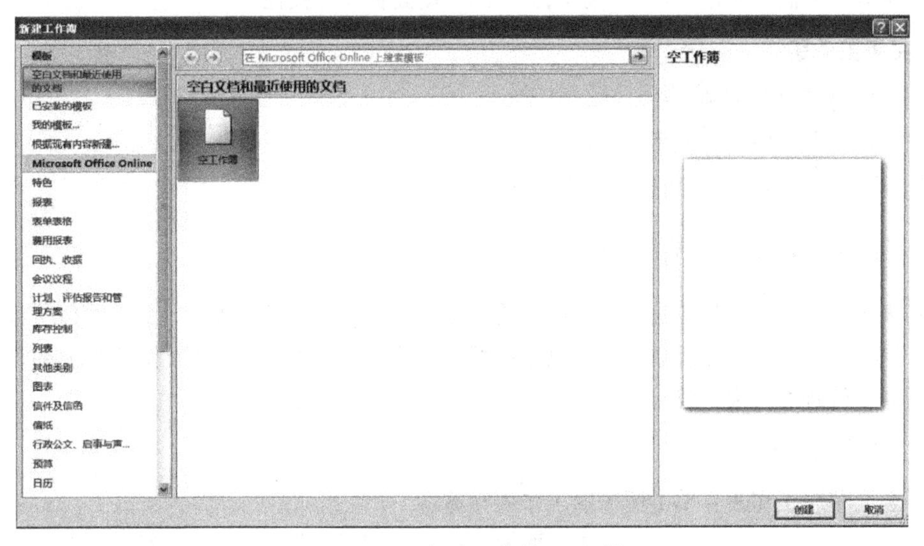

图 4-1-10 “新建工作簿”对话框

2. 保存工作簿

1）保存未命名的新工作簿

（1）单击 按钮。

（2）选择“保存”、“另存为”命令或按【Ctrl+S】组合键。

（3）在弹出的“另存为”对话框中选择保存路径及文件名称。

2）保存已有的工作簿

当已保存过的工作簿被再次打开后又进行了编辑修改时，需要保存修改后的工作簿，可选择“文件”菜单中的“保存”或“另存为”命令。也可以单击快速访问工具栏中的“保存”按钮，则工作簿当前的内容覆盖原来的内容，不显示“另存为”对话框。

3. 打开工作簿

打开工作簿主要有以下几种方法：

（1）单击按钮，然后选择“打开”命令。

（2）单击快速访问工具栏中的“打开”按钮。

（3）按【Ctrl+O】组合键。

（4）直接双击 Excel 文件。

注意：

① 为了方便打开最近使用的文件，Excel 将最近打开过的文件都保存起来。单击 Office 按钮，在右侧即可看到“最近使用的文档”选项组。最近使用文档的显示数量也是可以设置的。

② 如果打开的是低版本的 Excel 表格，在标题栏中会显示“兼容模式”四个字。

③ 低版本的 Excel 系统必须通过安装补丁才能识别高版本的 Excel 文件。

4. 工作簿的切换

如果打开多个工作簿，默认情况下，将只有一个窗口来显示多个工作簿。如需要在任务栏上产生多个窗口，方法为单击“视图”选项卡中的“新建窗口”按钮。

5. 关闭工作簿

关闭工作簿有以下两种方法：

（1）单击标题栏中的“关闭”按钮。

（2）单击按钮，然后选择“关闭”命令。

五、Excel 2007 的工作表操作

工作表对于 Excel 来说，是一个相当重要的概念，它是单元格的集合，比单元格所包含的数据更为广泛，Excel 2007 处理数据的多数操作都是基于工作表进行的，因此对工作表的管理就显得尤为重要。管理工作表，就是对工作表进行操作，具体包含以下内容：

1. 工作表的选取

（1）选取单张工作表：单击所需的工作表标签。

（2）选取多张相邻的工作表：单击选取第 1 张工作表后，按住【Shift】键的同时，单击最后一张工作表的标签。

（3）选取多张不连续的工作表：选取第 1 张工作表后，按住【Ctrl】键的同时，分别单击其他需要选取的工作表的标签。

2. 工作表的更名

工作簿中每张工作表都有其确定的名字，例如，在新建一个工作簿文件后，默认状态下，3 张工作表的名字分别为 Sheet1、Sheet2、Sheet3，系统默认的工作表名称虽然比较简单，但不够直观。用户在实际操作中，有时需要按照实际用途对这些工作表重新命名。下面介绍工作表重命名的方法：

右击需要更名的工作表的标签，在弹出的快捷菜单中选择“重命名”命令，如图 4-1-11 所示。此时该工作表标签就会变成一个编辑框，在该编辑框中输入新的工作表的名字，按【Enter】

键确认即可。

也可以为工作表标签着色，右击需要着色的工作表标签，在弹出的快捷菜单中选择“工作表标签颜色”命令，再在其级联菜单中选择需要的颜色即可。

图 4-1-11　工作表快捷菜单

3. 工作表的插入

默认状态下，一个新的工作簿仅包含 3 张工作表，有时用户可能需要更多的工作表，此时可以在该工作簿中插入新的工作表。

若要在某张工作表前插入单张工作表，只需要在该工作表标签上，选择“插入”命令，在弹出的“插入”对话框中选择“工作表”图标即可。

若要在某张工作表前插入多张工作表，需要选定该张工作表以后的多张工作表，且选定的工作表的数目与待插入的工作表数目相等，然后在该工作表标签上右击，选择“插入”命令，在弹出的“插入”对话框中选择“工作表”图标即可。

4. 工作表的删除

（1）右击待删除的工作表。

（2）选择快捷菜单中的“删除”命令。

工作表一旦删除，不能通过撤销操作进行恢复，且被删除的工作表不会被放置到回收站中。

5. 工作表的移动和复制

有时需要调整工作簿中工作表的顺序，或者对某些工作表进行复制，这就需要运用“移动和复制工作表”命令，常用的方法如下：

1）在同一个工作簿中移动或复制工作表

移动：按住鼠标左键选择需要移动的工作表标签，将其移动到目标位置。

复制：按住鼠标左键的同时按住【Ctrl】键，选择需要复制的工作表标签，将其复制到目标位置。

2）在不同工作簿中移动或复制工作表

（1）右击要移动或复制的工作表。

（2）在快捷菜单中选择“移动或复制工作表”命令，弹出图 4-1-12 和图 4-1-13 所示的对话框。

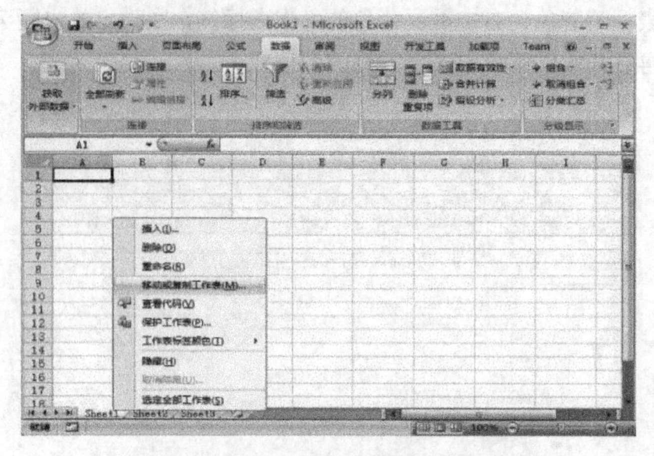

图 4-1-12　选择“移动或复制工作表”命令

图 4-1-13　移动或复制对话框

（3）选择目标工作表放置的工作簿（此工作簿必须处于打开状态），若是对工作表进行复制，请选择“建立副本”复选框。

（4）单击“确定”按钮即可。

还可以在不同的工作簿文件之间进行工作表的移动或复制，进行操作前，要保证这些工作簿文件已经被打开。

6. 工作表的隐藏

有时一个工作簿文件中，不希望某些工作表对其他用户显示，此时需要对这些工作表进行隐藏，具体操作方法为：

选中需要隐藏的一张工作表，单击“开始”选项卡中的“格式”下拉按钮，选择“隐藏和取消隐藏”→“隐藏工作表”选项，这样就完成了对当前工作表的隐藏。对某工作表隐藏以后，工作表标签上将不再出现该工作表的名字。

掌握了工作表的隐藏方法后，也要掌握如何显示被隐藏的工作表，否则，这些工作表将“丢失”了。单击“开始”选项卡中的“格式”下拉按钮，选择“隐藏和取消隐藏”→“取消隐藏工作表”选项，在弹出的“取消隐藏”对话框中选择需要恢复显示的工作表。单击“确定”按钮，被选中的工作表即可重新显示。取消对工作表的隐藏后，工作表标签上将在原来位置显示刚被恢复的工作表的名字。

7. 工作表的保护

为了防止陌生人对整个工作表的更改，需要对工作表进行保护。具体操作如下：

（1）打开工作簿。

（2）单击“审阅”选项卡中的“保护工作表”按钮，弹出“保护工作表”对话框，在“取消工作表保护时使用的密码”文本框中输入密码，如图 4-1-14 所示。

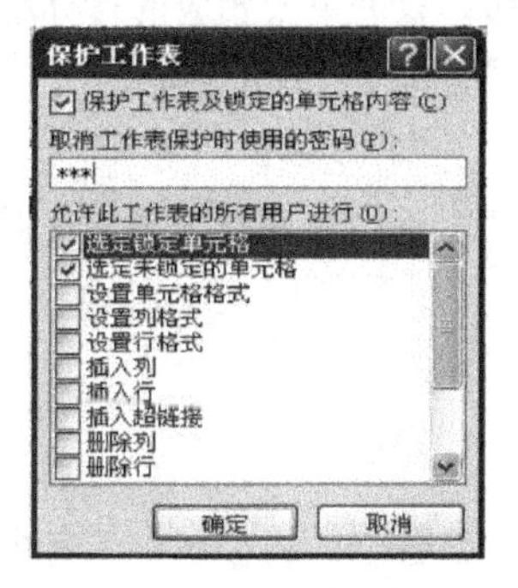

图 4-1-14　“保护工作表”对话框

（3）弹出“确认密码”对话框中再次输入密码，单击“确定”按钮即可，如图 4-1-15 所示。

若要取消工作表的保护，可在“审阅”选项卡中单击“撤销工作表保护”按钮。

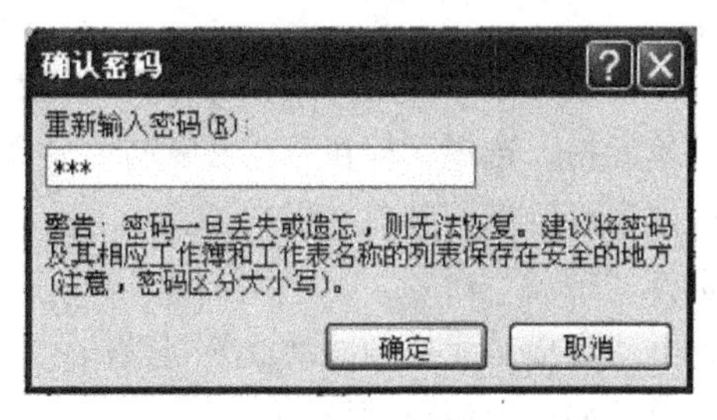

图 4-1-15　“确认密码”对话框

六、Excel 2007 单元格的操作

1. 单元格的选定

对单元格进行任何操作之前，必须先选定一个单元格或多个单元格，根据选定内容的不同，会有不同的方法。

1）选定单个单元格

找到该单元格所在的位置后，单击该单元格即可选定。

另外，当选中一个单元格后，按【Enter】键将选定该单元格的下一个单元格，按【Tab】键选定它后面的一个单元格，按【Home】键可以选中该行所在的第 1 个单元格。还可以运用【→】、【←】、【↑】、【↓】方向键选定当前单元格周围的某个单元格。

2）选定连续单元格

要选取一块连续的单元格区域，如 A3 到 D8 构成的矩形区域，常用的方法有两种：

方法一：先用鼠标指针定位到该区域左上角的那个单元格，如 A3，按下鼠标左键不放，然后沿该区域的对角线拖动鼠标到区域的右下角，如 D8，松开鼠标就选定了该矩形区域。

方法二：先将鼠标指针定位到该区域左上角的那个单元格，如 A3，按下【Shift】键，再单击右下角的单元格，如 D8，即可选定该区域。

若需要选中一些不连续的单元格，可以选定其中的一个单元格后，按下【Ctrl】键的同时再单击其他欲选定的单元格，选中全部单元格后再松开【Ctrl】键。

3）选取整行或整列

若需选中工作表中的某行或某列，只需单击相应的行标题或列标题即可。若要选取多行或多列，可以在单击对应行或列标题的同时按下【Ctrl】键。

4）选取整张工作表

可以通过单击工作表最上方的“全选”按钮选中整张工作表，也可以用【Ctrl+A】组合键进行选取。

2．单元格的编辑

1）修改单元格内容

（1）单击单元格：如果单元格中有数据，将会选中原有内容。

（2）双击单元格：单元格中将出现插入符，此时修改已有数据。

2）单元格移动、复制

进行单元格编辑时，可能需要将一个已编辑完的单元格复制或移动到其他位置，这样就必须掌握单元格的移动和复制操作。

方法一：运用“剪切”或“复制”命令完成单元格的移动或复制操作。

（1）右击要移动或复制的单元格，选择“剪切”或“复制”命令，此时选定的单元格四周将出现虚线边框，表明该区域的内容已经应用到剪贴板中了。

（2）右击目的单元格，选择“粘贴”命令。

方法二：运用直接拖动的方法完成单元格的移动或复制操作。

（1）选定要移动与复制的单元格，即源单元格。

（2）按住鼠标左键，将其移动到目的位置后释放，此时会观察源单元格已经被移动到目的位置。若要复制该单元格，在拖动鼠标的同时按下【Ctrl】键即可。

若源单元格和目的位置不在同一个工作表中，可以将源单元格选定后按下【Alt】键，然后拖动鼠标到目的位置所在的工作表标签上，此时当前工作表会切换到目的位置所在的工作表，然后在该工作表的目的位置松开鼠标即可完成单元格的一定操作。

3）插入单元格、行或列

插入单个或整行整列单元格的操作方法为如下：

（1）插入单元格。在待插入位置选中相应的单元格区域，选中的单元格数目应与插入的单元格数目相等。

单击“开始”选项卡中的“插入”下拉按钮，选择“插入单元格...”命令，弹出图 4-1-16 所示的“插入”对话框。

选择一种插入方式后，单击“确定”按钮即可。

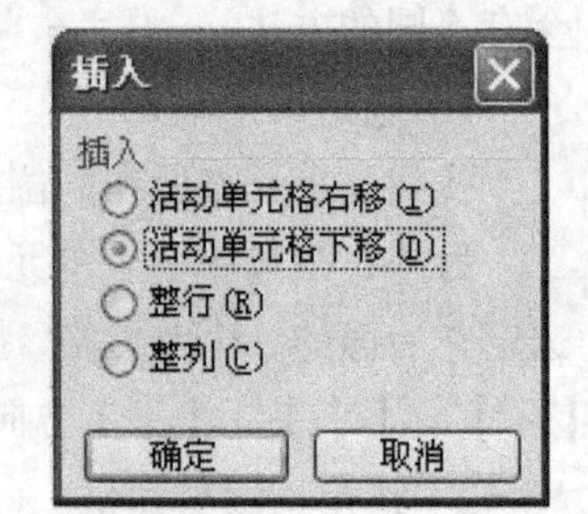

图 4-1-16 “插入”对话框

（2）插入行或列。若需插入一行，单击需要插入的新行之下的相邻行中的任一单元格；若需要插入多行，选定需要插入的新行之下相邻的若干行，注意选定的行数与待插入的行数相等。

单击“开始”选项卡中的“插入”下拉按钮，选择“插入单元格...”命令；或者右击单元格，在弹出的级联菜单中选择“插入”命令。

插入列的方法与插入行的方法类似，在此不再赘述。

4）插入批注

有时，用户需要对某一单元格中的数据进行注释，这样便于以后或者其他用户查阅，这样就需要对该单元格添加批注。当对某单元格添加批注后，该单元格右上角会出现一个红色的三角，当鼠标指针指向它时，批注的内容就会显示出来。

为单元格添加批注的方法如下：

（1）单击选定需要添加批注的单元格。

（2）单击“审阅”选项卡中的“新建批注”按钮。

（3）此时会弹出一个输入框，输入批注的具体信息。

（4）选择其他单元格，批注即添加成功。

5）清除、删除单元格

在介绍该操作之前，请大家务必弄清楚删除和清除单元格的概念，不能混为一体。所谓清除，是指将单元格所包含的数据、公式、批注或格式等去掉，而该单元格依然存在；而删除是指将单元格内所有内容完全移去，包括该单元格。其操作方法分别如下：

操作一：清除单元格

（1）选取要清除信息的单元格。

（2）单击“开始”选项卡中的“清除”按钮，弹出图 4-1-17 所示的下拉列表。

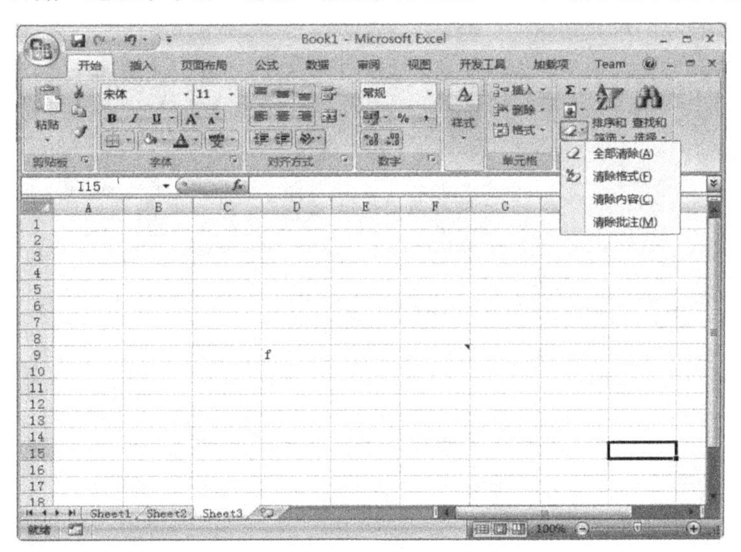

图 4-1-17　“清除”下拉列表

① 全部：清除单元格的所有信息，包括内容、格式、批注等。

② 格式：清除单元格的格式，如框线，底纹等。

③ 内容：清除单元格内的公式、文字或数字信息。

④ 批注：清除为单元格设置的批注信息，其他设置项保持不变。

(3) 选择所要的命令，则可对相应的信息项进行清除。

操作二：删除单元格

前面介绍过，对单元格删除后，该单元格也被删除，原来所占的物理位置也将被空出，这样，被删除单元格相邻的单元格将占据原单元格的位置，因此单元格的引用也可能发生变化，所以在执行删除操作时，应注意有关的引用与公式。删除单元格的具体操作步骤如下：

(1) 选取要删除的单元格或单元格区域。

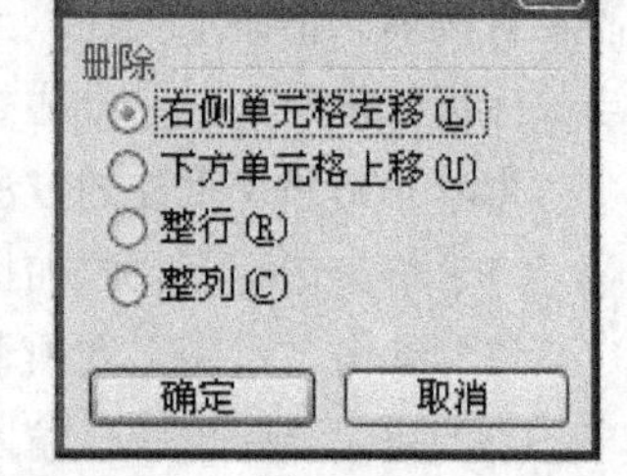

图 4-1-18 “删除”对话框

(2) 右击单元格，选择“删除”命令，弹出如图 4-1-18 所示的“删除”对话框。

① 右侧单元格左移：被删除单元格右侧的单元格向左移动相应位置。

② 下方单元格上移：被删除单元格下方的单元格向上移动相应位置。

③ 整行：删除单元格所在位置的整行单元格，下方单元格向上移动。

④ 整列：删除单元格所在位置的整列单元格，右侧单元格向左移动。

(3) 根据需要在该对话框中选定对应选项。

(4) 单击“确定”按钮即可。

6) 合并和拆分单元格

在表格的编辑过程中，不仅需要插入和删除单元格，很多时候还需要合并和拆分一些单元格，以使表格看起来更加专业和美观。

(1) 选取需要合并的单元格。

(2) 单击“开始”选项卡中“对齐方式”组的对话框启动器，如图 4-1-19 所示。

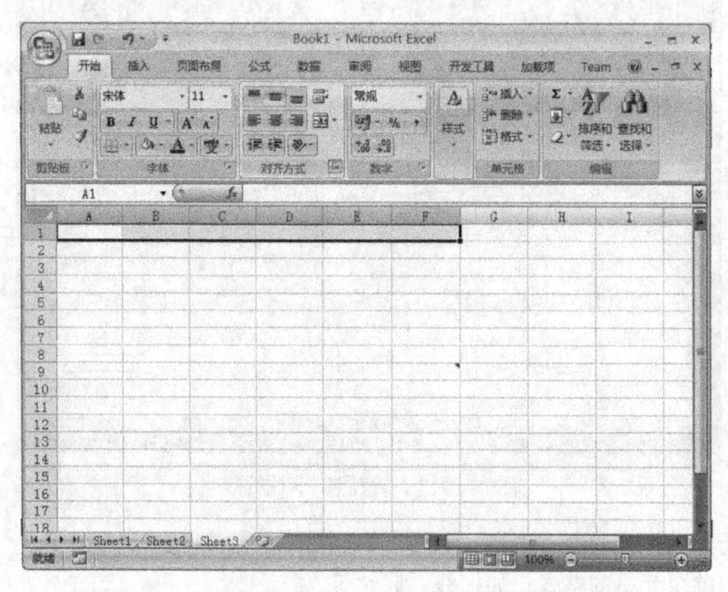

图 4—1-19 单击“对齐方式”组中的对话框启动器

弹出“设置单元格格式”对话框，选择“对齐”选项卡，在“文本控制”选区中选择“合并单元格”复选框，如图 4–1–20 所示。

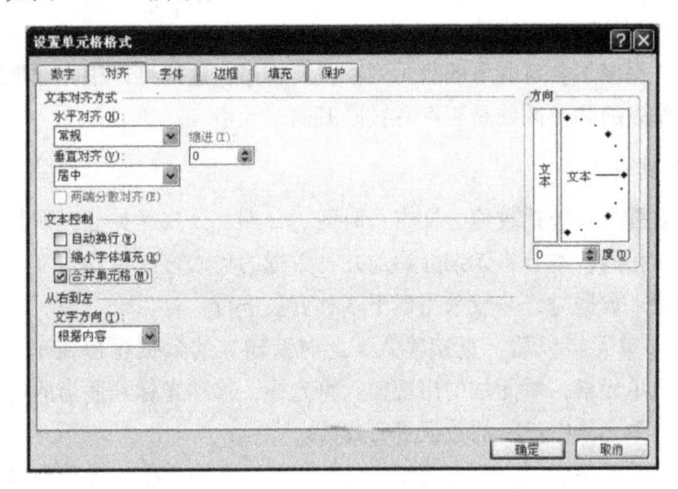

图 4–1–20 “设置单元格格式”对话框

还有一种更简单的方法，用户首先选择需要合并的单元格区域，然后单击“开始”选项卡中的“合并后居中”下拉按钮，可以快速合并单元格，如图 4–1–21 所示。

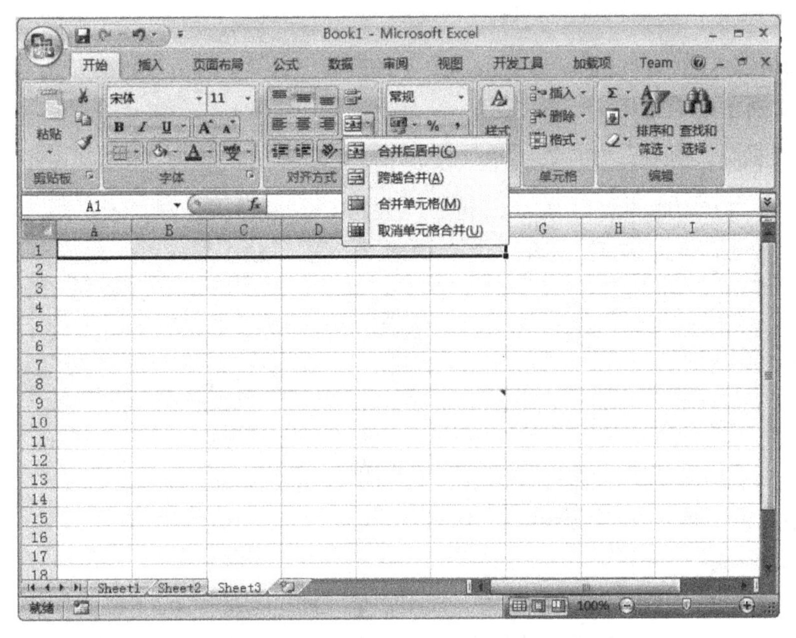

图 4–1–21 单击“合并单元格”下拉按钮

7）隐藏单元格

若不希望其他用户查看到某一工作表中的某些数据，此时可以对这些数据实施隐藏操作。如需将工作表中的 4、5 两行隐藏起来，可以这样操作：选定需要隐藏的单元格后，再单击“开始”选项卡中“格式”下拉列表中的“隐藏和取消隐藏”→“隐藏行或隐藏列”选项，这样就能将该单元格所在的整行或整列隐藏起来。

要取消隐藏的行或列，可先选取被隐藏的行（列）两侧的行（列），单击“开始”选项卡中“格式”下拉列表中的“隐藏和取消隐藏”→“取消隐藏行或取消隐藏列”选项。如要取消对 4、5 行的隐藏，可以选取第 3 到第 6 行。

隐藏单元格后，程序不会对剩下的行（列）重新排序，这样可以很方便地通过行（列）的标签号码来确定该工作表的某一区域是否存在被隐藏的单元格。

3．单元格的数据输入

Excel 2007 中数据主要包括数值、文本、时间、日期、公式等类型，因其处理的方法不同，输入时的方式也不尽相同，本节将详细介绍前几种数据的输入方法。

向某单元格中输入数据时，一般采用以下 3 种方法进行：

方法一：单击该单元格以后，直接输入，此时新输入的数据将覆盖单元格中原有的数据。

方法二：双击该单元格，单元格中出现插入符光标，移动光标到适当的位置后再输入数据，该方法主要使用于对单元格中已有的数据进行修改。

方法三：单击该单元格后，再单击编辑栏的输入框，在输入框中进行数据输入。单击输入框以后，编辑框的左边将出现 3 个按钮，分别为“×”、“√”、“*fx*”图样，分别表示对选定的单元格进行数据删除、数据输入和公式编辑。当在编辑框中输入数据后，按【Enter】键或“√”按钮即可将刚刚编辑的数据输入到对应的单元格，如要放弃刚才的输入，可以按【Esc】键或“×”按钮。

在进行数据输入时，可以根据需要从以上 3 种方法中选择一种方便的方法进行输入。如要求输入图 4-1-22 所示的数据。

	A	B	C	D	E	F	G
1	电子产品采购表						
2	产品标号	类别	厂家	单价	采购量	订购日期	商家电话
3	HS-01	键盘	罗技	50	20	2009-8-23	027-84346423
4	HS-02	鼠标	罗技	150	30	2009-9-20	027-87435264
5	HS-03	内存	三星	150	20	2009-10-12	027-87573576
6	HS-04	硬盘	希捷	350	20	2009-6-15	027-87896784
7	HS-05	U盘	希捷	150	100	2009-7-8	027-87562325
8	HS-06	移动硬盘	三星	400	100	2009-7-22	027-87414512
9	HS-07	显示器	索尼	1000	10	2009-9-28	027-87769654
10	HS-08	光驱	三星	200	15	2009-8-19	027-87987034
11	HS-09	投影仪	索尼	3000	30	2009-6-14	027-87513546
12	HS-10	打印机	索尼	800	50	2009-7-14	027-87765358

图 4-1-22 数据输入例图

下面介绍几种不同类型的数据输入方法：

1）常量数据输入

（1）数字常量输入。在 Excel 2007 中，数字常量只能包括正号（+）、负号（-）、阿拉伯数字（0~9）、美元符（$）、科学记数标志（E 或 e）等符号，在输入数字常量时，先选定该单元格，然后用键盘进行输入。

在输入过程中应注意以下几点：

① 正数可以直接输入，即前面的正号（+）可以省略。

② 当输入负数时，如要输入“-20”，可以按“-20”或（20）两种方式输入。

③ 输入分数时，输入方法为“整数+空格+分数”，如输入 3/4，应按照 0 3/4 的方法输入。

④ 当输入的数字长度超过单元格可显示的长度时，程序将自动将其转换为科学记数（如

3.25E+08）方式显示。

输入的数值型数据在单元格中默认以右对齐样式排列。

（2）文本常量输入。在 Excel 2007 中，文本常量可以是数字、空格和其他的各类字符的组合。在输入文本常量时，选定该单元格后，直接进行文本数据的输入。

在输入过程中要注意以下几点：

① 若输入内容过长，需要文本以多行显示，可以在单元格中适当位置按【Alt+Enter】组合键进行强制换行。

② 若要输入一串由以 0 开头的数字组成的文本常量，如邮政编号或电话号码等，为了与数值常量区别，需要在该数字串前加英文状态下的“'”标记。

输入的文本数据在单元格中默认以左对齐方式排列。

注意：文本超过列宽时，若右边单元格没有内容，文本顺延在右边单元格显示；若右边单元格已有内容，则超出部分不显示。

（3）日期和时间输入。Excel 2007 将日期和时间视为数字进行处理，但它们又有自己特定的格式。

在输入日期时，需要用左斜线（/）或短线（–）作为年、月、日之间的分隔符，例如可以按照“2009/9/28”或“2009-9-28”的格式输入。输入可省略年份，例如“5-3”，显示为“5 月 3 号”。

在输入时间时，若按 12 小时制输入，则在输入完时间以后空一格，再输入分别表示上午或下午的字母 a 或 p，例如输入 7:20 a；若按 24 小时制输入，则直接输入确切的时间值，如直接输入 19:20。

若需要在某一单元格中输入当前日期，按【Ctrl+;】组合键可以快捷输入；若输入当前时间，也只需运用【Ctrl+Shift+:】组合键。

输入的数据在单元格中默认以右对齐样式排列。长度超过单元格列宽就会显示成“###。

2）高级输入技巧

向工作表中输入大量的数据，若掌握了快捷的输入方式，可以提高输入效率，下面就介绍几种常用的快速输入方法。

（1）“自动完成”输入。Excel 2007 提供了一项智能化的输入功能，当用户需要重复输入同样的数据或文本时，系统可以依据曾经输入的数据自动完成下一次数据输入。例如，在 B5 单元格中输入“中华人民共和国”后，在其他的单元格中只需要输入“中”后，后面的“华人民共和国”字符会自动出现，供用户选择。若此时需要输入的刚好是系统提供的字符，则按【Enter】键即可，若提供的数据与待输入的数据不一致，正常继续输入。

若有时后面的字符没有直接显示出来，可以右击某个单元格，从快捷菜单中选择“从下拉列表中选择”命令，此时 Excel 2007 将以前输入的文本显示出来供用户选择，可以用方向键进行选定需要输入的数据后，按【Enter】键即可将选中的数据直接输入。

（2）利用填充柄填充数据。在日常生活中，有许多数据、表格是由一定规律的序列构成的，例如一月、二月、三月，星期一、星期二、星期三或 1997 年 7 月、1997 年 8 月、1997 年 9 月等，输入这些有规律的数据时，就需要用到单元格右下方的填充柄，它是 Excel 最显著的特点之一。

① 数值数据填充。在起始单元格中输入第一个数值数据，选定该单元格；将鼠标指针移到右下角的填充柄，若是对该数据进行复制，则按下鼠标左键直接拖动填充柄；若需要数值以+1 的规

律递增，则在向右或向下拖动填充柄的同时按下【Ctrl】键，若需要数值以-1 的规律递减，则在向左或向上拖动填充柄的同时按【Ctrl】键，拖动到目的单元格后松开鼠标；若以其他规律填充，可以单击“开始”选项卡“填充”下拉列表中的“系列”选项，在弹出的“序列”对话框中设置自动序列的填充数据，如图 4-1-23 所示。

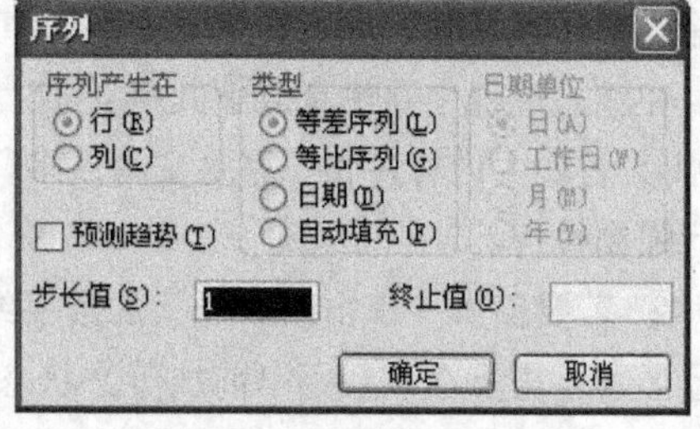

图 4-1-23 “序列”对话框

在“序列产生在”选区中指定填充的方向是“行”或“列”。

在“类型”区域中包括以下几种类型：

等差序列：Excel 通过步长值决定数据的增大或减小的幅度。

等比序列：Excel 将数值乘以常数因子。

日期：包括指定增量的日、月、年、工作日等填充方式。

自动填充：自动给选定的区域按填充规则填充数据内容。

在“步长值”与“终止值”输入框中分别输入递增的步长值和终止值。单击“确定”按钮即可完成数值数据的填充。

② 文本数据填充。当要向工作表中输入文本数据时，也有非常方便的操作方法。

a. 在初始单元格中输入第一个文本型数据，如星期一，单击选定该单元格。

b. 若对单元格中的数据进行简单复制，则按【Ctrl】键的同时应用鼠标左键拖动填充柄；若需要其以一定规律填充，只需按下鼠标左键直接拖动填充柄，拖动到目的单元格后松开鼠标即可。

③ 文本和数值型数据混合填充。当要向单元格中输入大量有规律的文本和数值的混合数据时，可以利用填充柄。

在起始单元格中输入第一个数值数据，比如输入“ST10”，选定该单元格；将鼠标指针移到右下角的填充柄，若是对该数据进行复制，则按下鼠标左键直接拖动填充柄的同时按【Ctrl】键；若需要数值以+1的规律递增，则在向右或向下拖动填充柄，若需要数值以-1的规律递减，则在向左或向上拖动填充柄的同时按【Ctrl】键，拖动到目的单元格后松开鼠标。

④ 一次性输入数据。有时可能需要在多个单元格中输入相同的数据，若反复重复输入，这样不但效率低下，而且还不能保证输入数据的正确性。可以用一次性输入完成该任务，其操作方法为：选定需要输入数据的单元格，然后输入该数据，再按【Ctrl+Enter】组合键，这样被选中的单元格就都输入了该数据。

4. 单元格的格式化

1）设置单元格的行高与列宽

Excel 2007 默认提供的工作表中所有单元格的行高和列宽均相同，这样虽然保持了单元格风格的统一，但有时因为特殊要求，某些单元格所在的行高或列宽需要增大或缩小，此时系统默认的行高与列宽值并不能满足需求，此时需要对单元格的行高或列宽进行调整与设置。

方法一：手动调节

（1）选中需要进行行高调整的单元格所在的行。

（2）将鼠标指针移动到该选定行的行表头与下一行的行分隔线上，此时鼠标指针会变成上下箭头形状，按下鼠标左键不放，此时被选定行的高度会发生变化，当行高调整到满足需求高度时，松开鼠标即可。

方法二：精确设置

当采用上面的方法手动调节行高或列宽时，其高度或宽度值是通过用户目测，可能不太准确。若需要将其精确的设置为某一度量值时，可以采用对话框进行设置。

（1）选中需要进行行高设置的行内的一个或多个单元格。

（2）在“开始”选项卡“格式”下拉列表中的“行高”选项，弹出图 4-1-24 所示的“行高”对话框，输入行高的具体度量值，如 25，单击“确定”按钮。

此时被选定的单元格所在的行高就发生了变化。列宽的调节方法与行高的调节方法类似，请读者自行练习。可以一次同时对多行或多列的行高或列宽进行设置。

图 4-1-24 “行高”对话框

2）格式化数字、对齐、字体、边框、填充和保护

对单元格格式化的操作，可以通过右击单元格，选择“设置单元格格式”命令，使用“设置单元格格式”对话框对工作表进行格式设置。

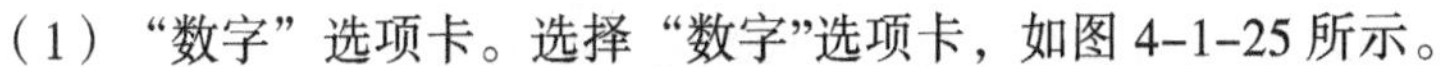

（1）“数字”选项卡。选择“数字”选项卡，如图 4-1-25 所示。

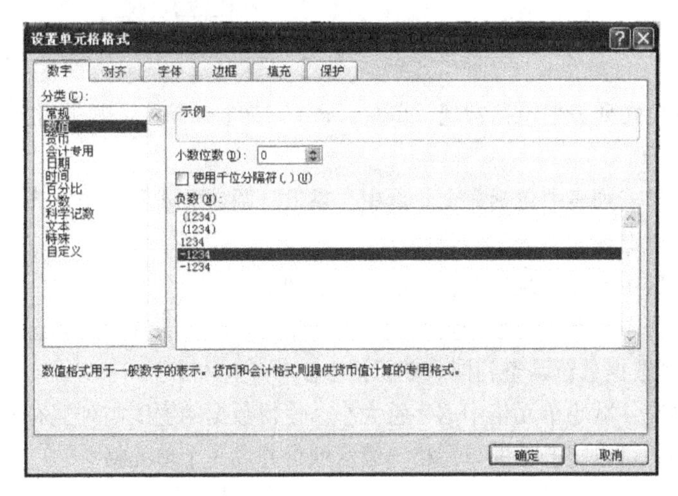

图 4-1-25 “数字”选项卡

选择“常规”选项，不包含任何特殊格式，整数、小数以十进制表示。当数字宽度超过单元格宽度时，采用科学记数法来表示。

选择“数值”选项，包括整数、小数、逗号及负数格式。可以定义要显示的小数位数，是否使用千位分隔符，以及选择负数的格式。例如，负数时加括号或显示为红色等。

选择“货币”选项，则将数字表示位货币值，并可指定符号，在数字前加一个所需的货币符号。

选择“会计专用”选项，可以对一列数值进行货币符号和小数点对齐，以满足财会方面的需要。

选择“日期”选项，则把日期和时间系列数显示为日期值。

选择“时间”选项，则把日期和时间系列数显示为时间值。

选择“百分比”选项，则以百分比形式显示数字，并可指定小数位数。

选择“分数”选项，则以分数形式显示数字，并可选择分数的类型。

选择“科学计数”选项，则以科学计数形式显示数字，并可指定小数位数。

选择“文本”选项，则把单元格中的数字作为文本处理，其默认对齐方式变成左对齐。

选择“特殊”选项，则在对话框的右边有 3 种特殊类型，如邮政编码、中文小写数字和中文大写数字，可供选择。

选择“自定义”选项，则可以自定义数字的格式。

（2）“对齐”选项卡。“对齐”选项卡如图 4-1-26 所示，用于文本对齐方式、文字方向和文本控制的设置。

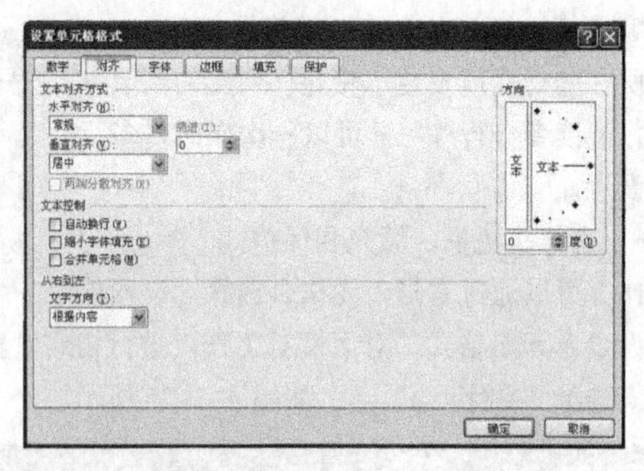

图 4-1-26 “对齐”选项卡

“水平对齐”下拉式列表中包括常规、靠左、居中、靠右、填充、两端对齐、跨列居中和分散对齐。

“垂直对齐”下拉式列表中包括靠上、居中、靠下、两端对齐和分散对齐。

“方向”框中可以选择文字的旋转角度。

“文本控制”选区中有 3 个复选框，其功能分别如下：

① 自动换行：当单元格中的数据宽度大于单元格列宽时，若选中此复选框，可将行高增加，使跨到其他单元格的数据重新调整到同一单元格中。

② 缩小字体填充：减小单元格中的字符大小，使得数据的宽度与列宽相同。

③ 合并单元格：可以将选中的单元格连续区域合并成一个单元格。

（3）“字体”选项卡。选择“字体”选项卡，可以设置字体、字形、字号、下画线、字体颜色，是否加删除线以及是否编排成上标或下标。

（4）“边框”选项卡。默认情况下，表格打印出来的无边框线的，可以根据自己需要设置单元格的边框，以便打印各种表格线，如图 4-1-27 所示。在“线条”中可以设置线条的样式，在“边框”中可以设置内框线、外框线、斜线等，在“颜色”中可以设置线条的颜色。

（5）“填充”选项卡。在编辑 Excel 工作表时，在默认情况下，单元格的底色是白色的，而且没有任何图案，为了使工作表更加美观，或为了突出工作表中某些单元格特殊性，可以根据需要为单元格设置填充颜色和图案。通过一系列的设置，会发现设置后的工作表外观变得更加生动。

3）条件格式

使用条件可以在工作表的某些区域中自动为符合给定条件的单元格设置指定的格式。帮助用户直观地查看和分析数据、发现关键问题以及数据的变化趋势等。在 Excel 2007 中，条件格式功能进一步强大，使用条件格式可以突出显示所关注的单元格区域、强调异常值、使用数据条、颜色刻度和图标集来直观地显示数据等。

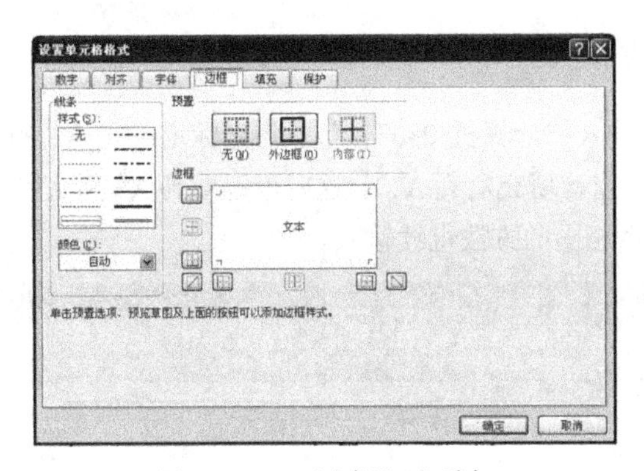

图 4-1-27 “边框”选项卡

单击“开始”选项卡中的“条件格式”下拉按钮，将弹出下拉列表，下面分别介绍下它们的功能：

（1）突出显示单元格规则：若要方便地突出显示单元格区域中某个特定的单元格，可以基于比较运算符设置这些特定单元格格式。

（2）项目选取规则：对于数值型数据，可以根据数值的大小指定选择单元格。

（3）数据条：可以帮助用户查看某个单元格相对于其他单元格的值，数据条的长度代表单元格中数据的值。数据条越长，代表值越高；反之，数据条越短，代表值越低。当观察大量数据中的较高值和较低值时，数据条显得特别有效。

（4）色阶：颜色刻度作为一种直观的提示，可以帮助用户了解数据分布和数据变化。双色刻度使用两种颜色的深浅程度来帮助用户比较某个区域的单元格，通常颜色的深浅表示值的高低。三色颜色刻度用三种颜色的深浅程度来帮助用户比较某个区域的单元格，颜色的深浅表示值的高、中、低。

（5）图集：使用图标集可以对数据进行注释，并可以按阈值将数据分为3～5个类别，每个图标代表一个值的范围。

任务实施

一、创建新文档并输入表头

打开 Excel 2007，选中 A1 单元格，输入“期末考试成绩表”，按【Tab】键，在 A2 中输入“班级”。用相同的方法继续输入其他字段名，如图 4-1-28 所示。

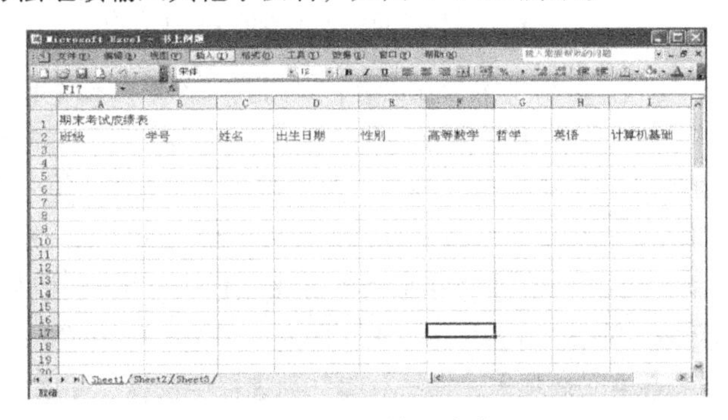

图 4-1-28 输入表头

二、输入数据内容

（1）在 A3 单元格中输入“计算机 080341”，将光标定位在 A3 的右下角，当鼠标变成填充柄时按住【Ctrl】键不放，拖动填充柄到 A12，这时可以看到 A3 到 A12 单元格中出现了相同的内容，如图 4-1-29 所示。用相同的方法继续输入。

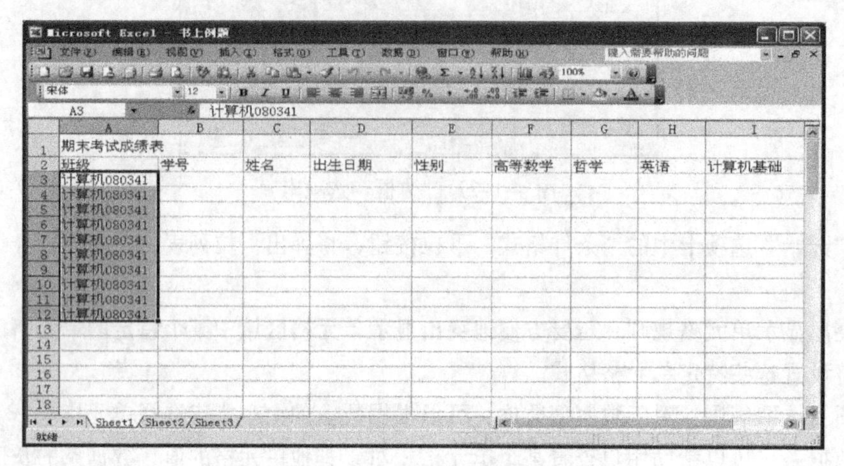

图 4-1-29　输入班级名

（2）在 B3 单元格中输入“'08034101”，将光标定位在 B3 右下角的填充柄，拖动填充柄到 B12，就可以看到自动按顺序填充的效果，如图 4-1-30 所示。

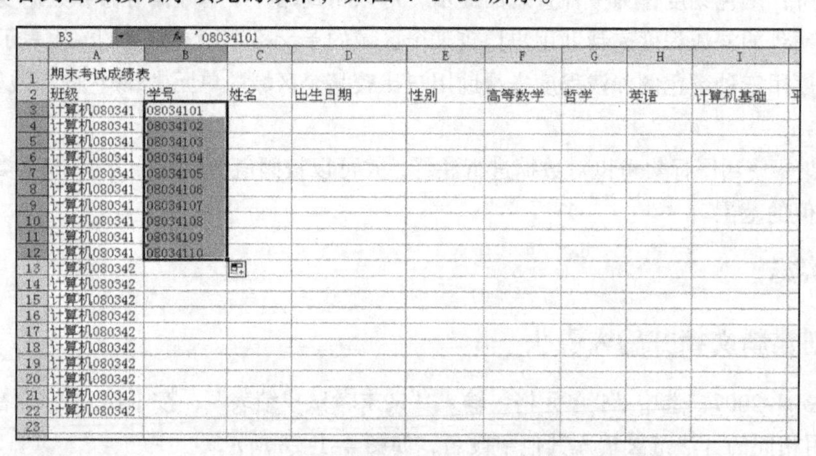

图 4-1-30　输入了班级和学号的 Excel 表格

如果学号前面没有“0”，又要求学号左对齐。则可在 B3 单元格中输入“8034101”，选中 B3:B12 单元格，单击“开始”选项卡“填充”下拉列表中的“填充”→“系列”选项，弹出“序列”对话框， 在“序列产生在”中选择“列”，在“类型”中选择“等差序列”，在“步长值”中输入 1，最后单击“确定”按钮，就可以看到自动按顺序填充的效果，如图 4-1-31 所示，或者选择 B3 单元格的填充柄，按住【Ctrl】直接拖动到 B12。用同样的方法把其余的学好输入进去。最后要选择 B3:B22 单元格，单击“开始”选项卡“格式”下拉列表中的“设置单元格格式”选项，在弹出的对话框中选择“数字”选项卡，在“分类”列表框中选择“文本”，如图 4-1-32 所示。然后单击“确定”按钮，数字格式的单元格内容，就转换成文本格式，变成左对齐。

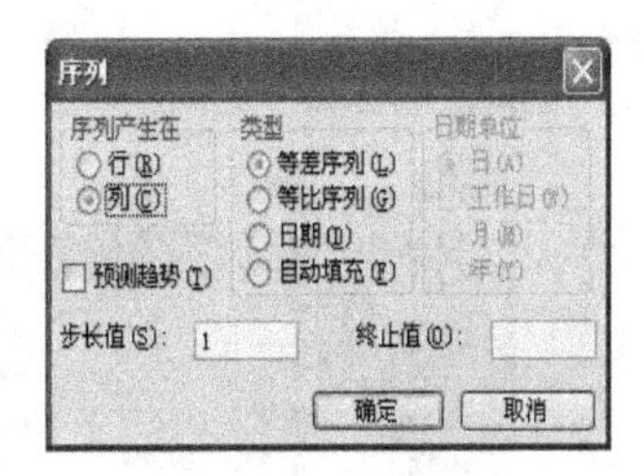

图 4-1-31　“序列”对话框

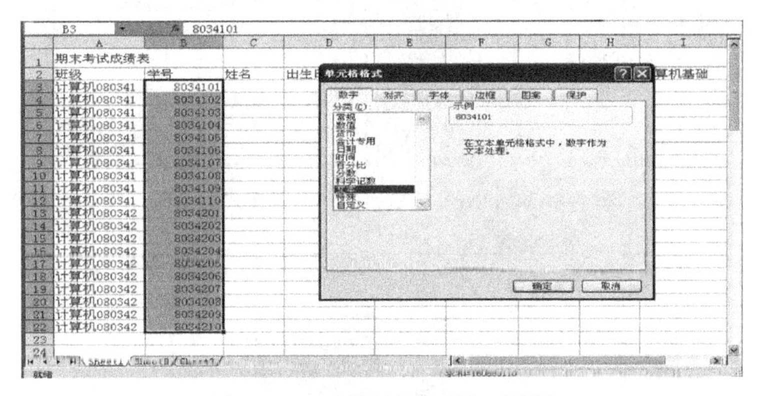

图 4-1-32　“单元格格式”对话框

（3）输入姓名和性别。选中 C3 单元格，输入姓名“陈丹”，按【Enter】键选中下一个单元格，依次输入完姓名。选中 E3，输入“女”，按【Enter】键，选中下一个单元格，用【Alt + ↓】组合键选择输入，依次输入性别，如图 4-1-33 所示。

	A	B	C	D	E	F
1	期末考试成绩表					
2	班级	学号	姓名	出生日期	性别	高等数学
3	计算机080341	08034101	陈丹		女	
4	计算机080341	08034102	代嫚		女	
5	计算机080341	08034103	董凡凡		男	
6	计算机080341	08034104	董枫博			
7	计算机080341	08034105	韩园园		男	
8	计算机080341	08034106	陈强		女 性别	
9	计算机080341	08034107	王强			
10	计算机080341	08034108	张丽			
11	计算机080341	08034109	华婷婷			
12	计算机080341	08034110	黄清			
13	计算机080342	08034201	黄小芬			
14	计算机080342	08034202	江云			
15	计算机080342	08034203	雷吉			
16	计算机080342	08034204	冷露			
17	计算机080342	08034205	李晶晶			
18	计算机080342	08034206	李清梅			
19	计算机080342	08034207	李淑芬			
20	计算机080342	08034208	李晓凤			
21	计算机080342	08034209	吕鹏			
22	计算机080342	08034210	罗枫			

图 4-1-33　输入姓名和性别的 Excel 表格

（4）输入出生日期。选中 D3 单元格，输入“1988 年 5 月 26”，用相同的方法输入其他的数据。输入完后。选中 D3:D22 单元格，使用（2）中的方法打开“设置单元格格式”对话框，选择“数字”选项卡，在“分类”列表框中选择“日期”，在“类型”列表框中选择“2001 年 3 月 14 号”，如图 4-1-34 所示，如出现“####”，则需要把列宽调节的更宽些，最后单击“确定”按钮，效果如图 4-1-35 所示。

（5）输入其他学科的分数数据。

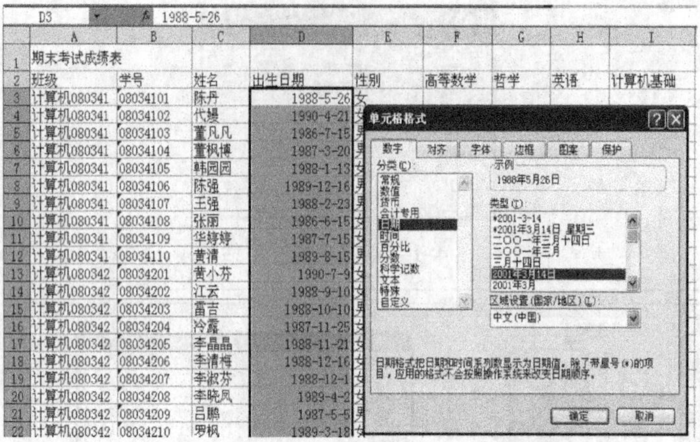

图 4-1-34　Excel 中数字的单元格格式对话框

	A	B	C	D	E	F
1	期末考试成绩表					
2	班级	学号	姓名	出生日期	性别	高等数学
3	计算机080341	08034101	陈丹	1988年5月26日	女	
4	计算机080341	08034102	代嫚	1990年4月21日	女	
5	计算机080341	08034103	董凡凡	1986年7月15日	男	
6	计算机080341	08034104	董枫博	1987年3月20日	男	
7	计算机080341	08034105	韩园园	1988年1月13日	女	
8	计算机080341	08034106	陈强	1989年12月16日	男	
9	计算机080341	08034107	王强	1988年2月23日	男	
10	计算机080341	08034108	张丽	1986年6月15日	女	
11	计算机080341	08034109	华婷婷	1987年7月15日	女	
12	计算机080341	08034110	黄清	1989年8月15日	男	
13	计算机080342	08034201	黄小芬	1990年7月9日	女	
14	计算机080342	08034202	江云	1988年9月10日	女	
15	计算机080342	08034203	雷吉	1988年10月10日	男	
16	计算机080342	08034204	冷露	1987年11月25日	女	
17	计算机080342	08034205	李晶晶	1988年11月21日	女	
18	计算机080342	08034206	李清梅	1988年12月16日	女	
19	计算机080342	08034207	李淑芬	1988年12月1日	女	
20	计算机080342	08034208	李晓凤	1989年4月2日	女	
21	计算机080342	08034209	吕鹏	1987年5月6日	男	
22	计算机080342	08034210	罗枫	1989年3月18日	女	

图 4-1-35　输入出生日期 Excel 表格

三、单元格的格式化

内容输入完成后，期末考试成绩表基本制作完成，接下来对表格进行美化，使它更美观。

（1）合并相关的单元格。作为表的标题应处于表的正上方居中的位置。

单元格的合并有两种方法可供选择：① 选定 A1～I1 单元格，单击“开始”选项卡中“合并及居中”下拉列表中的“合并单元格”选项；② 选定 A1～I1 单元格，并在“文本控制”栏中选择“合并单元格”复选框。

合并后，文字应居中，文字在单元格中的居中包括水平居中和垂直方向的居中。方法为：选定 A1 单元格，单击“开始”选项卡“格式”下拉列表中的“设置单元格格式”选项，弹出“设置单元格格式”对话框，选择“对齐”选项卡，在“文本对齐”栏中设置水平对齐和垂直对齐方式为“居中”。

（2）列宽行高的调整。如果单元格的高度或宽度不合适，应进行调整。本例中对标题所在单元格的行高进行调整，先选中 A1 单元格，再单击“开始”选项卡“格式”下拉列表中的“行高”选项，在弹出的对话框中输入行高值即可。本例输入 30。还有一种比较直接的方法，就是把鼠标指针放到单元格所在的行号边框上，当鼠标变成十字形双向箭头时，即可按住鼠标左键对单元格高度进行调节，同时在鼠标旁有高度值显示出来。

（3）设置字号、字体颜色和填充颜色。单击 A1 单元格，在“开始”选项卡“字体”组中依次设定字号为 20 并加粗、宋体、填充颜色为浅桔黄和字体颜色为红色；或者单击 A1 单元格，在“设置单元格格式”对话框的“字体”选项卡中设定字号和颜色。再单击“图案”标签，设置填充颜色，最后单击“确定”按钮，如图 4-1-36 所示。

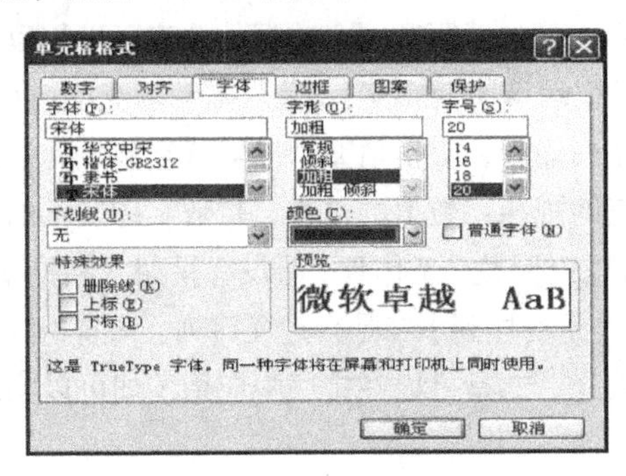

图 4-1-36 “字体”选项卡

（4）设置表格边框。选定范围 A1:H8，打开“设置单元格格式”对话框，单击“边框”标签，选择“线条”的样式为双线和红颜色，单击“预置”栏中的“外边框”按钮，再选择内边框的线条样式为单线和蓝颜色，单击“预置”栏中的“内部”按钮，再单击“确定”按钮即可。

四、增删批注

1）增加批注

（1）右击 A1 单元格，在弹出的快捷菜单中选择“插入批注”命令，在弹出的批注框中输入批注文本，再单击批注框之外的工作表区域结束添加批注操作。

（2）单击 E7 单元格，再按【Shift+F2】组合键。

2）删除批注

（1）右击 A1 单元格，在弹出的快捷菜单中选择“删除批注”命令。

（2）单击 E7 单元格，单击“开始”选项卡“编辑”组中“清除”下拉列表中的“清除批注”选项。

五、设置条件格式

（1）选定范围 E3:E8，使用菜单栏“格式”→“条件格式”，打开“条件格式”对话框，设置条件为：单元格数值、大于、400，单击“格式”按钮，弹出“单元格格式”对话框，在其中设置字形为加粗、颜色为红色，单击“确定”按钮。

（2）单击“添加”按钮，设置条件 2 为“单元格数值”、小于、400；单击“格式”按钮，弹出“单元格格式”对话框，设置格式为蓝色、加粗，再单击“确定”按钮。

任务小结

在 Excel 中数值型的数据内在值都是一样的，只是 Excel 可以用普通数值、分数、百分数、千位分割数、货币、科学计数、日期型、时间型这几种形式来表现出来。对 Excel 的基本要素要有清晰的认识，特别是日期型和时间型数值型。普通文本类型为存储为简单的文本、字符串没有任何数值意义的类型。文本形式的数字含有数字的文本型数据（默认为左对齐的，而数值型数据默认为右对齐的），在它的左上角有个绿色的智能标记。它的输入有两种方法：一种是先设置为文本格式，再输入数字；第二种是先输入一个“'”再输入数字。

按照某种规律对行或者列批量的填写数据，数据的填充可以用以下几种方式：

（1）可以菜单填充；可以拖动填充柄填充；右键+拖动填充柄；【Ctrl】+填充柄，通常工作中会用这个来实现 1、2、3 的序列输入；双击填充；以默认复制单元格的方式来填充的。

（2）不同数据类型的填充的规律：数值的填充、带数字的文本的填充，以最后一个数字以序列方式填充；日期的填充，可以以天数、工作日（即没有星期六和星期天的间隔）、月、年来填充。

Excel 有两种序列：一是内置的序列，二是自定义序列。内置的序列中有常见的序列排列，序列的使用一是可以实现自动填充，二是可以在排序中应用（如可以实现姓氏、职称等一些带字符的序列排序）。

实训九　制作及美化销售业绩数据表

一、实训目标

（1）掌握输入各种类型的数据；
（2）掌握填充柄及填充序列的使用；
（3）掌握单元格的编辑；
（4）掌握单元格的格式化。

二、实训要求和内容

（1）制作销售业绩表；
（2）美化销售业绩表。

任务二　统计期末考试成绩表

任务描述

数据的运算与分析是 Excel 2007 的特色功能，它不仅能建立用户日常工作中所使用的各种数据表格，而且可以通过公式、函数对这些数据进行运算，并将运算结果有条理地显示出来，这是普通文本处理软件所不及的。通过统计期末考试成绩表可以熟悉 Excel 公式的建立、公式运算符、单元格的引用和函数的使用。

相关知识

一、建立公式

公式语法即公式中元素的结构或顺序。Excel 2007 中公式遵守一个特点的语法：最前面是等号（=）开头，后面是参与运算的操作数和运算符，每个操作数可以是不会改变的数值（常量数值），也可以是单元格区域引用、名称或工作表函数。在默认状态下，Excel 2007 中公式从等号（=）开始，从左到右执行运算。当用户在单元格中输入公式后，Excel 会自动进行运算，运算结果将显示在原单元格中，运算公式显示在编辑栏中。若工作表中 C3 单元格的数据为 67，D3 单元格的数据为 78，E3 单元格的数据为 85，F3 单元格的数据为 73，若要在 G3 单元格中输入公式求出 C3、D3、E3、F3 中数据的和，其具体操作步骤如下：

（1）选择要建立公式的单元格，本例为 G3。

（2）在该单元格中输入“=”，然后输入数字和运算符号，本例为“=C3+D3+E3+F3”。

（3）输入完毕后，单击“确定”按钮即可。

（4）此时，单元格中会显示运算结果，本例的显示结果如图 4-2-1 所示。

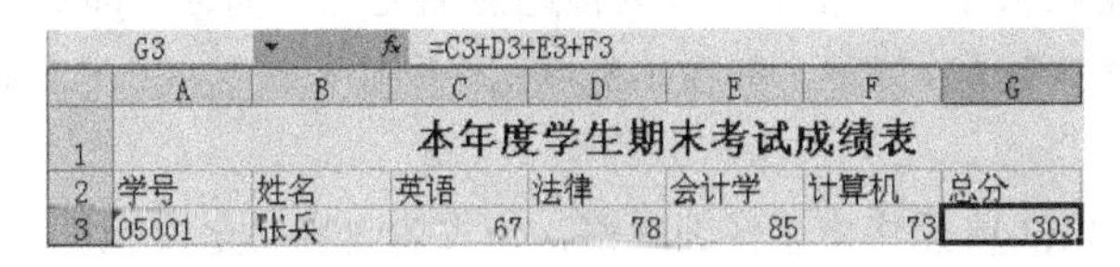

G3　fx =C3+D3+E3+F3

	A	B	C	D	E	F	G
1	本年度学生期末考试成绩表						
2	学号	姓名	英语	法律	会计学	计算机	总分
3	05001	张兵	67	78	85	73	303

图 4-2-1　公式使用示例

二、公式中的运算符号

运算符对公式中的操作数进行特定的运算，Excel 2007 中常用的运算符包括算术运算符、比较运算符、文本运算符和引用运算符，其中：

算术运算符为一些基本的数学符号，如加号（+）、减号（-）、乘号（*）、除号（/），其运算顺序与数学运算中的顺序相同。

比较运算符可以比较两个数值，其产生的结果只有真（True）和假（False）两种逻辑值，其主要包括等于（=）、大于（>）小于（<）、不等于（<>）等。

文本运算符&（连字符）将两个文本值连接起来产生一个连续的文本，如“中华”&“人民”产生的字符为“中华人民”。

引用运算符可以将单元格区域进行合并运算，其包括以下几种：

（1）区域运算符（：）：表示包含两个操作数所指范围在内的所有单元格，如（C2:D3），表示 C2、C3、D2、D3 这 4 个单元格；

（2）联合运算符（，）：表示包含所列出的所有个体单元格，如（C2:D3），表示 C2、D3 这两个单元格。

（3）交叉运算符（空格）：表示几个给定区域中相互交叉的区域中的单元格，如（C2:D3 D2:E3）表示 D2、D3 两个单元格。

在我们运用公式时，一个公式中可以同时包含上述的 4 种运算符，这 4 种运算符的运算优先级为引用运算符、算术运算符、文本运算符、比较运算符。

函数是一些预先记录的公式，它是 Excel 2007 最显著的特点之一，用户只需通过输入带有变量的函数关键字，变量指明了计算中要使用到的数据。

三、单元格的引用

在实际的工程计算中，公式的表达式中不仅包含数值，往往还需要引用其他单元格中的数据。

Excel 2007，公式中的“单元格引用”功能是指在一个单元格中通过引用单元格的名字来引用其他单元格中的数据，其主要包括：

1. 引用本工作表中的单元格

单元格引用有多种类型，大致可分为绝对引用、相对引用、混合引用。

1）绝对引用

绝对引用是指被引用的单元格与引用的单元格之间的关系是绝对的，无论将该公式复制到任何单元格，公式中引用的还是原单元格。

例如：对公式=C3+D3+E3+F3

绝对引用的方法是在引用单元格的行和列标题前加上“$”符号，即对于上述公式改为绝对引用应表示为=$C$3+$D$3+$E$3+$F$3，如在 G3 单元格中输入该公式，G3 中得到以上四个单元格中数值的和。

若将该公式复制到 H3 单元格中，仔细观察，公式的内容完全没有产生变化，H3 中得到的结果仍为以上 3 个单元格数值之和，这就是绝对引用的效果，如图 4-2-2 所示。

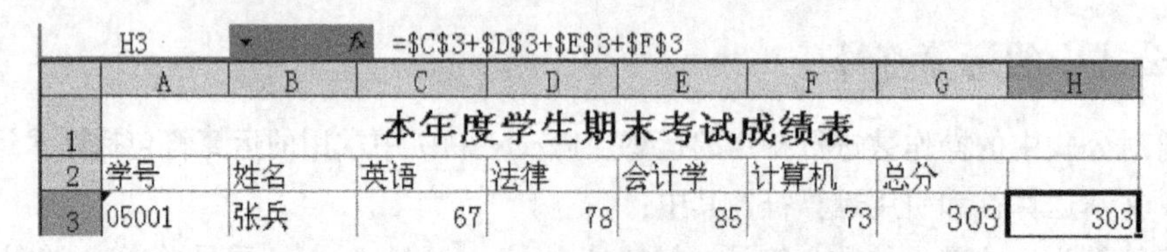

H3 =$C$3+$D$3+$E$3+$F$3

	A	B	C	D	E	F	G	H
1	本年度学生期末考试成绩表							
2	学号	姓名	英语	法律	会计学	计算机	总分	
3	05001	张兵	67	78	85	73	303	303

图 4-2-2 单元格绝对引用示例

2）相对引用

相对引用是指被引用的单元格与引用单元格的位置关系是相对的，当将一个带有单元格引用的公式复制到其他单元格时，公式中引用的单元格将变成与目标单元格（即获得复制公式的单元格）一样相对位置上的单元格。

相对引用时不需要在行、列标题前加上任何符号，直接输入该单元格的名称即可。

例如：对公式=C3+D3+E3+F3，就是一个包含单元格相对引用的公式。

如 G3 单元格中输入该公式表达式，G3 中得到的是 C3、D3、E3、F3 单元格中数值的和。

若将该公式复制到 H3 单元格中，仔细观察，单元格中表达式的内容变为=D3+E3+F3+G3，即此时计算的是 D3、E3、F3、G3 这 4 个单元格中数值的和，这就是相对引用的运用，如图 4-2-3 所示。

H3 =D3+E3+F3+G3

	A	B	C	D	E	F	G	H
1	本年度学生期末考试成绩表							
2	学号	姓名	英语	法律	会计学	计算机	总分	
3	05001	张兵	67	78	85	73	303	539

图 4-2-3 单元格相对引用示例

3）混合引用

混合引用中被引用的单元格与引用单元格之间的位置关系既有相对的，也有绝对的，例如公式=$C3+D$3+$E3+F$3 就是包含混合引用的表达式。

在混合引用中，当将一个带有混合引用的公式复制到其他单元格时，绝对引用的部分将保持绝对引用的性质，而相对引用的部分依然保持相对引用的变化规律，例如，将 G3 单元格中的公式=$C3+D$3+$E3+F$3 复制到 F5 单元格中，此时公式将变为=$C3+E$3+$E3+G$3，如图 4-2-4 所示。

H3　=$C3+E$3+$E3+G$3

	A	B	C	D	E	F	G	H
1	本年度学生期末考试成绩表							
2	学号	姓名	英语	法律	会计学	计算机	总分	
3	05001	张兵	67	78	85	73	303	540

图 4-2-4　单元格混合引用示例

2. 引用其他工作表中的单元格

在工作表的引用中，不仅可以在当前工作表的内部引用单元格，在实际操作中也可以引用其他工作表中的单元格。

如果要引用其他工作表中的单元格，需要在单元格名字前加上工作表的名字，并以!（英文状态下输入）作为连接符号。

1）引用本工作簿中的其他工作表

若被引用的单元格与原单元格在同一个工作簿文件中，如在 Sheet2 的 B2 单元格中输入公式=sheet1!A1+ B3+sheet3!C4，其表示将当前工作簿中 Sheet1 的 A1、Sheet2 中的 B3、Sheet3 中的 C4 单元格的数据之和显示到 Sheet2 的 B2 单元格中。

2）引用不同工作簿中的表

Excel 2007 除了可以引用本工作簿的工作表中的单元格外，还可以引用不同工作簿的工作表中的单元格。

引用其他工作簿文件的单元格时，需要在单元格名字前加上工作簿路径、工作簿的名称和工作表名称，并用“'”加以引用，文件名本身（不包括路径名）需要用中括号“[ ]”括起来，另外还需要用!来连接单元格名字。如公式='C：\学生成绩\[book1.xls]sheet1'!A1+sheet2!B3+sheet3!C4，表示将位于 C 盘“学生成绩”目录下的 book1.xls 工作簿文件中的 Sheet1 工作表中的 A1 单元格，当前工作簿中 Sheet2 工作表的 B3 单元格和当前工作簿中的 Sheet3 工作表的 C4 单元格中的数据相加。

四、函数的输入

向单元格中输入函数的方法有两种，一种是用户直接手工输入，另一种是使用函数向导，下面我们将详细讨论这两种输入方法。

1）手工输入

手工输入函数的方法是一种可以使用户灵活输入函数的方法，其操作步骤为：

（1）单击需要输入函数的单元格，使其处于可编辑状态，如 G4。

（2）通过键盘输入等号（=）键，然后单击编辑栏中的内容输入框，使得输入框中出现输入光标。

（3）在内容输入框中输入函数及运算参数，如 SUM(C4:F4)；

（4）按【Enter】键，即可得到运算结果，如图 4-2-5 所示。

G4 =SUM(C4:F4)

	A	B	C	D	E	F	G
1	本年度学生期末考试成绩表						
2	学号	姓名	英语	法律	会计学	计算机	总分
3	05001	张兵	67	78	85	73	303
4	05002	庞军华	75	70	75	68	288

图 4-2-5 函数使用示例

2）使用函数输入

虽然手工输入函数的方法比较灵活，但是它对用户的要求较高，必须熟悉函数的详细语法。而对初学者来说，使用函数向导进行函数输入往往更加方便，其具体操作步骤如下：

（1）单击需要输入函数的单元格，如 H3。

（2）单击编辑栏上的“*fx*”按钮，将弹出图 4-2-6 所示的“插入函数”对话框。

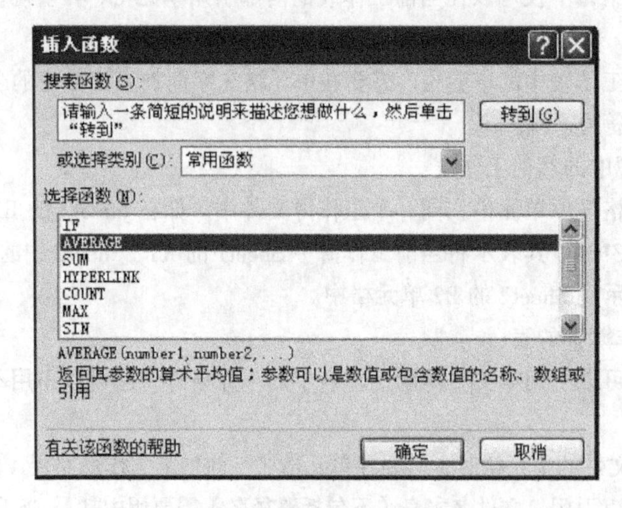

图 4-2-6 “插入函数”对话框

（3）选择所需要的函数名，如选择“AVERAGE”项，此时编辑栏中就出现了选中的 AVERAGE 函数，同时弹出“函数参数”对话框，如图 4-2-7 所示；若所需要的函数没有出现在列表中，请在“或选择类别”下拉列表中选择“全部”，然后再选择所需要的函数。

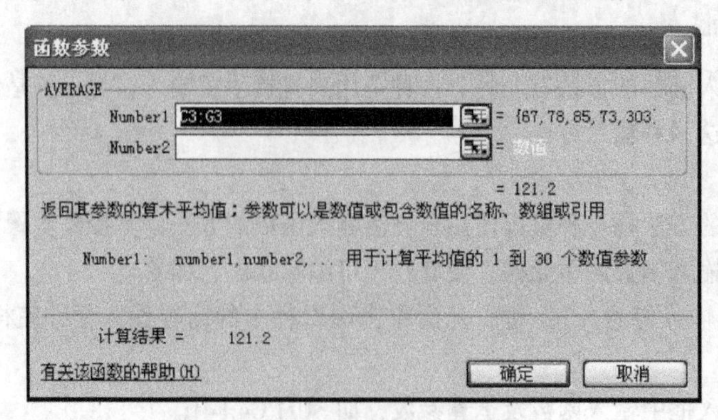

图 4-2-7 “函数参数”对话框

（4）在“函数参数”对话框中输入设置参数。一般情况下，系统会给定默认的参数，如与题意相符，直接单击“确定”按钮；如果系统所给定的参数非用户所需，可以单击后面的折叠按钮设置具体的运算参数，若有多个参数需要多次重复该操作，最后单击“确定”按钮完成函数输入。

在函数的输入中，用户可以根据自己的实际掌握情况，在上述的两种方法中任意选定一种方法即可。

一些典型的函数及其用法：

（1）Sum 函数：

格式：Sum(number1,number2,···)

功能：返回参数单元格区域中所有数字的和。

（2）Average 函数：

格式：Average(number1,number2,···)

功能：返回参数单元格区域中所有数字的平均值。

（3）Max 函数：

格式：Max(number1,number2,···)

功能：返回参数单元格区域中所有数字中的最大值。

（4）Min 函数：

格式：Min(number1,number2,···)

功能：返回参数单元格区域中所有数字中的最小值。

（5）Product 函数：

格式：Product(number1,number2,···)

功能：返回参数单元格区域中所有数字的乘积。

（6）Count 函数：

格式：Count(value1,value2,···)

功能：用于统计参数表中数值型数据的单元格的个数。

（7）If 函数：

格式：If(logical-test,value-if-true,value-if-false)

功能：执行真假判断，对参数数据根据指定条件进行逻辑的真假判断，返回不同的结果。

如在 I3 单元格中输入函数表达式=IF(H3>80,"优秀","一般")，表示判断 H3 中的数据是否大于 80，若是，则在 I3 单元格中显示“优秀”（不显示引号），否则显示“一般”（不显示引号）。

对于初学者来说，函数的使用是个难点，不太容易掌握，而 Excel 中对函数的格式要求又比较严格，因而大家在使用中一定要仔细，下面介绍一下函数使用中的一些要点：

（1）任何公式都要以等号（=）开始，即首先要输入等号。

（2）输入公式和函数时，其中的任何符号（如，、：，“”等）都必须采用半角的英文符号。

（3）公式中的文本要用双引号引起来，否则该文本会被认为是某一名字。

（4）函数名称和单元格名称不区分大小写。

（5）要充分合理地利用填充柄的作用，以减少重复的函数输入。

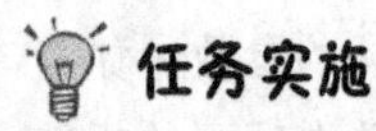

任务实施

一、打开期末考试表格文档

（1）启动 Excel 2007。

（2）执行“打开”命令，在“打开”对话框中找到文档所在的位置；或者直接双击期末考试表格文档，如图 4-2-8 所示。

	A	B	C	D	E	F	G	H	I	J	K	L	M	N	O
1	期末考试成绩表														
2	班级	学号	姓名	出生日期	性别	高等数学	哲学	英语	计算机基础	平均分	总分	总评分	奖学金	补考门数	升留级
3	计算机080341	08034101	陈丹	1988年5月26日	女	78	67	90	79	78.5	392.5	471	无奖学金	0	升级
4	计算机080341	08034102	代嫚	1990年4月21日	女	56	80	77	86	74.75	373.75	448.5	无奖学金	1	补考
5	计算机080341	08034103	董凡凡	1986年7月15日	男	60	87	92	68	76.75	383.75	460.5	无奖学金	0	升级
6	计算机080341	08034104	董枫博	1987年3月20日	男	75	76	54	93	74.5	372.5	447	无奖学金	1	补考
7	计算机080341	08034105	韩园园	1988年1月13日	女	50	56	77	54	59.25	296.25	355.5	无奖学金	3	留级
8	计算机080341	08034106	陈强	1989年12月16日	男	90	96	87	91	91	455	546	获奖学金	0	升级
9	计算机080341	08034107	王强	1988年2月23日	男	86	67	89	66	77	385	462	无奖学金	0	升级
10	计算机080341	08034108	张丽	1986年6月15日	女	77	78	90	79	81	405	486	获奖学金	0	升级
11	计算机080341	08034109	华婷婷	1987年7月15日	女	71	78	65	78	73	365	438	无奖学金	0	升级
12	计算机080341	08034110	黄清	1989年8月15日	男	56	79	94	85	78.5	392.5	471	无奖学金	1	补考
13	计算机080342	08034201	黄小芬	1990年7月9日	女	65	50	81	67	65.75	328.75	394.5	无奖学金	1	补考
14	计算机080342	08034202	江云	1988年9月10日	女	72	95	75	73	78.75	393.75	472.5	无奖学金	0	升级
15	计算机080342	08034203	雷吉	1988年10月10日	男	35	57	82	43	54.25	271.25	325.5	无奖学金	3	留级
16	计算机080342	08034204	冷霜	1987年11月25日	女	90	76	90	76	83	415	498	获奖学金	0	升级
17	计算机080342	08034205	李晶晶	1988年11月21日	女	69	97	65	74	76.25	381.25	457.5	无奖学金	0	升级
18	计算机080342	08034206	李清梅	1988年12月16日	女	76	87	86	96	86.25	431.25	517.5	获奖学金	0	升级
19	计算机080342	08034207	李淑芬	1988年12月1日	女	84	81	66	83	78.5	392.5	471	无奖学金	0	升级
20	计算机080342	08034208	李晓凤	1989年4月2日	女	94	79	64	81	79.5	397.5	477	无奖学金	0	升级
21	计算机080342	08034209	吕鹏	1987年5月5日	男	86	83	87	65	80.25	401.25	481.5	获奖学金	0	升级
22	计算机080342	08034210	罗枫	1989年3月18日	女	92	95	70	76	83.25	416.25	499.5	获奖学金	0	升级
23															
24															
25	总评系数	1.2		各科最高分		94	97	94	96						
26				各科最低分		35	50	54	43						

图 4-2-8　打开文件

二、公式和函数的使用

1. 平均分的计算

（1）方法一是选中 J3 单元格，输入公式=(F3+G3+H3+I3)/4，表示求 F3～I3 范围的平均值；方法二是单击需要输入函数的单元格，如 J3；单击编辑栏上的“*fx*”按钮，弹出“插入函数”对话框，选择所需要的函数名，选中“AVERAGE”项，此时编辑栏中就出现了选中的 AVERAGE 函数，同时弹出“函数参数”对话框；在“函数参数”中输入数据区域，本例是 F3:I3。另注意利用 AVERAGE 函数求平值时，空白单元格以及包含文本型数值的单元格都不计入单元格个数。

（2）将鼠标指向 J3 单元格的填充柄，拖动填充柄到 J22 单元格。

2. 总分的计算

（1）各科总和。单击需要输入函数的单元格 K3，使其处于可编辑状态。通过键盘输入等号键，然后单击编辑栏的内容输入框，使得输入框中出现输入光标；在内容输入框中输入函数及运算参数，如=SUM(F3:I3)或=SUM(F3,G3,H3,I3)；按【Enter】键，即可得到运算结果。

（2）将鼠标指向 K3 单元格的填充柄，拖动填充柄到 K22 单元格。

3. 总评分的计算

总评分是总分乘以总评系数。在 L3 单元格中，输入公式=PRODUCT(K3,$B$25)，表示求 K3 与 B25 单元格的积或在 L3 单元格中，输入公式= K3*$B$25。最后将鼠标指向 L3 单元格的填充柄，拖动填充柄到 L25 单元格。

4．奖学金的计算

用 IF 函数可以在指定范围内进行条件判断，根据条件判断的结果决定当前单元格的取值。在 M3 单元格中，输入公式=IF(J3>=80,"获奖学金","无奖学金")，表示根据 J3 单元格的值进行条件判断，其结果决定 J3 单元格的取值。如果 J3 单元格的值大于等于 80，则 M3 单元格为获奖学金，如果不满足条件即 J3 单元格的值小于 80，则 M3 单元格为无奖学金。最后将鼠标指针指向 M3 单元格的填充柄，拖动填充柄到 M25 单元格。

5．补考门数的计算

用 COUNTIF 函数可以统计指定范围内符合条件的数值个数。方法一是在 N3 单元格中输入公式=COUNTIF(F3:I8, "<60")，表示在 F3 ~ I8 范围内统计单元格数值小于 60 的个数，从而能得出补考的门数。最后将鼠标指针指向 N3 单元格的填充柄，拖动填充柄到 N25 单元格。方法二是用菜单的操作方法，相应的对话框如图 4-2-9、图 4-2-10 所示。

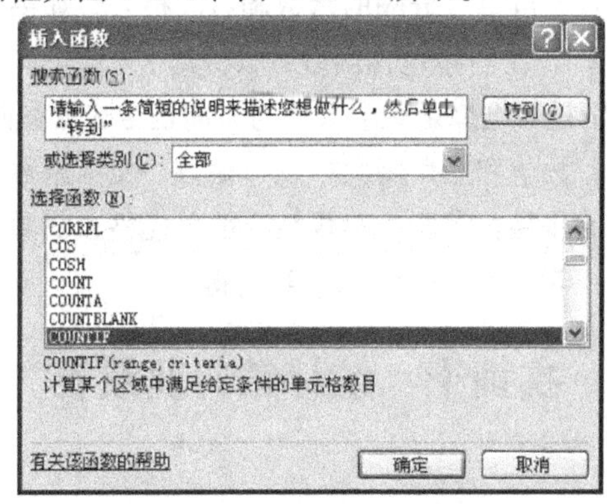

图 4-2-9 “插入函数”对话框

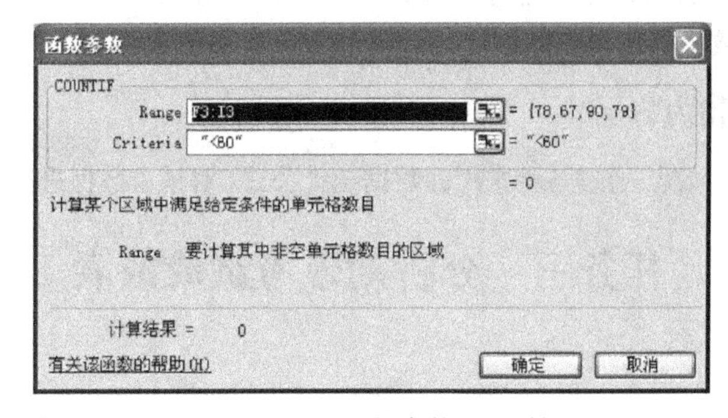

图 4-2-10 “函数参数”对话框

6．升留级的计算

如果当前单元格的数据有超出两个以上的选择，就需要使用 IF 多条件嵌套语句。在升留级判断中，要求没有不及格科目的学生升级，有两科不及格的学生补考，有两科以上不及格的学生留级。则可在 O3 单元格中，输入公式=IF(N3=0,"升级",IF(N3<=2,"补考","留级"))。表示根据 N3 单元格的条件判断结果决定 O3 单元格的取值。如果 N3 单元格的值为 0，则 O3 单元格的值为升级，如果不为 0，则会再判断 N3 单元格的值是否为小于等于 2，如果满足第 2 个条件值，L3 单元格的

值为补考，否则为留级。最后将鼠标指针指向 O3 单元格的填充柄，拖动填充柄到 O25 单元格。

7．最大值、最小值的计算

（1）求最大值用函数 MAX()。单击 F25 单元格，输入公式=MAX(F3:F22)，将鼠标指针指向 F25 单元格的填充柄，拖动填充柄到 I25 单元格。

（2）求最小值用函数 MIN()。单击 F26 单元格，输入公式=MIN(F3:F22)，将鼠标指向 F26 单元格的填充柄，拖动填充柄到 I26 单元格。

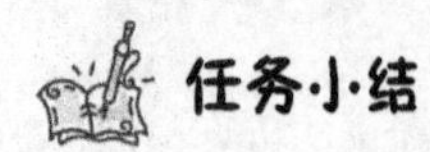

任务小结

工作中用到 Excel 软件时，常常要用到函数公式。Excel 的函数功能不是停留在求和、求平均值等简单的函数应用上，函数作为 Excel 处理数据的一个最重要手段，功能是十分强大的，在生活和工作实践中可以有多种应用，可以用 Excel 来设计复杂的统计管理表格。

这里要注意公式和函数还是有区别的。公式是单个或多个函数的结合运用。函数的结构以函数名称开始，后面是左圆括号、以逗号分隔的参数和右圆括号。如果函数以公式的形式出现，请在函数名称前面输入等号（=）。在创建包含函数的公式时，“公式”选项卡将提供相关的帮助。Excel 函数一共有 11 类，分别是数据库函数、日期与时间函数、工程函数、财务函数、信息函数、逻辑函数、查询和引用函数、数学和三角函数、统计函数、文本函数以及用户自定义函数。

在这里总结下输入函数的步骤：①选中存放结果的单元格；②单击“=”按钮（编辑公式）；③输入函数名；④选择范围；⑤按【Ctrl+Enter】组合键。

实训十　统计销售业绩表

一、实训目标

（1）掌握 Excel 公式及引用的方法。

（2）熟悉常用函数的格式和功能。

二、实训要求和内容

根据销售员的业绩情况，通过各种常用的数据统计公式，对销售数据进行全方位的分析和处理。

任务三　分析期末考试成绩表

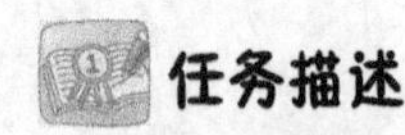

任务描述

小王的辅导员正在为统计班级平均分、对班级进行名次排序等有关成绩的分析而苦恼，比如她想把每个班级的平均分统计出来，但是因为工作量太大，不知道该如何进行，她希望能向熟悉 Excel 数据管理的同学咨询一下。

相关知识

一、数据排序

在记录输入完后，往往需要对数据进行排序，以提高数据的查询效率。

排序命令在“数据”选项卡下，如图 4-3-1 所示。排序主要依据关键字，关键字就是字段。一次可以设置多个关键字，Excel 先按主关键字来对记录排序，如果主关键字中有数据相同的记录，那么就按次关键字来对这些相同的记录进行排序，如果有主关键字和次关键字都相同的记录，那么按照第三关键字来排序，依此类推。

	A	B	C	D	E	F
1	电子产品采购表					
2	产品标号	类别	厂家	单价	采购量	订购日期
3	HS-01	键盘	罗技	50	20	2013-5-23
4	HS-02	鼠标	罗技	150	20	2013-1-23
5	HS-03	内存	三星	150	15	2013-3-24
6	HS-04	硬盘	希捷	350	20	2013-6-25
7	HS-05	U盘	希捷	150	100	2013-5-26
8	HS-06	移动硬盘	三星	400	15	2013-3-12
9	HS-07	显示器	索尼	1000	10	2013-4-28
10	HS-08	光驱	三星	200	15	2013-3-29
11	HS-09	投影仪	索尼	3000	30	2013-3-23
12	HS-10	打印机	索尼	800	50	2013-3-16

图 4-3-1 “数据”选项卡

排序的方法如下：

（1）选定需要进行排序的单元格区域（一般要选取包括列标题）。

（2）单击“数据”选项卡中的“排序”按钮，弹出“排序”对话框，如图 4-3-2 所示。

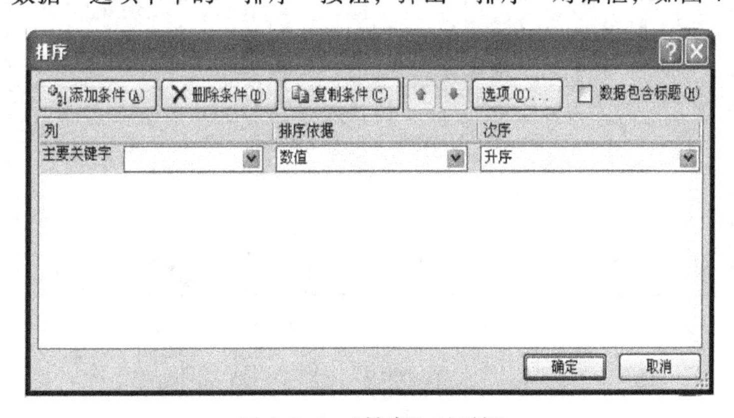

图 4-3-2 “排序”对话框

（3）在对话框中设置各关键字，并在旁边设置关键字的排序依据及次序。

（4）为了防止数据中的标题被作为数据参与排序，则通常选择“数据包含标题”。

（5）如有进一步的排序要求，则可以单击“添加条件”按钮。

（6）单击“确定”按钮。

在排序时注意以下事项：

（1）默认情况下，数字按照大小排序，字母按字典中的顺序排列（A 在 Z 之前），不区分大小写。逻辑值 false 值在 true 之前。

（2）所有错误值优先级相同。

（3）空白单元格排在最后。

1. 按照单价字段对数据进行升序排序

方法一：单击“单价”列上的任一个单元格，再单击“数据”选项卡中的“升序”按钮。

方法二：单击“单价”列上的任一个单元格，单击“数据”选项卡中的“排序”按钮，弹出“排序”对话框；在“主要关键字”下拉列表中选择“单价”，排序依据选择“数值”，“次序”选择“升序”顺序，再单击“确定”按钮。

2. 按照多个字段对数据进行排序

使用“排序”对话框可以设置多个关键字，表示当记录的主要关键字值和次要关键字值都相同时，按照第三关键字排序，以此类推。

将电子产品采购表按照厂家升序排序，厂家相同的记录按照采购量降序排序，最后采购量也相同的按照单价升序排序。

（1）单击数据清单中的任一单元格。

（2）单击“数据”选项卡中的“排序”对话框，弹出“排序”对话框。

（3）在“主要关键字”下拉列表中选择“厂家”，并选择“递增”顺序，单击“添加条件”按钮，在弹出的“次要关键字”下拉列表中选择“采购量”，并选择“降序”顺序；在第 3 个“次要关键字”下拉列表中选择“单价”，并选择“升序”顺序，最后单击“确定”按钮，如图 4-3-3 和图 4-3-4 所示。

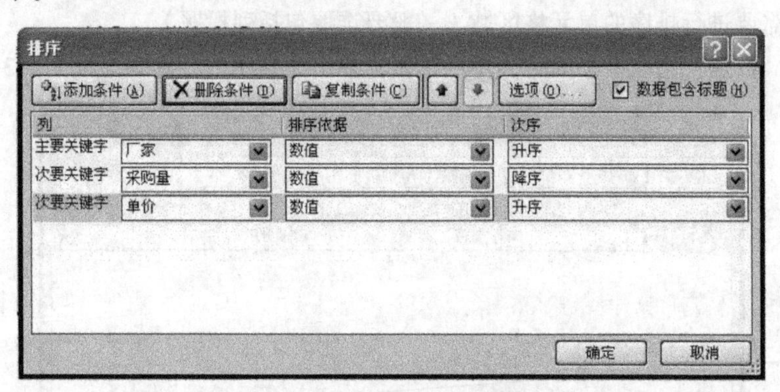

图 4-3-3 “排序”对话框

	A	B	C	D	E	F
1	电子产品采购表					
2	产品标号	类别	厂家	单价	采购量	订购日期
3	HS-01	键盘	罗技	50	20	2013-5-23
4	HS-02	鼠标	罗技	150	20	2013-1-23
5	HS-03	内存	三星	150	15	2013-3-24
6	HS-08	光驱	三星	200	15	2013-3-29
7	HS-06	移动硬盘	三星	400	15	2013-3-12
8	HS-10	打印机	索尼	800	50	2013-3-16
9	HS-09	投影仪	索尼	3000	30	2013-3-23
10	HS-07	显示器	索尼	1000	10	2013-4-28
11	HS-05	U盘	希捷	150	100	2013-5-26
12	HS-04	硬盘	希捷	350	20	2013-6-25

图 4-3-4 排序后的结果

二、数据筛选

筛选是查找和处理数据清单中数据的快捷方法。与排序不同，筛选不重排清单，筛选只是把满足条件的数据显示在工作表中，不满足要求的数据隐藏起来。这样不需要重新排列或移动就可以进行复制、查找、编辑、设置格式、制作图表和打印等操作。Excel 2007 提供了 3 种数据筛选方式：自动筛选、高级筛选、自定义筛选。

1. 自动筛选

自动筛选一般用于简单的条件筛选，筛选时将不满足条件的数据暂时隐藏起来，只显示符合条件的数据。

单击需要筛选的数据清单中任一单元格，单击“数据”选项卡中的“筛选”按钮，各字段名旁边出现下拉列表按钮，如图 4-3-5 所示。从下拉列表中选择一个值，如图 4-3-6 所示，就筛选出该值所在的记录。例如，在厂家字段中选择“三星”，结果如图 4-3-7 所示。

	A	B	C	D	E	F
1	电子产品采购表					
2	产品标	类别	厂家	单价	采购量	订购日期
3	HS-01	键盘	罗技	50	20	2013-5-23
4	HS-02	鼠标	罗技	150	20	2013-1-23
5	HS-03	内存	三星	150	15	2013-3-24
6	HS-04	硬盘	希捷	350	20	2013-6-25
7	HS-05	U盘	希捷	150	100	2013-5-26
8	HS-06	移动硬盘	三星	400	15	2013-3-12
9	HS-07	显示器	索尼	1000	10	2013-4-28
10	HS-08	光驱	三星	200	15	2013-3-29
11	HS-09	投影仪	索尼	3000	30	2013-3-23
12	HS-10	打印机	索尼	800	50	2013-3-16

图 4-3-5 添加筛选后的工作表

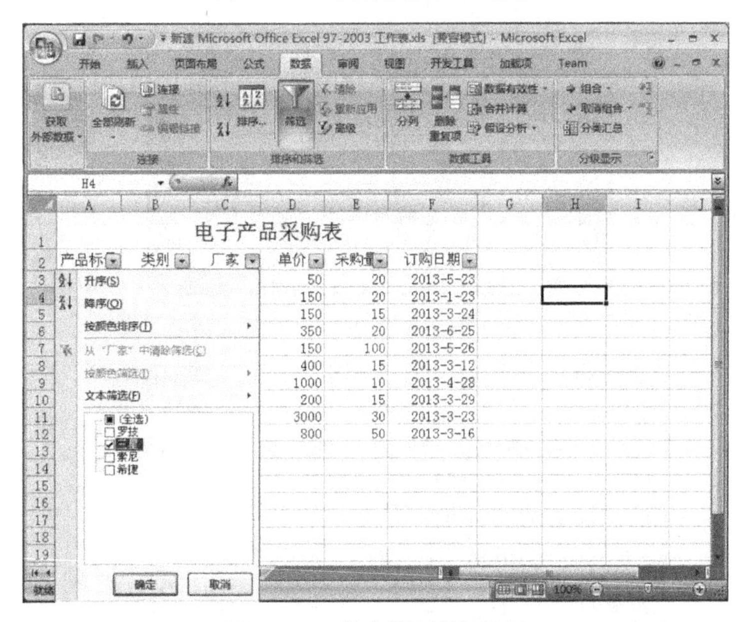

图 4-3-6 单击筛选下拉按钮

	A	B	C	D	E	F
1	电子产品采购表					
2	产品标	类别	厂家	单价	采购量	订购日期
5	HS-03	内存	三星	150	15	2013-3-24
8	HS-06	移动硬盘	三星	400	15	2013-3-12
10	HS-08	光驱	三星	200	15	2013-3-29

图 4-3-7 筛选后的结果

2. 自定义筛选

若想显示单价在 100 到 1 000 元之间的记录，则可以单击“单价”字段的下拉列表，选择“文本筛选”中的“自定义筛选”，则系统弹出“自定义自动筛选方式”对话框，如图 4-3-8 所示。在“单价”下拉列表中选择“大于或等于”选项，在右边文本框中输入“100”，选择逻辑“与”，然后在下一行选择“小于”，在其旁边文本框中输入“1000”，单击 “确定”按钮，结果如图 4-3-9 所示。

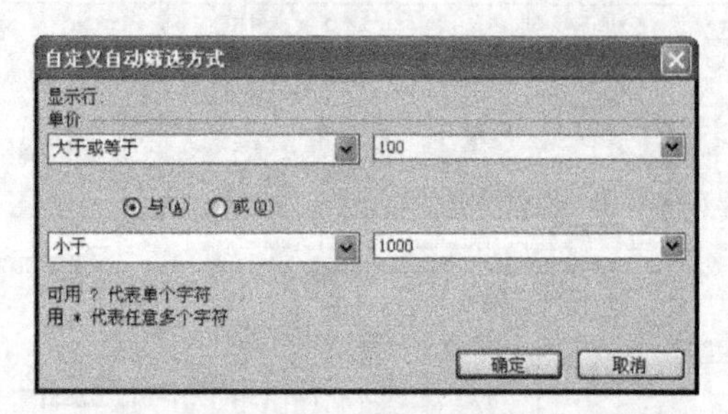

图 4-3-8 “自定义自动筛选方式”对话框

	A	B	C	D	E	F
1	电子产品采购表					
2	产品标	类别	厂家	单价	采购量	订购日期
4	HS-02	鼠标	罗技	150	20	2013-1-23
5	HS-03	内存	三星	150	15	2013-3-24
6	HS-04	硬盘	希捷	350	20	2013-6-25
7	HS-05	U盘	希捷	150	100	2013-5-26
8	HS-06	移动硬盘	三星	400	15	2013-3-12
10	HS-08	光驱	三星	200	15	2013-3-29
12	HS-10	打印机	索尼	800	50	2013-3-16

图 4-3-9 根据“单价”得到的结果图

当对“单价”字段进行筛选后，还能在此基础之上再对其他字段进行筛选。如在“厂家”字段选择“罗技”选项，则表中就剩下一条记录。

重新进行筛选时，即取消对某一列设置的筛选条件，可以选择某列上的下拉列表，从中选择“清除筛选”。若想取消筛选，单击“数据”选项卡中的“清除”按钮，即取消了所有字段筛选。

3. 高级筛选

高级筛选可以完成较复杂的条件查询，并且筛选出来的数据和原来的数据可以分开来显示。高级筛选在筛选之前，需要创建一个条件区域，并在区域中输入条件。进行条件设置时，要注意以下几点：

（1）在工作表某空白区域输入条件。

（2）条件区域首行必须写上标题，并且必须要写入条件。

（3）同一行中的各条件是“与”关系（同时满足），不同行中的各条件间是“或”关系（满足其中一个即可）。

（4）Excel 将条件区域字段名下面的条件与数据清单中同一字段名下的数据进行比较，满足条件的记录就显示，不满足条件的记录将暂时被隐藏。

高级筛选条件有多种形式，主要有 4 种，如图 4-3-10 所示。

6				
7	单列上具有多个条件	条件区域		
8			厂家	
9			三星	
10			希捷	
11				
12	多列上具有单个条件	条件区域		
13			单价	单价
14			>100	<200
15				
16	一列具有单个条件	条件区域		
17			单价	
18			>100	
19				
20	两列上具有两组条件	条件区域		
21			厂家	单价
22			希捷	
23				<200
24				

图 4-3-10 高级筛选条件形式

（1）单列上具有多个条件。

（2）多列上具有单个条件，同一行中的各条件是“与”的关系。

（3）某一列或另一列上具有单个条件。

（4）两列上具有两组条件，不同行中的各条件间是“或”关系。

条件区域设置好后，就可以使用高级筛选功能来筛选数据了，步骤如下：

（1）在数据表中选定任一个单元格。

（2）单击“数据”选项卡中的“高级”按钮，弹出“高级筛选”对话框，如图 4-3-11 所示。

（3）在“方式”选区中可以选择结果显示的区域位置。

（4）在“列表区域”栏中选择待筛选数据所在的区域。

（5）在“条件区域”栏中选择条件所在的区域。

（6）在“复制到”中选择结果显示的区域。

（7）单击“确定”按钮，完成筛选。

图 4-3-11 “高级筛选”对话框

使用高级筛选筛选出“三星”、“单价”小于300和“索尼”、“单价”大于900的记录。

(1)在工作表的某一位置建立一个条件区域，如图4-3-12所示。不同行中的各条件间是“或”关系，同一行中的各条件是“与”的关系。

(2)单击数据表中的任一单元格，单击“数据”选项卡中的“高级”按钮，依次设置方式、数据区域及条件区域，如图4-3-13所示。单击“确定”按钮，结果如图4-3-14所示。

厂家	单价
三星	<300
索尼	>900

图 4-3-12 条件区域

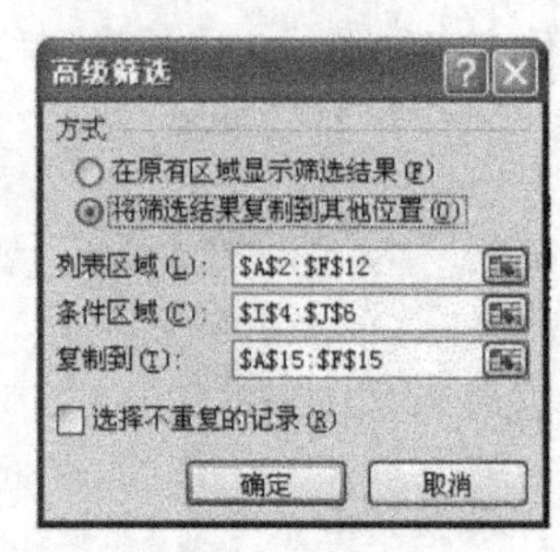

图 4-3-13 高级筛选设置

	A	B	C	D	E	F	G	H	I	J
1			电子产品采购表							
2	产品标号	类别	厂家	单价	采购量	订购日期				
3	HS-01	键盘	罗技	50	20	2013-5-23				
4	HS-02	鼠标	罗技	150	20	2013-1-23		条件区域	厂家	单价
5	HS-03	内存	三星	150	15	2013-3-24			三星	<300
6	HS-04	硬盘	布捷	350	20	2013-6-25			索尼	>900
7	HS-05	U盘	布捷	150	100	2013-5-26				
8	HS-06	移动硬盘	三星	400	15	2013-3-12				
9	HS-07	显示器	索尼	1000	10	2013-4-28				
10	HS-08	光驱	三星	200	15	2013-3-29				
11	HS-09	投影仪	索尼	3000	30	2013-3-23				
12	HS-10	打印机	索尼	800	50	2013-3-16				
13										
14										
15	产品标号	类别	厂家	单价	采购量	订购日期				
16	HS-03	内存	三星	150	15	2013-3-24				
17	HS-07	显示器	索尼	1000	10	2013-4-28				
18	HS-08	光驱	三星	200	15	2013-3-29				
19	HS-09	投影仪	索尼	3000	30	2013-3-23				

图 4-3-14 高级筛选结果

三、分类汇总

分类汇总是按指定字段值相同的原则对记录进行分类，然后对每一类数据进行求平均值、最大值、最小值或计数等计算。

使用分类汇总前，数据清单中必须包含字段名，并且对要分类汇总的列进行排序。以图 4-3-15 为例，通过分类汇总求厂家的数量总数，具体步骤如下：

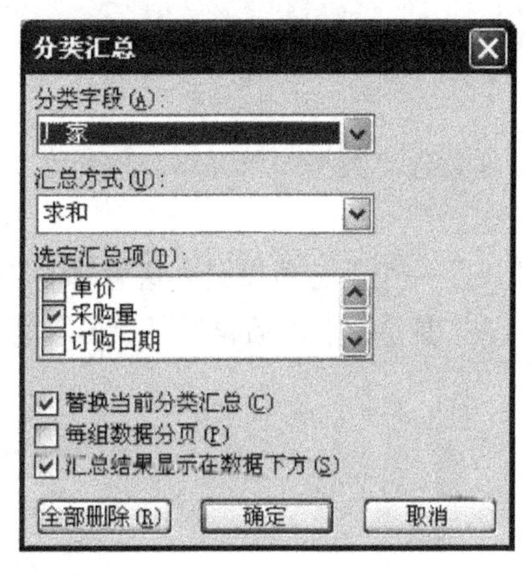

图 4-3-15 “分类汇总”对话框

（1）对数据清单按分类字段进行排序，本例中对“厂家”进行排序。

（2）单击数据清单中任一单元格。

（3）单击“数据”选项卡中的“分类汇总”按钮，弹出“分类汇总”对话框。

（4）在对话框中，按需要对各项进行设置。说明如下：

①“分类字段”：选择分类字段名，它应是已经排序好的字段。本例选择“厂家”。

②“汇总方式”：选择何种计算方式。本例选择“求和”。

③“选定汇总项”：选择汇总的一个或多个字段。本例选择“采购量”。

（5）选择显示结果方式。本例选择“汇总结果显示在数据下方”复选框，最后单击“确定”按钮。

从图 4-3-16 中可见，在分类汇总的左边出现按钮“-”。单击该按钮则会隐藏数据，只显示该类数据的汇总结果，按钮也由“-”变成“+”。单击“+”按钮，会使隐藏的数据恢复显示。在分类汇总表的左上方有“1”、“2”、“3”，单击对应的按钮，也会隐藏数据。

K17

	A	B	C	D	E	F	G
1	电子产品采购表						
2	产品标号	类别	厂家	单价	采购量	订购日期	商家电话
3	HS-05	U盘	金士顿	150	100	2009-7-8	027-87562325
4			**金士顿 汇总**		100		
5	HS-01	键盘	罗技	50	20	2009-8-23	027-84346423
6	HS-02	鼠标	罗技	150	30	2009-9-20	027-87435264
7			**罗技 汇总**		50		
8	HS-03	内存	三星	150	20	2009-10-12	027-87573576
9	HS-06	移动硬盘	三星	400	100	2009-7-22	027-87414512
10	HS-08	光驱	三星	200	15	2009-8-19	027-87987034
11			**三星 汇总**		135		
12	HS-07	显示器	索尼	1000	10	2009-9-28	027-87769654
13	HS-10	投影仪	索尼	3000	30	2009-6-14	027-87513546
14			**索尼 汇总**		40		
15	HS-04	硬盘	希捷	350	20	2009-6-15	027-87896784
16			**希捷 汇总**		20		
17			**总计**		345		

图 4-3-16 电子产品购买汇总

如要取消分类汇总，可以单击“数据”选项卡中的“分类汇总”按钮，在弹出的“分类汇总”对话框中单击“全部删除”按钮即可。

任务实施

一、筛选

（1）单击期末考试成绩表中任意含有数据的单元格，然后在“数据”选项卡下单击“筛选”按钮，如图 4-3-17 所示。

（2）此时，表头字段中都出现了一个下三角按钮，这里单击“性别”右侧的下三角按钮，在展开的下拉列表中首先选择“全选”复选框，然后再选择“男”复选框，最后单击“确定”按钮，如图 4-3-18 所示。

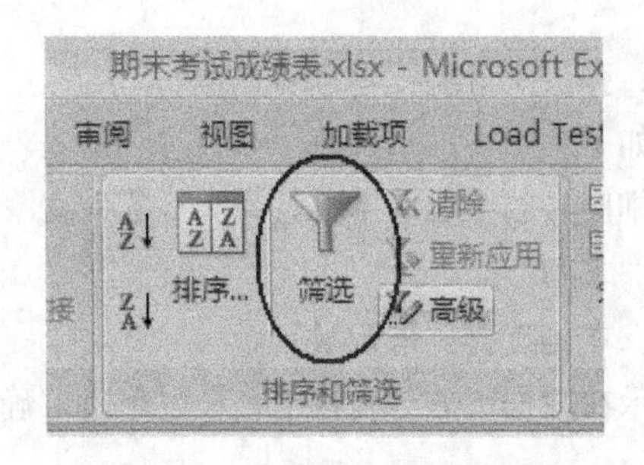

图 4-3-17 单击“筛选”按钮

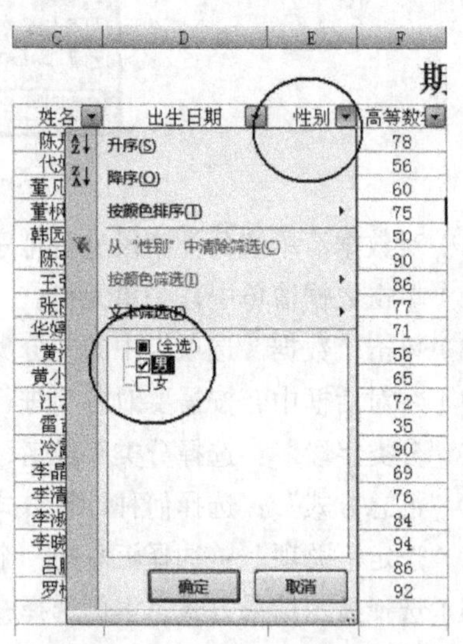

图 4-3-18 选择需要查看的性别

（3）此时，系统自动筛选出了符合要求的记录，如图 4-3-19 所示。

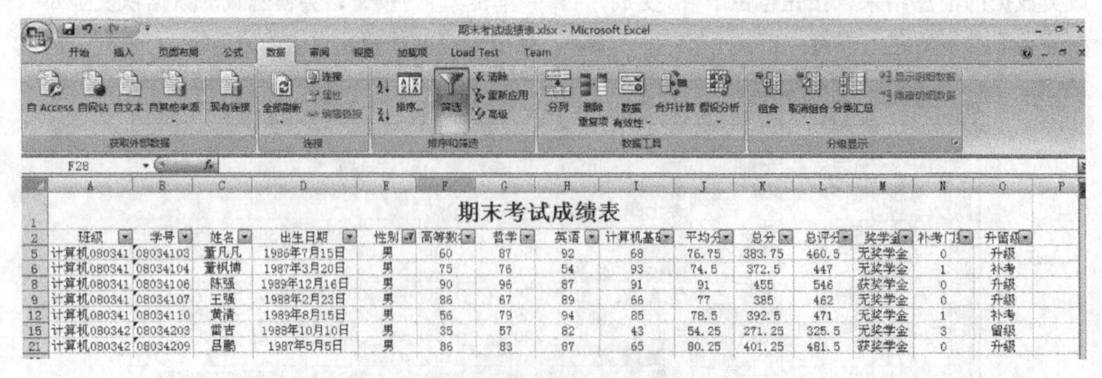

期末考试成绩表

班级	学号	姓名	出生日期	性别	高等数	哲学	英语	计算机基	平均分	总分	总评分	奖学金	补考门	升留级
计算机080341	08034103	董凡凡	1986年7月15日	男	60	87	92	68	76.75	383.75	460.5	无奖学金	0	升级
计算机080341	08034104	董枫博	1987年3月20日	男	75	76	54	93	74.5	372.5	447	无奖学金	1	补考
计算机080341	08034106	陈强	1989年12月16日	男	90	96	87	91	91	455	546	获奖学金	0	升级
计算机080341	08034107	王强	1988年2月23日	男	86	67	89	66	77	385	462	无奖学金	0	升级
计算机080341	08034110	黄清	1989年8月15日	男	56	79	94	85	78.5	392.5	471	无奖学金	1	补考
计算机080342	08034203	雷吉	1988年10月10日	男	35	57	82	43	54.25	271.25	325.5	无奖学金	3	留级
计算机080342	08034209	吕鹏	1987年5月5日	男	86	83	87	65	80.25	401.25	481.5	获奖学金	0	升级

图 4-3-19 筛选出的记录

（4）进行“平均分”的筛选，在进行筛选前，首先需要去除原来的筛选。这里单击“性别”右侧的下三角按钮，在展开的下拉列表中单击“从‘性别’中清除筛选”选项，然后单击“确定”按钮即可，如图 4-3-20 所示。

（5）单击“平均分”右侧的下三角按钮，在展开的下拉列表中将鼠标指针指向“数字筛选”选项，再在其展开的下拉列表中单击“自定义筛选”选项。

（6）弹出“自定义自动筛选方式”对话框，在第 1 行的下拉列表中选择“大于或等于”选项，再在其右侧的文本框中输入“70”，然后选择“与”操作；在第 2 行下拉列表中选择“小于”选项，再在其右侧的文本框中输入“80”，如图 4-3-21 所示。

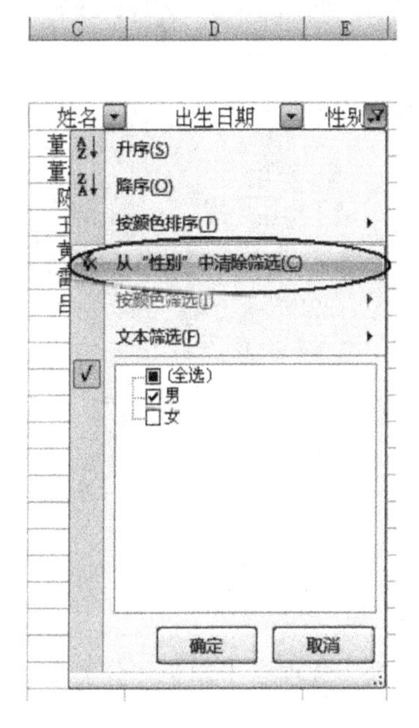

图 4-3-20　清除筛选

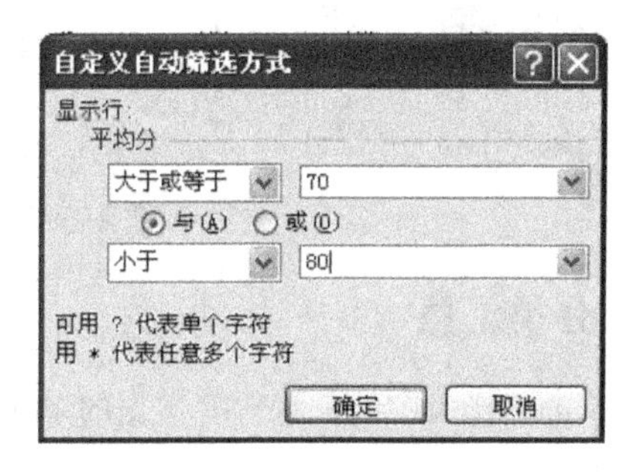

图 4-3-21　设置自定义筛选

（7）单击“确定”按钮，返回工作表中，得到平均分在 70 到 80 分之间的记录。

二、排序

（1）单击工作表中的任意含有数据的单元格，并在“数据”选项卡下单击“排序”按钮，如图 4-3-22 所示。

（2）弹出“排序”对话框，设置“主要关键字”为“性别”，次序为“升序”，并添加次要关键字为“总分”，次序为“降序”，其他保持默认设置，如图 4-3-23 所示。

图 4-3-22　单击“排序”按钮

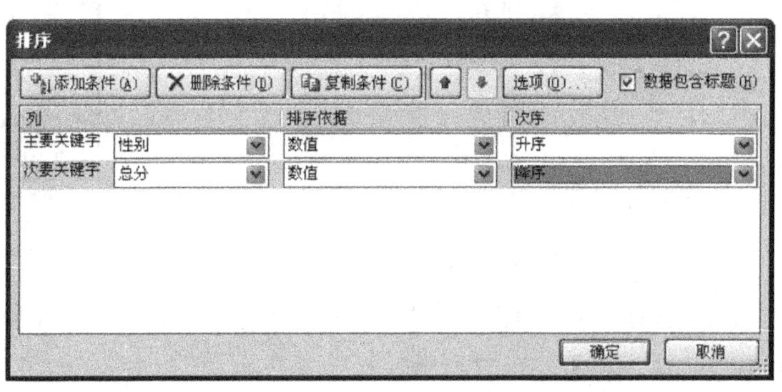

图 4-3-23　“排序”对话框

（3）设置完毕后，单击“确定”按钮，返回工作表中，排序后的工作效果如图 4-3-24 所示。

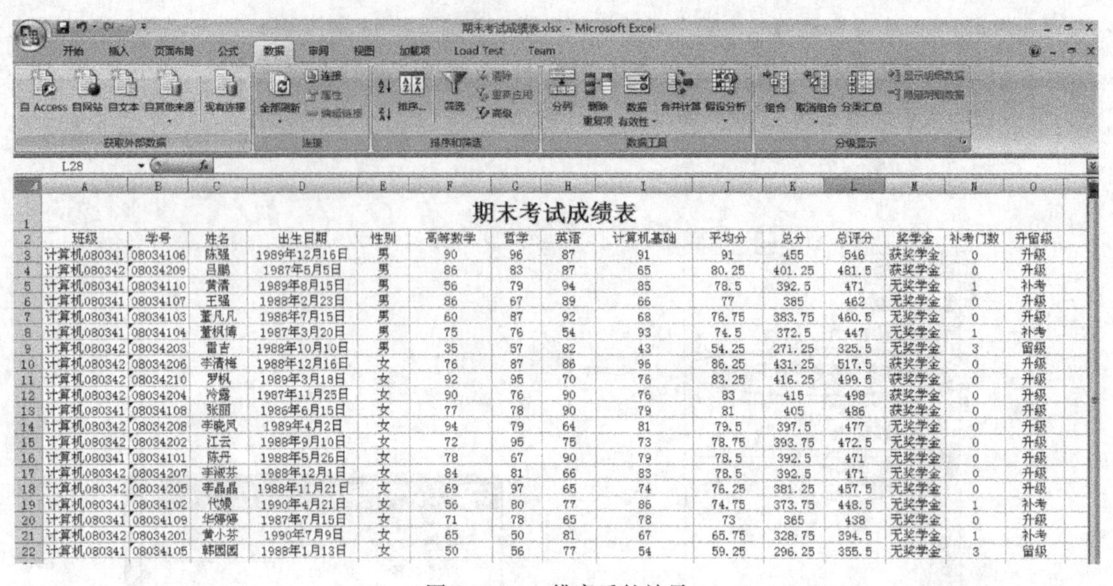

期末考试成绩表

班级	学号	姓名	出生日期	性别	高等数学	哲学	英语	计算机基础	平均分	总分	总评分	奖学金	补考门数	升留级
计算机080341	08034106	陈强	1989年12月16日	男	90	96	87	91	91	455	546	获奖学金	0	升级
计算机080342	08034209	吕鹏	1987年5月5日	男	86	83	87	65	80.25	401.25	481.5	获奖学金	0	升级
计算机080341	08034110	黄清	1989年8月15日	男	56	79	94	85	78.5	392.5	471	无奖学金	1	补考
计算机080341	08034107	王强	1988年2月23日	男	86	67	89	66	77	385	462	无奖学金	0	升级
计算机080341	08034103	董凡凡	1986年7月15日	男	60	87	92	68	76.75	383.75	460.5	无奖学金	0	升级
计算机080341	08034104	董枫博	1987年3月20日	男	75	76	54	93	74.5	372.5	447	无奖学金	1	补考
计算机080342	08034203	雷吉	1988年10月10日	男	35	57	82	43	54.25	271.25	325.5	无奖学金	3	留级
计算机080342	08034206	李清梅	1988年12月16日	女	76	87	86	96	86.25	431.25	517.5	获奖学金	0	升级
计算机080342	08034210	罗枫	1989年3月18日	女	92	95	70	76	83.25	416.25	499.5	获奖学金	0	升级
计算机080342	08034204	冷露	1987年11月25日	女	90	76	90	76	83	415	498	获奖学金	0	升级
计算机080341	08034108	张丽	1986年6月15日	女	77	78	90	79	81	405	486	获奖学金	0	升级
计算机080342	08034208	李晓凤	1989年4月2日	女	94	79	64	81	79.5	397.5	477	无奖学金	0	升级
计算机080342	08034202	江云	1988年9月10日	女	72	95	75	73	78.75	393.75	472.5	无奖学金	0	升级
计算机080341	08034101	陈丹	1988年5月26日	女	78	67	90	79	78.5	392.5	471	无奖学金	0	升级
计算机080342	08034207	李淑芬	1988年12月1日	女	84	81	66	83	78.5	392.5	471	无奖学金	0	升级
计算机080342	08034205	李晶晶	1988年11月21日	女	69	97	65	74	76.25	381.25	457.5	无奖学金	0	升级
计算机080341	08034102	代嫚	1990年4月21日	女	56	80	77	86	74.75	373.75	448.5	无奖学金	1	补考
计算机080341	08034109	华婷婷	1987年7月15日	女	71	78	65	78	73	365	438	无奖学金	0	升级
计算机080342	08034201	黄小芬	1990年7月9日	女	65	50	81	67	65.75	328.75	394.5	无奖学金	1	补考
计算机080341	08034105	韩园园	1988年1月13日	女	50	56	77	54	59.25	296.25	355.5	无奖学金	3	留级

图 4-3-24　排序后的效果

三、分类汇总

（1）单击工作表中的任意含有数据的单元格，并在“数据”选项卡下单击“分类汇总”按钮，如图 4-3-25 所示。

（2）在弹出的对话框中设置“分类字段”为“班级”选项，“汇总方式”为“平均值”选项，然后在“选定汇总项”列表框中选择“总分”复选框，如图 4-3-26 所示。

图 4-3-25　单击“分类汇总”按钮

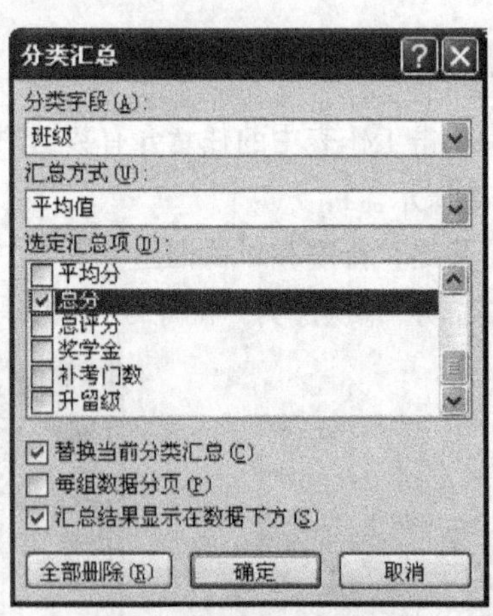

图 4-3-26　设置分类汇总

（3）设置完毕后单击“确定”按钮，返回工作表中，此时系统自动按照不同班级的总分平均值进行汇总，如图 4-3-27 所示。

期末考试成绩表

班级	学号	姓名	出生日期	性别	高等数学	哲学	英语	计算机基础	平均分	总分	总评分	奖学金	补考门数	升留级
计算机080341	08034101	陈丹	1988年5月26日	女	78	67	90	79	78.5	392.5	471	无奖学金	0	升级
计算机080341	08034102	代娘	1990年4月21日	女	56	80	77	86	74.75	373.75	448.5	无奖学金	1	补考
计算机080341	08034103	董凡凡	1986年7月15日	男	60	87	92	68	76.75	383.75	460.5	无奖学金	0	升级
计算机080341	08034104	董枫博	1987年3月20日	男	75	76	54	93	74.5	372.5	447	无奖学金	1	补考
计算机080341	08034105	韩园园	1988年1月13日	女	50	56	77	54	59.25	296.25	355.5	无奖学金	3	留级
计算机080341	08034106	陈强	1989年12月16日	男	90	96	87	91	91	455	546	获奖学金	0	升级
计算机080341	08034107	王强	1988年2月23日	男	86	67	89	66	77	385	462	无奖学金	0	升级
计算机080341	08034108	张丽	1986年6月15日	女	77	78	90	79	81	405	486	获奖学金	0	升级
计算机080341	08034109	华婷婷	1987年7月15日	女	71	78	65	78	73	365	438	无奖学金	0	升级
计算机080341	08034110	黄清	1989年8月15日	男	56	79	94	85	78.5	392.5	471	无奖学金	1	补考
机080341 平均值										382.125				
计算机080342	08034201	黄小芬	1990年7月9日	女	65	50	81	67	65.75	328.75	394.5	无奖学金	1	补考
计算机080342	08034202	江云	1988年9月10日	女	72	95	75	73	78.75	393.75	472.5	无奖学金	0	升级
计算机080342	08034203	雷吉	1988年10月10日	男	35	57	82	43	54.25	271.25	325.5	无奖学金	3	留级
计算机080342	08034204	冷露	1987年11月25日	女	90	76	90	76	83	415	498	获奖学金	0	升级
计算机080342	08034205	李晶晶	1988年11月21日	女	69	97	65	74	76.25	381.25	457.5	无奖学金	0	升级
计算机080342	08034206	李清梅	1988年12月16日	女	76	87	86	96	86.25	431.25	517.5	获奖学金	0	升级
计算机080342	08034207	李淑芬	1988年12月1日	女	84	81	66	83	78.5	392.5	471	无奖学金	0	升级
计算机080342	08034208	李晓凤	1989年4月2日	女	94	79	64	81	79.5	397.5	477	无奖学金	0	升级
计算机080342	08034209	吕鹏	1987年5月5日	男	86	83	87	65	80.25	401.25	481.5	获奖学金	0	升级
计算机080342	08034210	罗枫	1989年3月18日	女	92	95	70	76	83.25	416.25	499.5	获奖学金	0	升级
机080342 平均值										382.875				
总计平均值										382.5				

图 4-3-27　分类汇总结果

任务小结

在浏览 Excel 表格中的数据时，为了查找方便，经常要对数据进行排序。Excel 不仅提供了对单列数据排序的功能，而且还提供了对多列数据进行复合排序的功能。注意第 1 个是在“排序”对话框中，应根据数据表的具体情况，确定选中“有标题行”或“无标题行”选项（默认为“有标题行”。第 2 个是“选项”命令中还可以设置排序次序、方向、方法。如求各科平均分并按高低排列，便是按行排序。

数据筛选是在数据清单中，有条件地筛选出部分记录行，而另一部分记录行暂时隐藏起来，以便于单独分析和统计等。Excel 提供了两种筛选方式：“自动筛选”和“高级筛选”。

分类汇总适合于按一个字段分类，对一个或多个字段进行汇总。默认情况下，数据分三级显示（从左到右为由高到低显示），可通过单击分级显示区上方的“123”3 个按钮进行控制，单击“1”按钮，只显示列表中的列标题和总计结果；“2”按钮显示列标题、各个分类汇总结果和总计结果；“3”按钮显示了所有的详细数据。分级显示区中的“－”符号表示低级折叠为高级数据，“＋”符号表示高级展开为低级数据，“·”符号对应各明细数据。可对同一批数据同时进行不同的汇总，此时须在“分类汇总”对话框中取消选择“替换当前分类汇总”复选框，这样便可叠加多种分类汇总。

实训十一　分析销售业绩表

一、实训目标

（1）对数据进行排序；

（2）自动筛选及高级筛选的应用；

（3）分类汇总的运用。

二、实训要求和内容

为了便于对公司进行更好的管理，每个公司都会创建销售业绩表，这样可以从员工销售业绩表中分析出不同的产品、不同员工的销售情况。

项目五 PowerPoint 2007 的应用

学习目标：

- 掌握 PowerPoint 创建的方法；
- 掌握 PowerPoint 素材插入和设置的方法；
- 掌握 PowerPoint 模板的应用方法；
- 掌握 PowerPoint 动画设置方法；
- 掌握 PowerPoint 演示的方法。

学习重难点：

- 各种素材的插入与设置；
- 模板的应用；
- 播放动画的设置；
- 演示与发布。

任务一 创建 PowerPoint 演示文稿

任务描述

一年过去了，公司总经理想制作一个关于计算机销售市场分析的演示文稿在董事会上汇报演示，他把这个任务交给了秘书小王，小王该怎么完成这个任务呢？

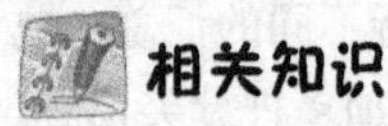

相关知识

一、演示文稿的创建

1．PowerPoint 2007 工作界面

启动 PowerPoint 2007 后，出现 PowerPoint 2007 的工作界面，如图 5-1-1 所示。

1）Office 按钮

单击该按钮，在打开的菜单中可以对文档执行新建、保存、打印、查看最近使用的文档等操作。

2）快速访问工具栏

在该工具栏中集成了多个常用的按钮，默认状态下包括“保存”、“撤销”、“恢复”按钮。

也可以根据需要对其进行添加和更改。

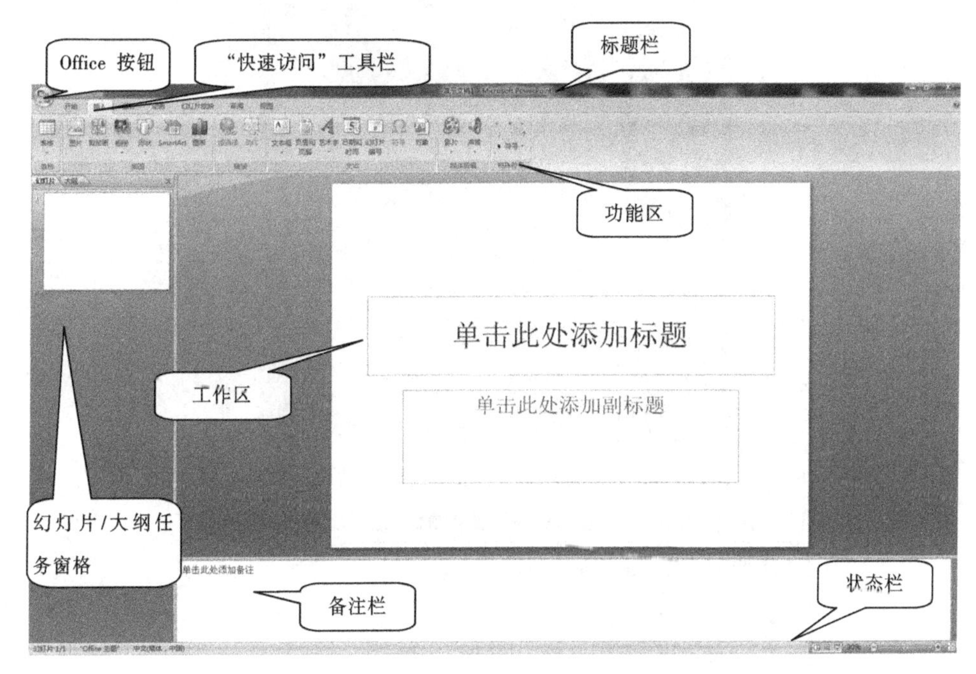

图 5-1-1　PowerPoint 2007 主窗口

3）标题栏

标题栏位于主窗口正上方，告诉用户正在运行的程序名称和正在打开的文件的名称。

4）功能区

单击功能区上的标签时，可打开相应的选项卡，选项卡中为用户提供了多种不同的操作设置选项。这些工具可控制简化用户的操作。

5）工作区

显示活动 PowerPoint 幻灯片的位置，用来编辑幻灯片，通常使用的是"普通视图"，但也可使用其他视图，在其他视图中，工作区的显示会有所不同。

6）备注栏

在备注栏可以输入当前 PPT 页面的说明文稿，在使用演示者视图播放 PPT 时，可显示备注内容。

7）幻灯片/大纲任务窗格

显示幻灯片或大纲，方便使用者对页面或内容进行预览和选择。

8）状态栏

给出有关演示文稿的信息，并提供更改视图和显示比例的快捷方式。

2．创建演示文稿

打开 PowerPoint 时，会自动新建一个演示文稿，也可以单击快速访问工具栏中的"新建"按钮创建一个新的演示文稿。

当使用"Office 按钮"菜单下的"新建"命令时（见图 5-1-2），会弹出"新建演示文稿"窗口（见图 5-1-3）。

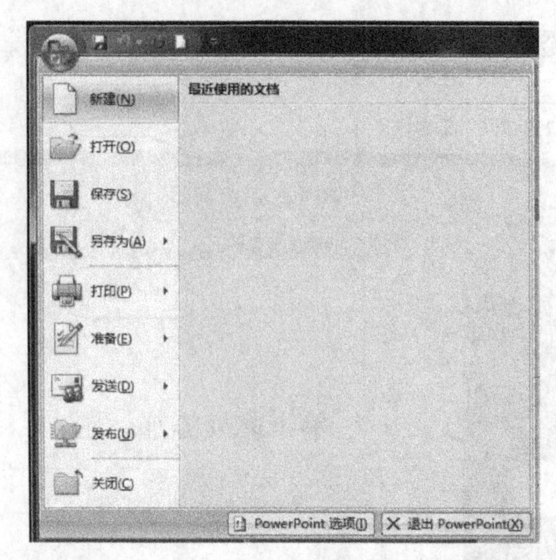

图 5-1-2 “Office 按钮”菜单下的“新建”命令

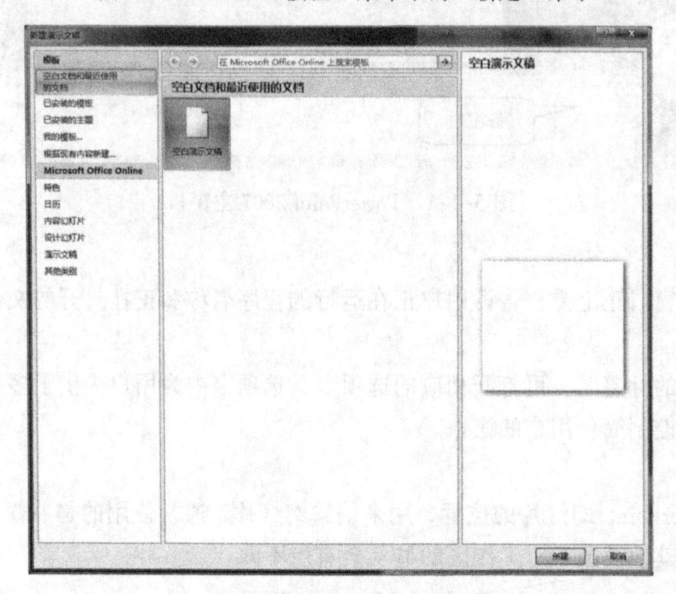

图 5-1-3 “新建演示文稿”窗口

在“新建演示文稿”窗口里可以选择文档的模板和主题，或联机下载一些新的文档模板。

二、演示文稿中各元素的编辑

1. 文字编辑

在幻灯片中插入文本框后，可双击文本框打开“格式”功能区，如图 5-1-4 所示。

图 5-1-4 文本框格式功能区

在“格式”功能区内，可以设置文本框的大小形状、文字的排列方向、文本框边框颜色、文本框填充颜色、艺术字效果等，如图 5-1-5 所示。

图 5-1-5 “设置形状格式”对话框

也可在文本框上右击，选择“设置形状格式”命令，在弹出的对话框中选择“文本框”标签，可以设置文字版式、自动调整、内部边距等选项。

2. 形状编辑

选择“插入”选项卡中的“形状”按钮，可打开“形状”下拉列表，如图 5-1-6 所示。

这里可以选择要插入的形状，选择好后，按住鼠标左键不放，在幻灯片的适当位置拖动画图。在画好的形状上双击，可以对形状进行重新编辑，并设置形状的外观。

在形状上右击，选择“设置形状格式”命令，可以设置填充类型、线条样式等效果，如图 5-1-7 所示。

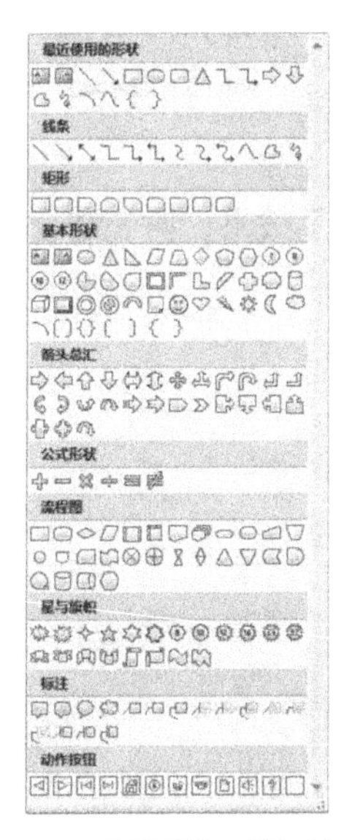

图 5-1-6 “形状”下拉列表

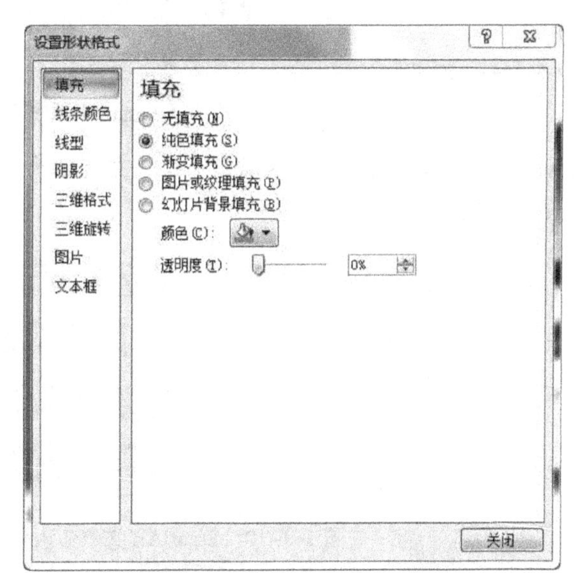

图 5-1-7 “设置形状格式”对话框

3. 图片编辑

双击已插入的图片，可以打开“图片工具”功能区，如图 5-1-8 所示。

图 5-1-8 “图片工具”功能区

在这里可以设置图片的颜色、图片的大小、样式等，还可以对图片进行裁剪。

4. SmartArt 编辑

单击“插入”选项卡中的“SmartArt”按钮，弹出“选择 SmartArt 图形”对话框，SmartArt 分为列表、流程、循环、层次结构、矩阵、棱锥图等七大类，可以根据文字的逻辑关系选择相应的 SmartArt 图形。合理使用 SmartArt 图形可以使演示文稿变得醒目、简洁、易于理解，可以较好地完成说明功能，如图 5-1-9 所示。

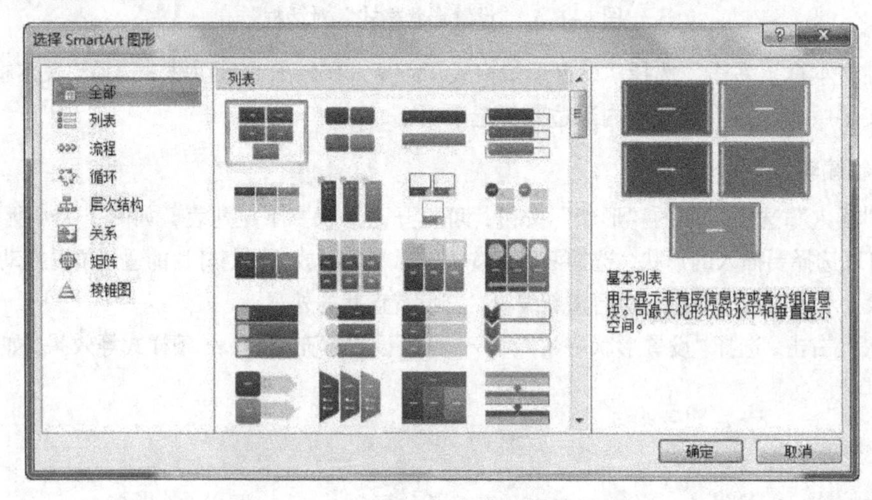

图 5-1-9 “选择 SmartArt 图形”对话框

SmartArt 图形在编辑时有两个区域，一个是文字区域，一个是显示效果，两者结合，编辑出完美的 SmartArt 效果，如图 5-1-10 所示。

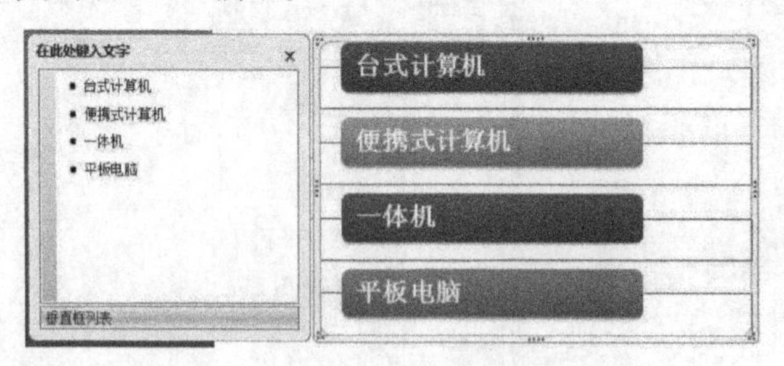

图 5-1-10 SmartArt 文字输入和设计窗口

5. 表格编辑

在 PPT 演示文稿中，经常会用到表格，在“表格工具”功能区内，可以设置表格的颜色、样式等，如图 5-1-11 所示。

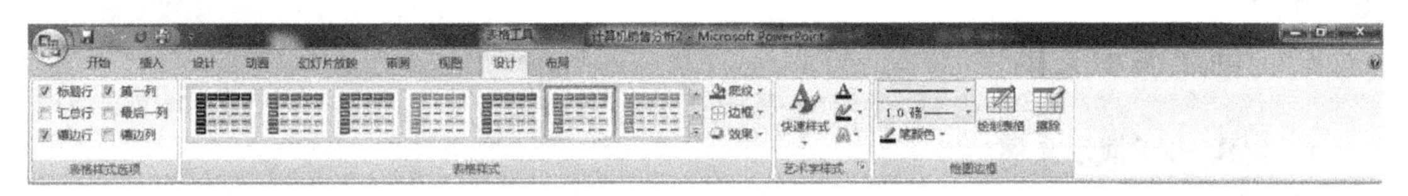

图 5-1-11 “表格工具”功能区

在“布局”选项卡中，可以对表格的行、列、单元格进行操作，如图 5-1-12 所示。

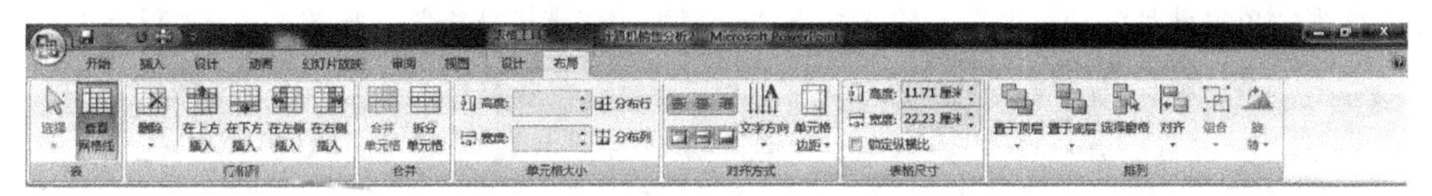

图 5-1-12 “布局”选项卡

6. 数据图表编辑

数据图表在 PPT 演示文稿中经常被使用，它可以让我们直观地了解数据，进行比较和分析，比罗列一大堆数字，具有更简洁、醒目以及美观的作用。

在“设计”选项卡中，可以对数据图表的数据、整体样式进行设计，如图 5-1-13 所示。

图 5-1-13 “数据”选项卡

在“布局”选项卡中，可以对数据图表的各个组成部分进行设置，如图 5-1-14 所示。

图 5-1-14 “布局”选项卡

在“格式”选项卡中，可以对数据图表的各个组成部分进行样式设置和美化，如图 5-1-15 所示。

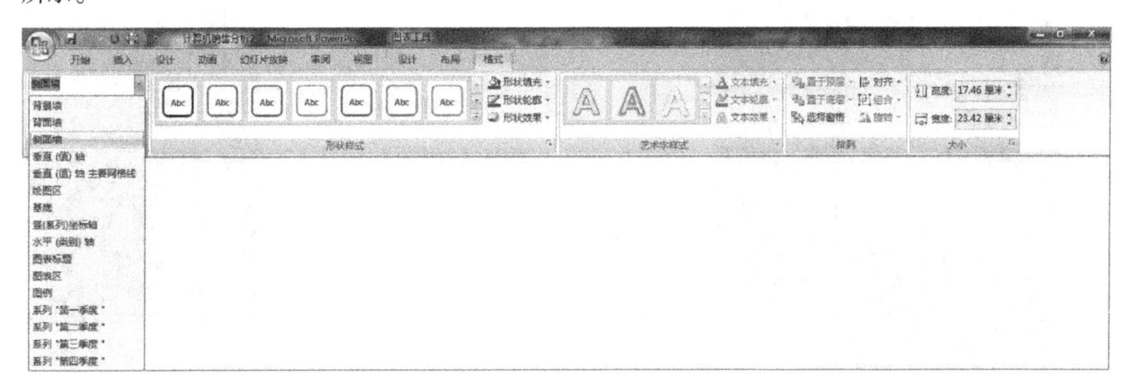

图 5-1-15 “格式”选项卡

任务实施

一、创建演示文稿

1. 创建 PPT 演示文稿

新建一个 PPT 演示文稿，使用【Ctrl+S】组合键将当前文档保存为“计算机销售分析.pptx”。

2. 插入文字

单击“单击此处添加标题”，输入文字“计算机销售市场分析”，如图 5-1-16 所示。

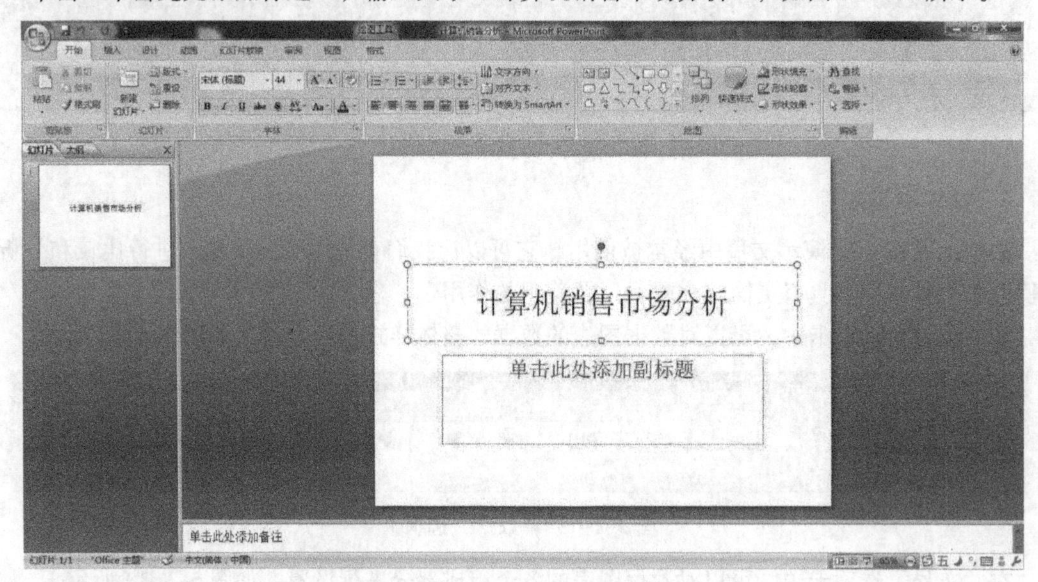

图 5-1-16 输入标题

在“单击此处添加副标题”处输入文字“2013 年 1 月”，如图 5-1-17 所示。

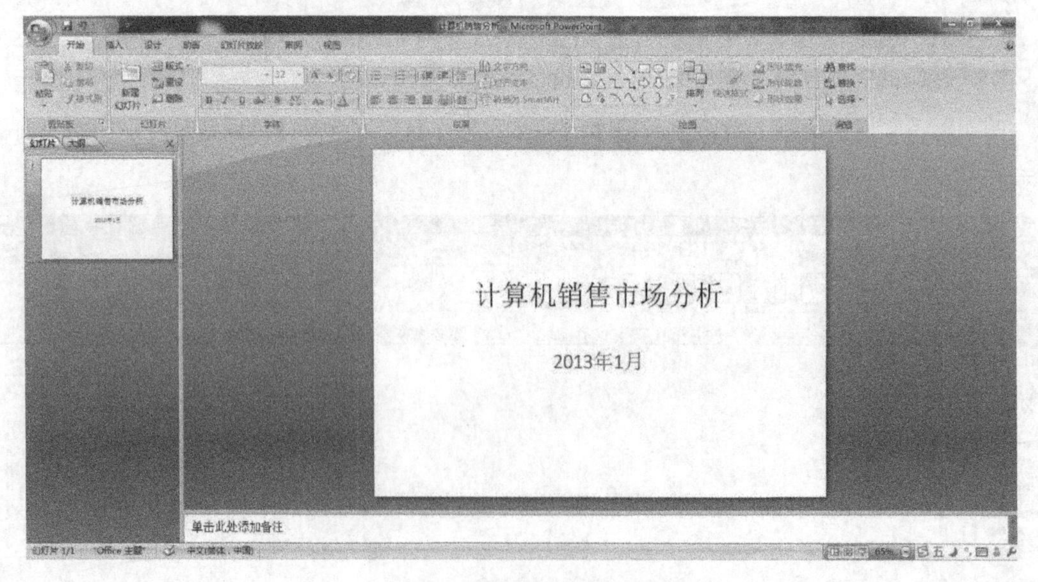

图 5-1-17 输入副标题

3. 新建幻灯片

切换到“开始”选项卡，单击“新建幻灯片”按钮，在弹出的列表中选择“两栏内容”，插入一个新的幻灯片页面，如图 5-1-18 所示。

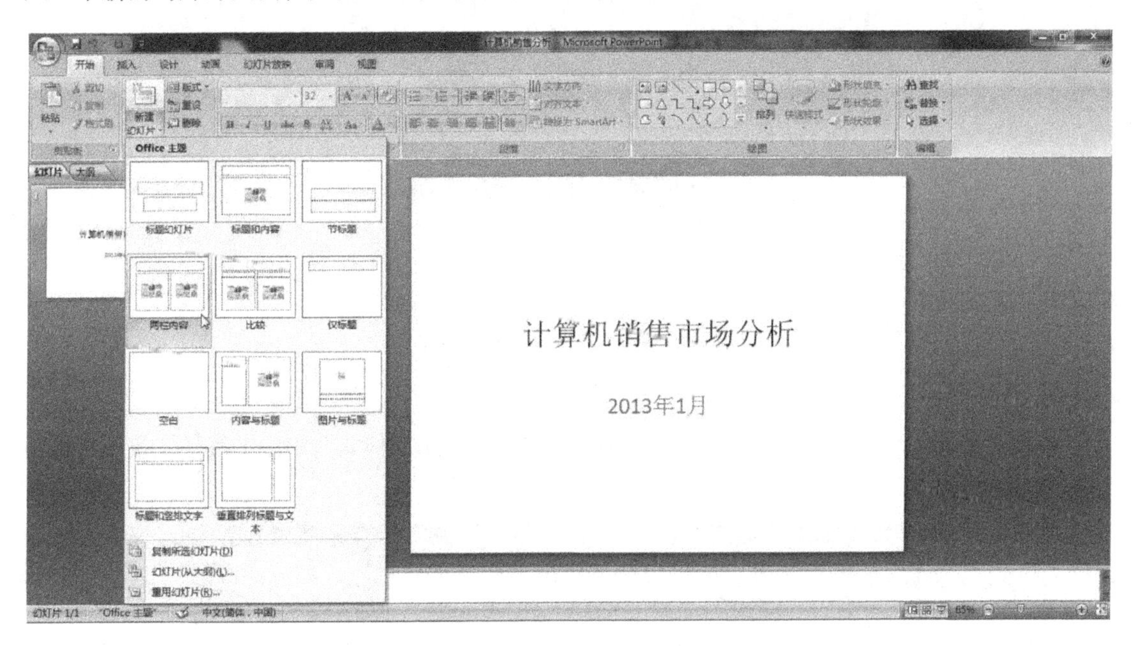

图 5-1-18 插入新幻灯片

单击“单击此处添加标题”文本框，按【Delete】键将其删除，如图 5-1-19 所示。

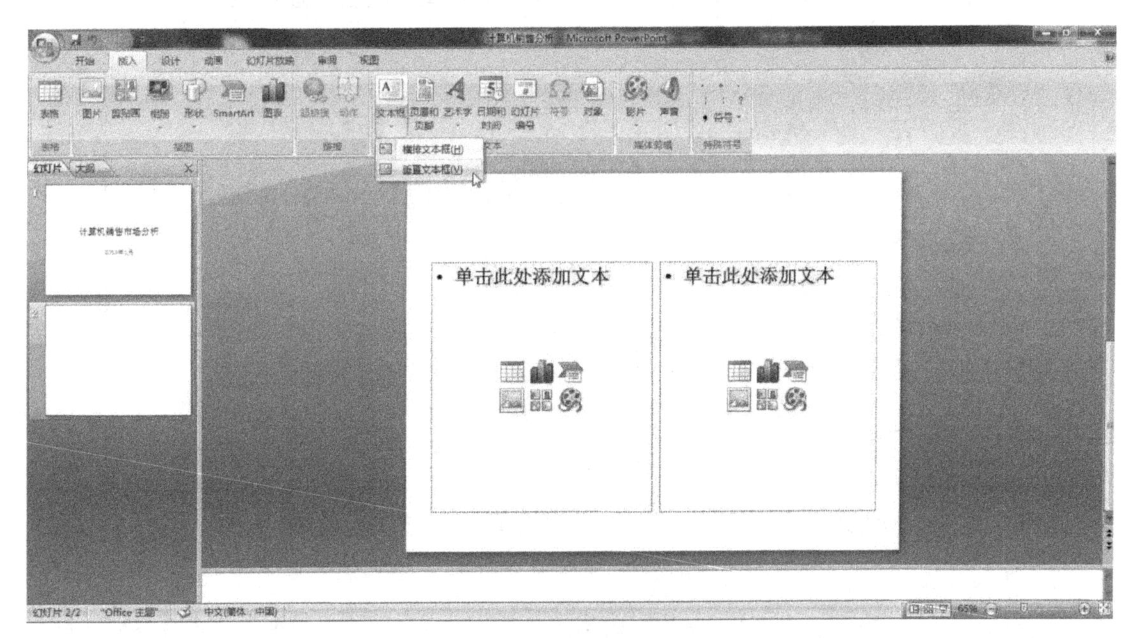

图 5-1-19 删除文本框

切换到“插入”选项卡，单击“文本框”→“横排文本框”，在页面上部拖动绘制一个文本框，在此文本框内输入文字“目录”，并将文字设置宋体 40 号字，居中对齐，如图 5-1-20 所示。

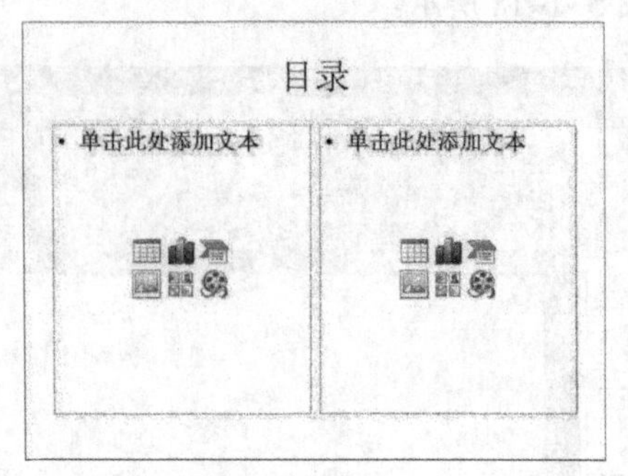

图 5-1-20 文字设置后的效果

4. 修饰文字

选中“目录”两字，切换到“格式”选项卡，单击“艺术字样式”中的“其他”按钮，如图 5-1-21 所示。

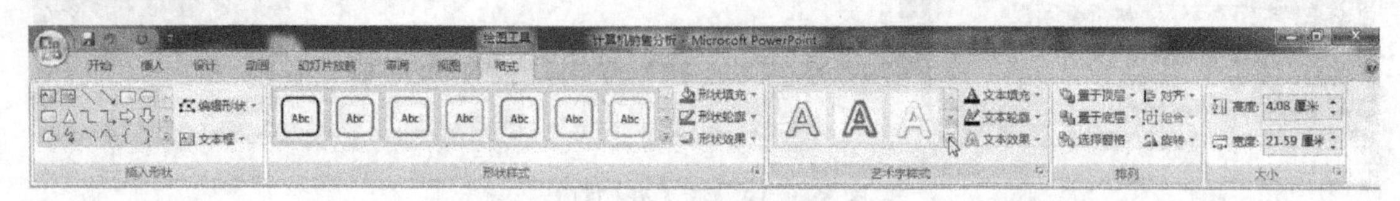

图 5-1-21 “格式”选项卡

在弹出的“应用于所选文字”列表中的选择“填充—强调文字颜色 2 粗糙棱台”，如图 5-1-22 所示。效果如图 5-1-23 所示。

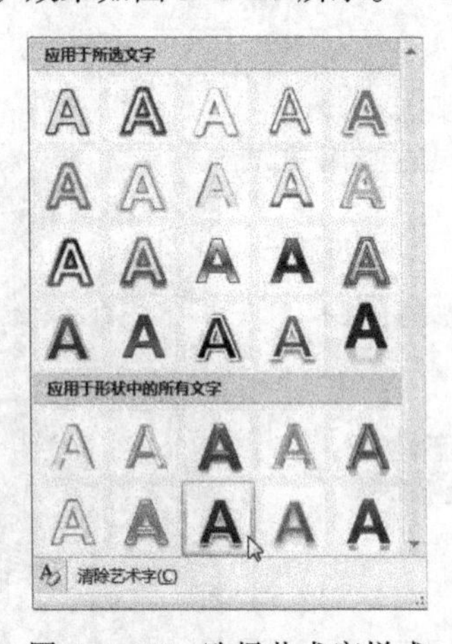

图 5-1-22 选择艺术字样式

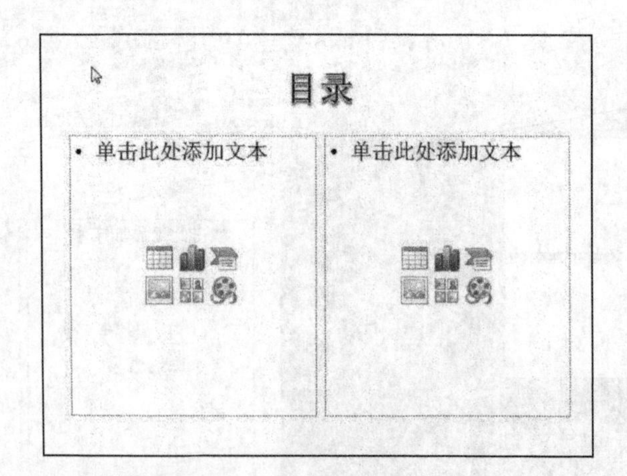

图 5-1-23 艺术字设置后的效果

5. 插入形状

切换到“插入”选项卡，单击“插图”组中的“形状”按钮，在弹出的列表中选择五角星，如图 5-1-24 所示。按住【Shift】键不放，在页面左上部拖动绘制出一个正五角星形。

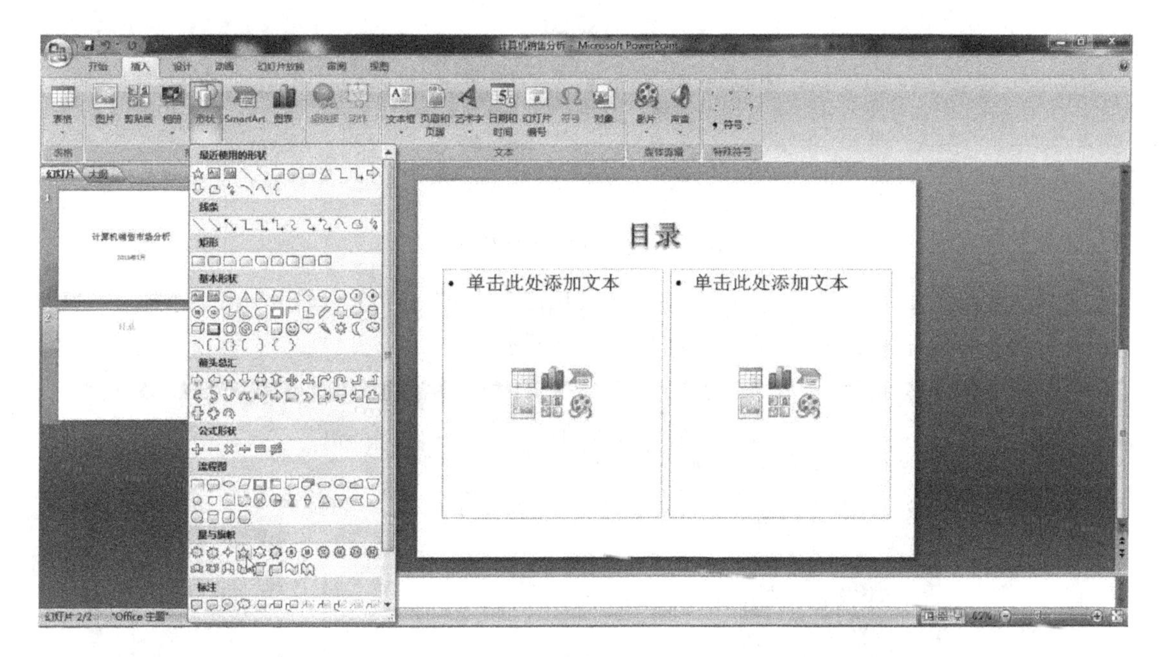

图 5-1-24　单击“形状”按钮

双击该图形，在“格式”选项卡的“形状样式”栏中选择“彩色填充—强调颜色 6”，如图 5-1-25 所示。

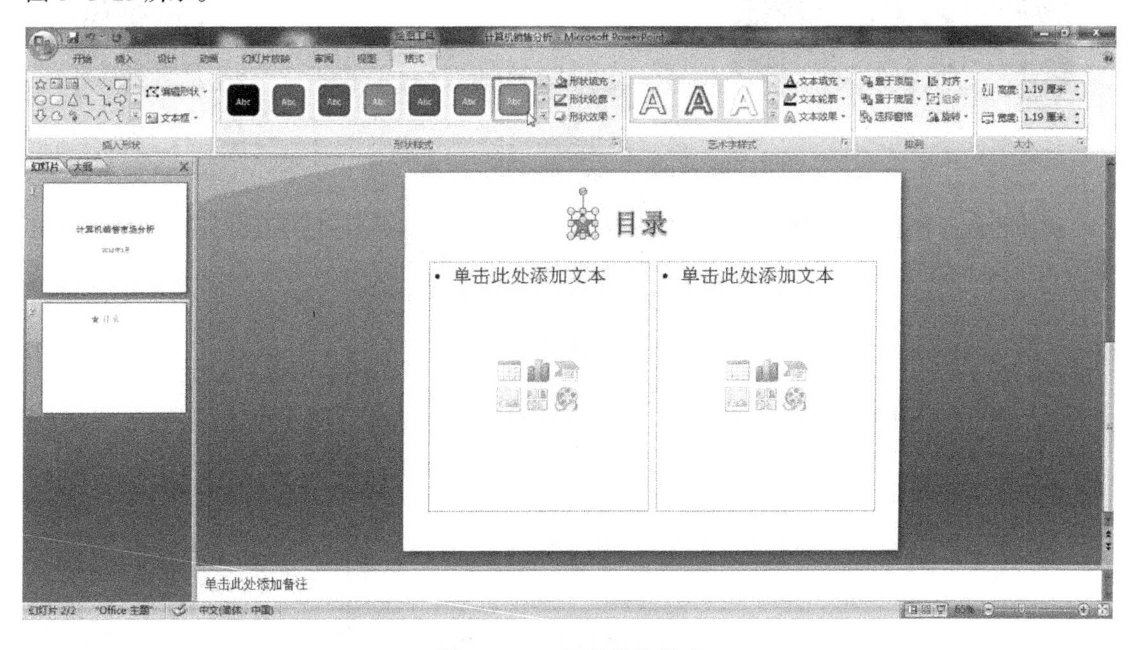

图 5-1-25　设置形状样式

复制该图形，移动到页面右上部，按住鼠标左键不放，拖动框选两个五角星及目录文本框，如图 5-1-26 所示。

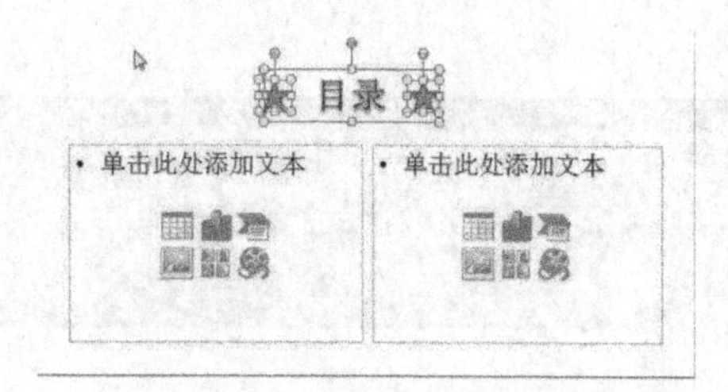

图 5-1-26　选择多个对象

单击“开始”选项卡中的“排列”按钮，依次执行“对齐”→“上下居中”和“对齐”→“横向分布”命令，进行对齐和分布调整，如图 5-1-27 所示。

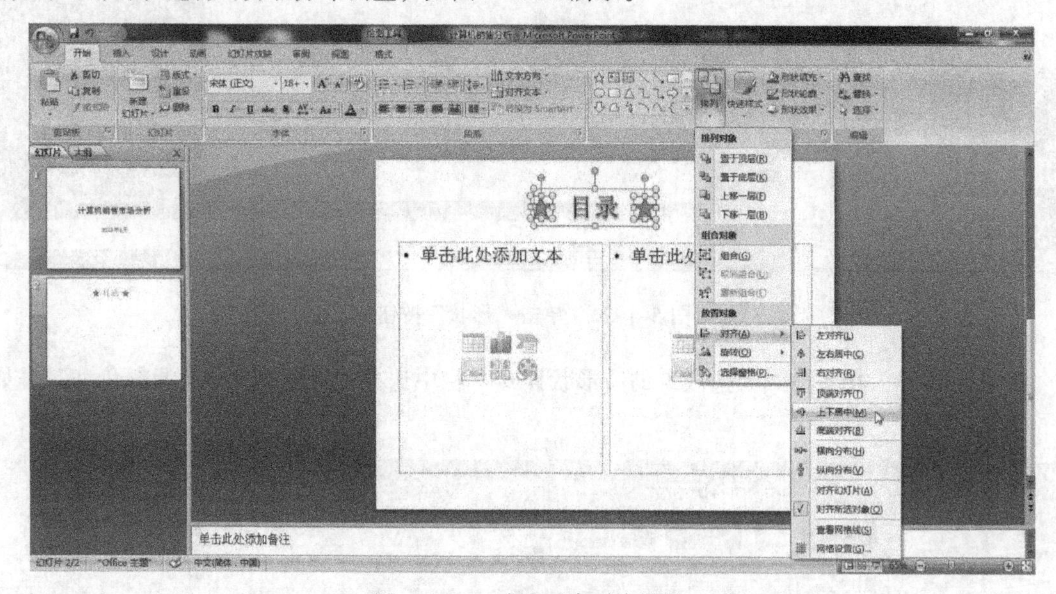

图 5-1-27　多个对象对齐调整

再单击鼠标右键，在弹出的快捷菜单中选择“组合”命令，并将组合后的图形设置为左右居中，如图 5-1-28 所示。

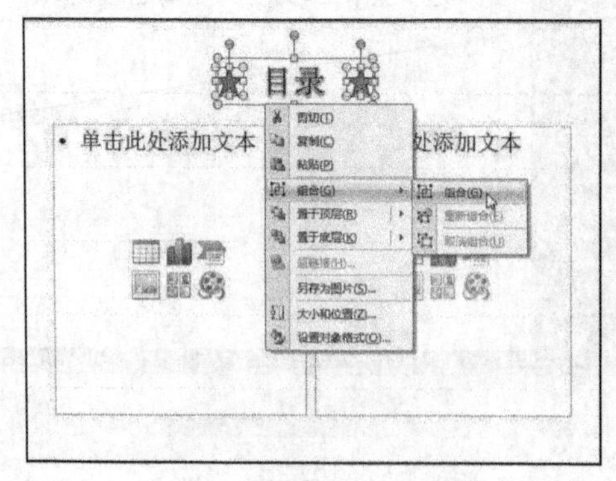

图 5-1-28　组合多个对象

二、图片的应用

在文档“计算机销售分析.pptx”文件第 2 页的左下文本框内单击“插入来自文件的图片”

按钮，如图 5-1-29 所示，在弹出的对话框中选择图片“计算机.jpg”，如图 5-1-30 所示。

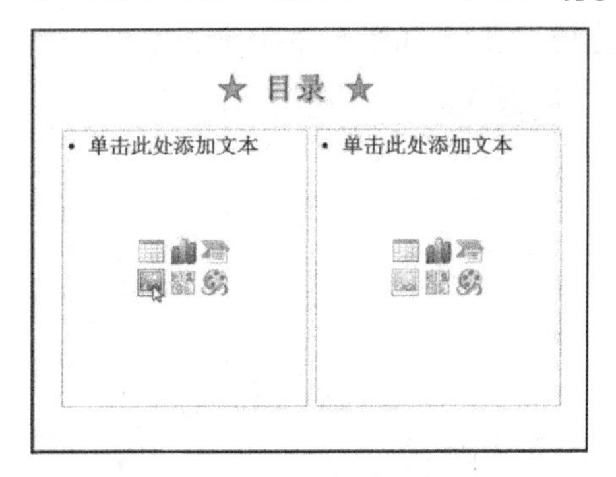

图 5-1-29 单击按钮

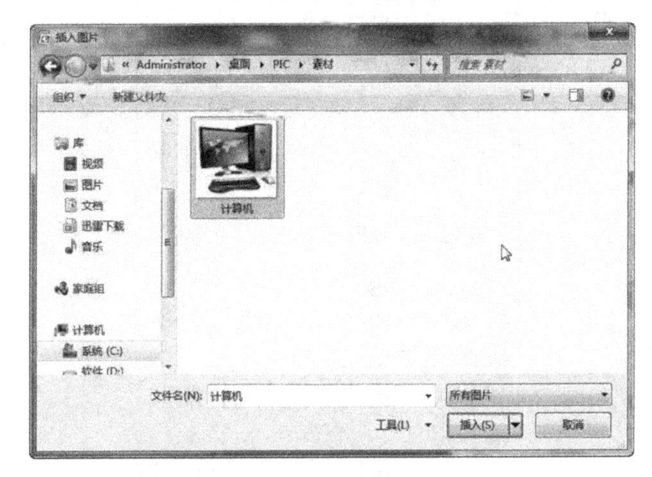

图 5-1-30 选择图片并插入

双击图片，打开“格式”选项卡，单击“图片样式”中的“其他”按钮，选择“旋转，白色”，如图 5-1-31 所示。

在右下角文本框中输入文字，调整大小和位置，效果如图 5-1-32 所示。

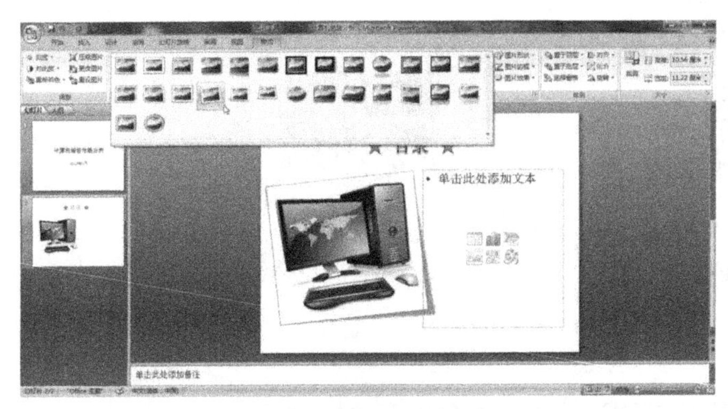

图 5-1-31 设置图片样式

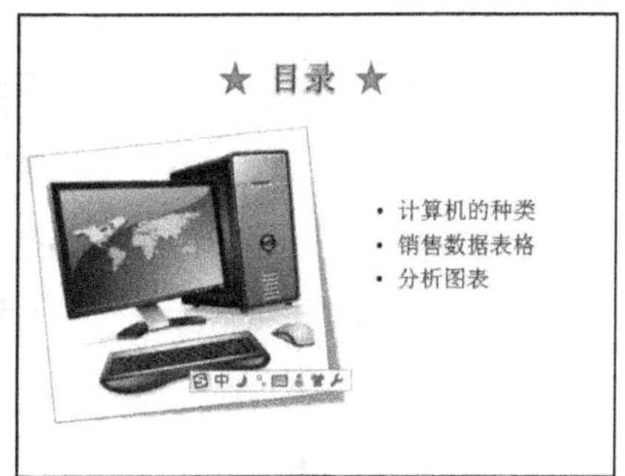

图 5-1-32 输入文字

三、SmartArt 的应用

在文档“计算机销售分析.pptx”中新建一个空白幻灯片页面，如图 5-1-33 所示。

单击“插入”选项卡中的“SmartArt”按钮，如图 5-1-34 所示，弹出“选择 SmartArt 图形”对话框，在列表中选择“垂直框列表”，如图 5-1-35 所示。

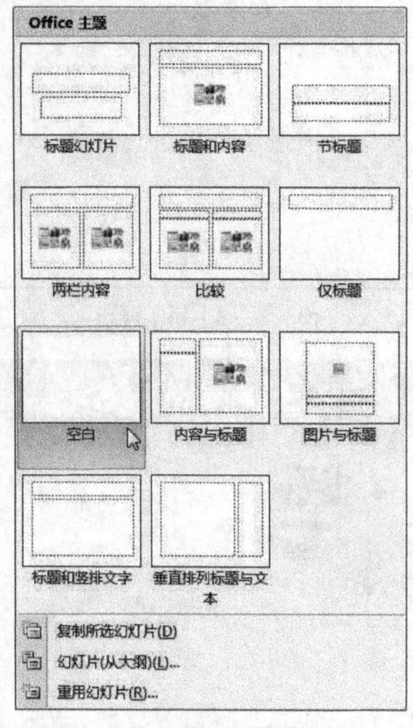

图 5-1-33 插入空白幻灯片

图 5-1-34 插入 SmartArt

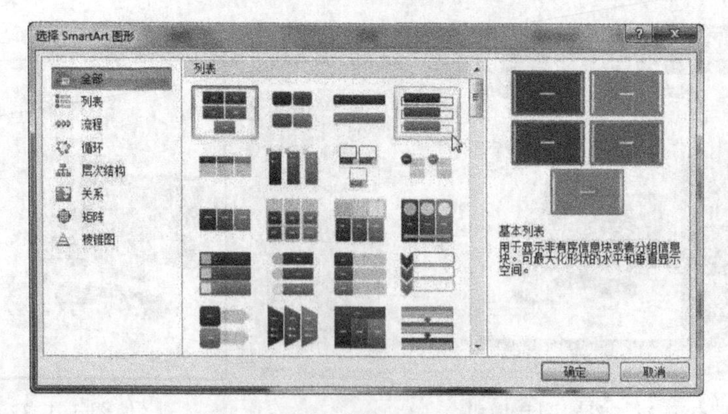

图 5-1-35 选择 SmartArt 图形

输入文字后，单击“设计”选项卡中的“更改颜色”下拉按钮，如图 5-1-36 所示。选择“彩色，强调文字颜色”，并选择“中等效果”样式，如图 5-1-37 所示。

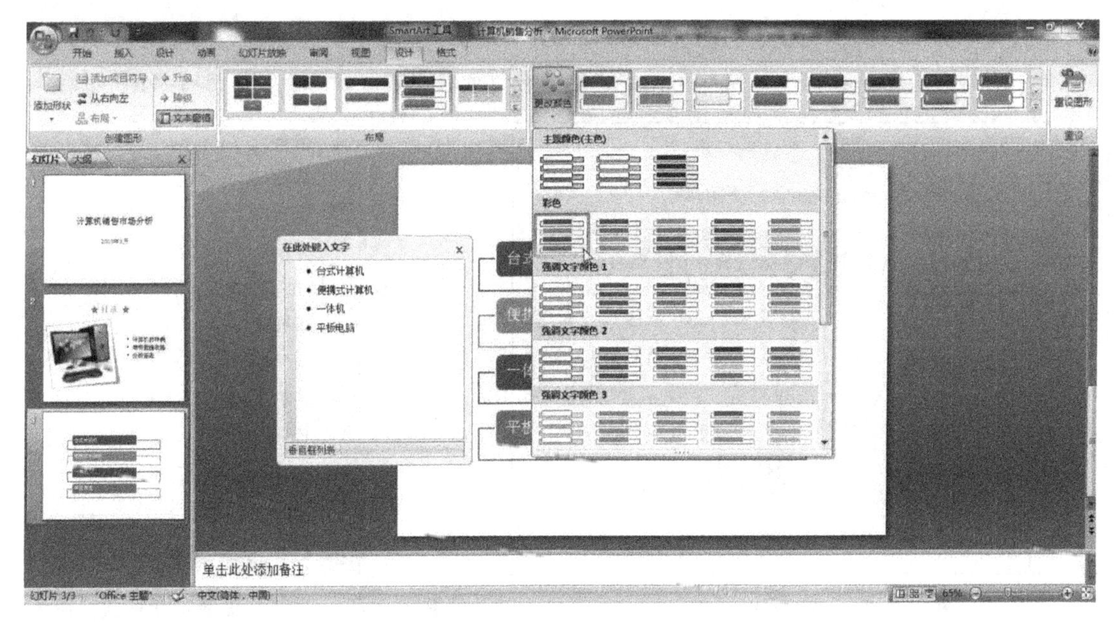

图 5-1-36　设置 SmartArt 颜色

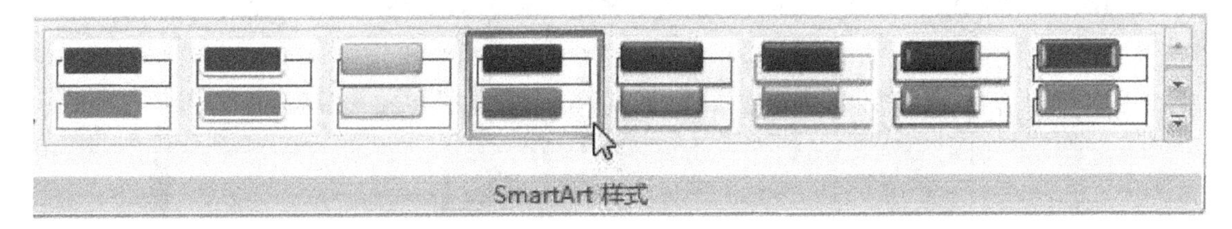

图 5-1-37　设置 SmartArt 样式

调整大小及位置后效果如图 5-1-38 所示。

四、表格的应用

在文档“计算机销售分析.pptx”中新建一个空白幻灯片页面，单击“插入”选项卡中的“表格”按钮，拖动选择，插入一个 5 列 4 行的表格，如图 5-1-39 所示。

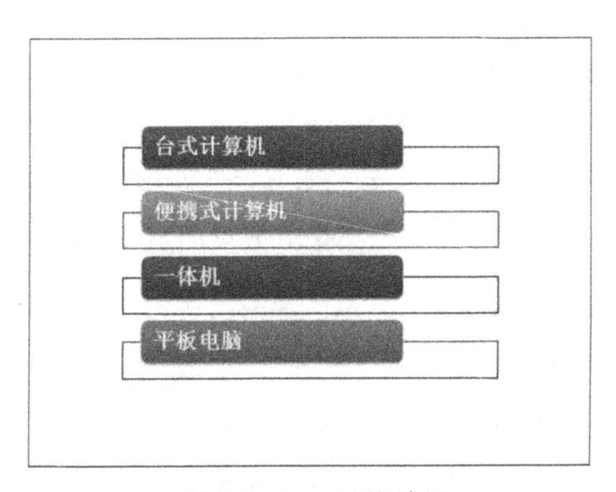

图 5-1-38　最终效果

图 5-1-39　插入表格

输入文字并调整大小，效果如图 5-1-40 所示。

选中表格并右击，在弹出的快捷菜单中选择“设置形状格式”命令，如图 5-1-41 所示。

2011年我国电子计算机制造业主要经营指标

	第一季度	第二季度	第三季度	第四季度
产品销售收入（单位：亿元）	4836.18	10074.61	15483.26	21267.90
同比增长（单元：%）	20.34	17.38	14.65	14.89
产品销售成本（单位：亿元）	4585.93	9543.69	14639.63	19931.52

图 5-1-40 输入表格内文字

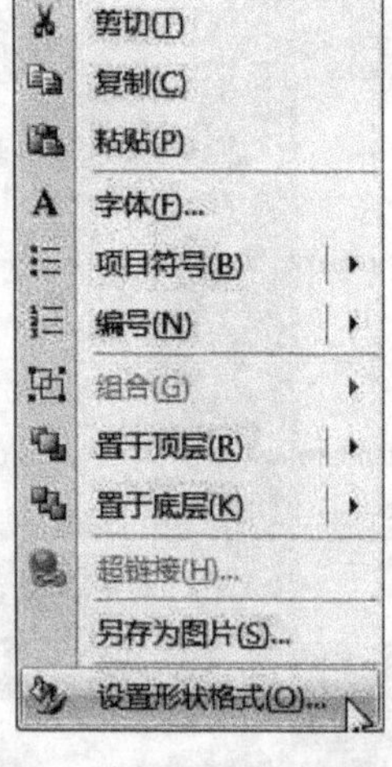

图 5-1-41 选择“设置形状格式”命令

在“设置形状格式”对话框中选择“文本框”，将垂直对齐方式设置为“中部居中”，如图 5-1-42 所示。

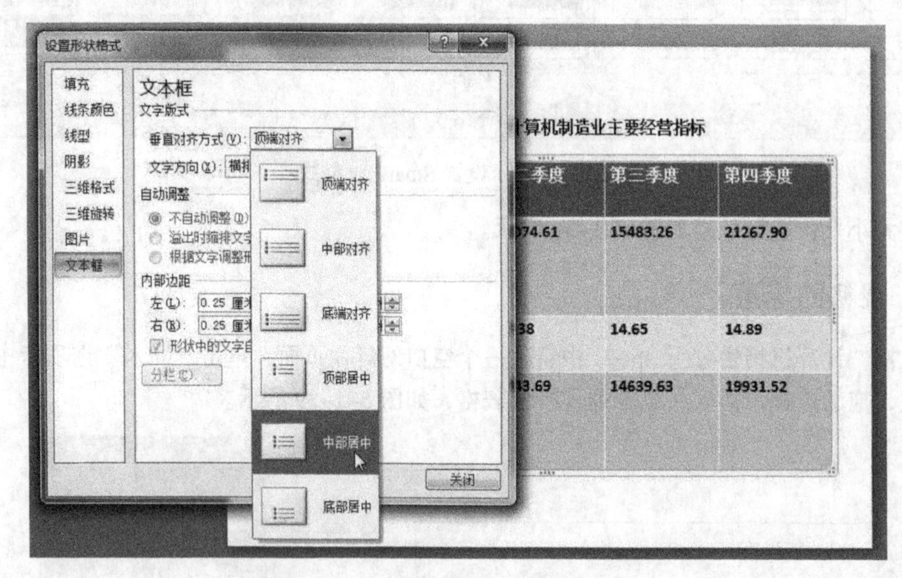

图 5-1-42 设置表格内文字的对齐方式

选择“设计”选项卡中“表格样式选项”组中的“第一列”复选框，如图 5-1-43 所示，并将表格样式设置为“中度样式 2—强调 5”，如图 5-1-44 所示。最终效果如图 5-1-45 所示。

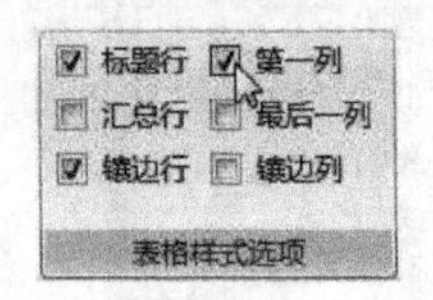

图 5-1-43 选择“第一列”复选框

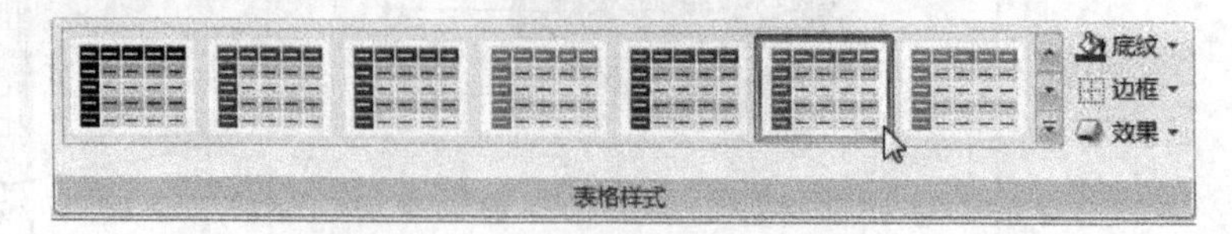

图 5-1-44 设置表格样式

2011年我国电子计算机制造业主要经营指标

	第一季度	第二季度	第三季度	第四季度
产品销售收入（单位：亿元）	4836.18	10074.61	15483.26	21267.90
同比增长（单元：%）	20.34	17.38	14.65	14.89
产品销售成本（单位：亿元）	4585.93	9543.69	14639.63	19931.52

图 5-1-45　表格最终效果

五、数据图表的应用

在文档“计算机销售分析.pptx”中新建一个空白幻灯片页面，单击“插入”选项卡中“插图”组中的“图表”按钮，如图 5-1-46 所示。

图 5-1-46　单击“图表”按钮

弹出“插入图表”对话框，选择“三维圆柱图”，如图 5-1-47 所示，弹出图 5-1-48 所示的窗口。

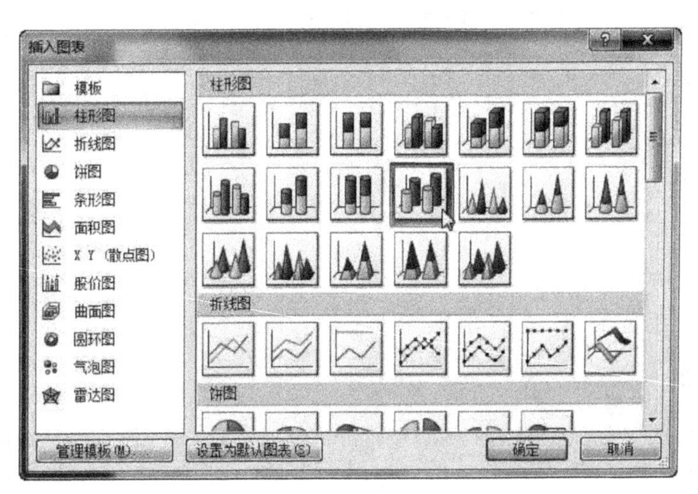

图 5-1-47　选择图表类型

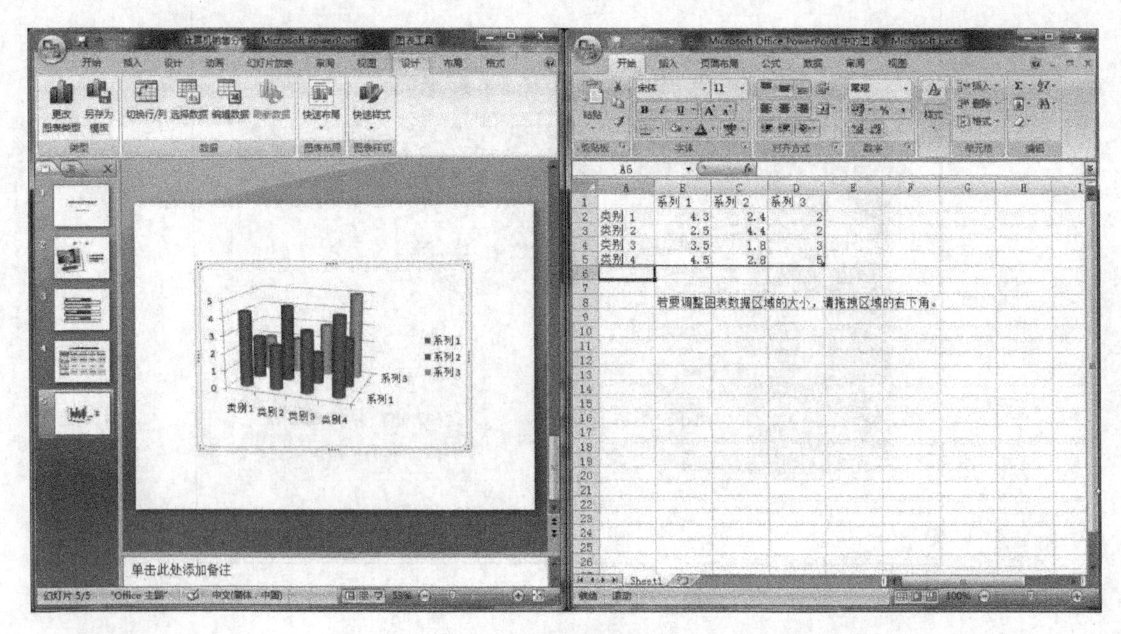

图 5-1-48　图表数据编辑窗口

调整数据表内的数据，如图 5-1-49 所示。

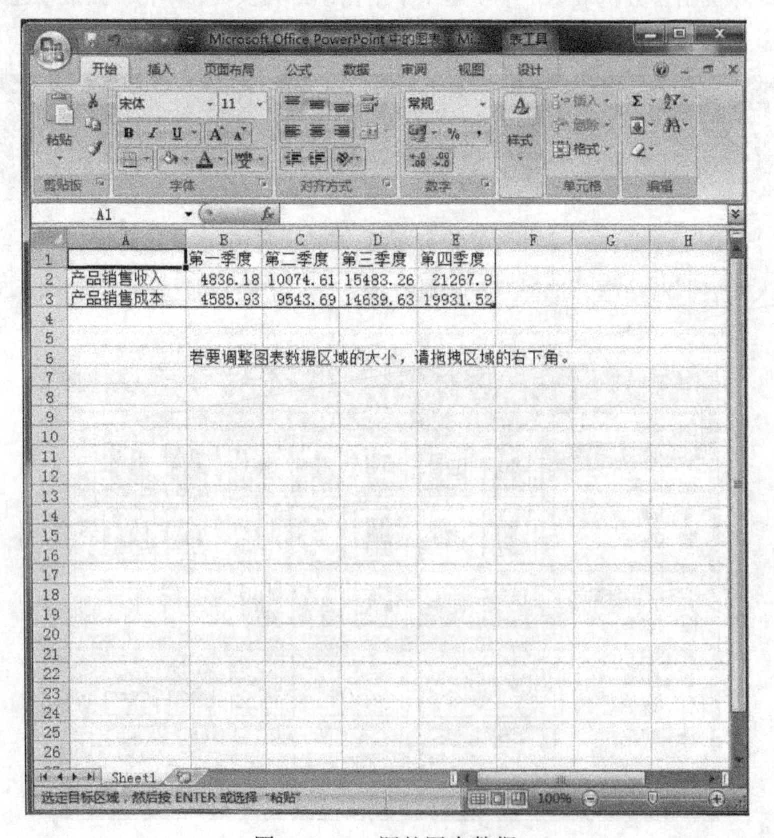

图 5-1-49　调整图表数据

选中图表，选择“设计”选项卡中“图表布局”组中的“样式一”，如图 5-1-50 所示。

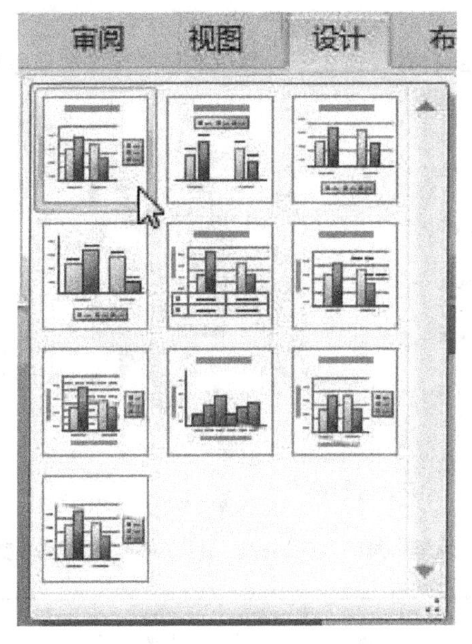

图 5-1-50　选择图表样式

在“布局”选项卡中，将“图例”设置为在底部显示，如图 5-1-51 所示。

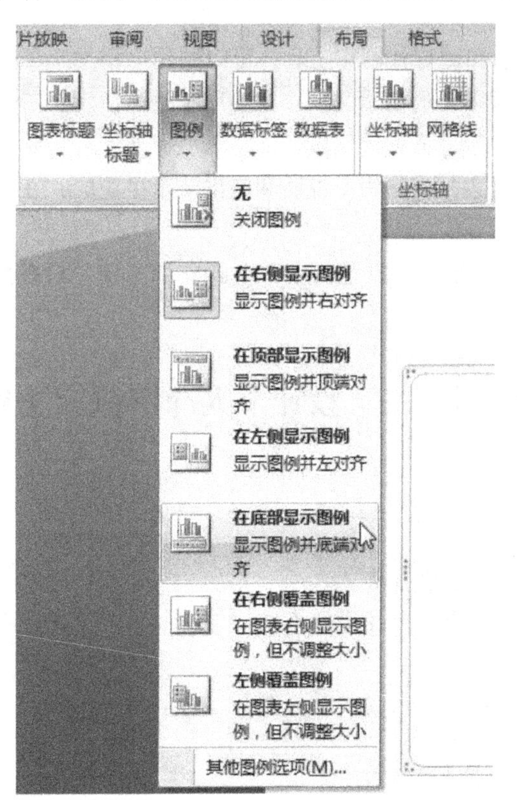

图 5-1-51　设置图示位置

将竖坐标轴设置为“显示默认坐标轴”，适当调整大小后，总体效果如图 5-1-52 所示。

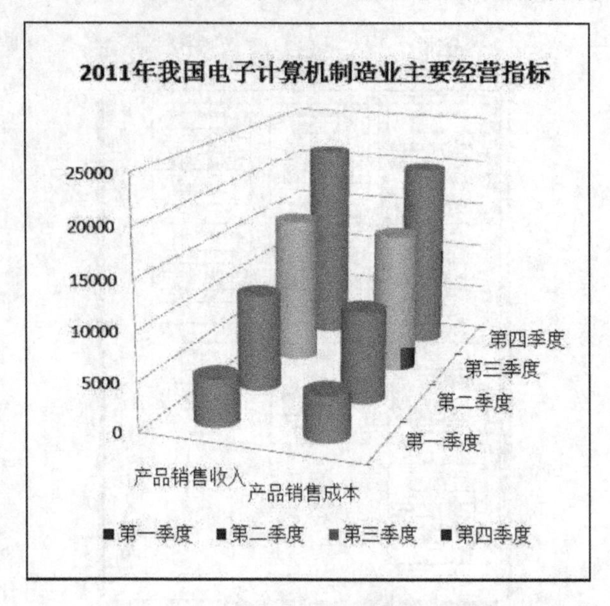

图 5-1-52 图表最终效果

任务小结

Powerpoint 是文稿演示和幻灯片制作工具，可以制作出集文字、图形、图像、声音以及视频等多媒体元素于一体的丰富多彩的演示文稿，主要用于教学演示、工作汇报、企业宣传、产品推介、婚礼庆典、项目竞标、管理咨询等领域。

PPT 里面所插入的所有素材都是为了说明和突出演示主题的，在选取时一定要注意素材与主题的相关性。

PowerPoint 页面及素材的插入和设置，是 PPT 操作的基础，只有打好坚实的基础，才能对其做进一步的完善和美化。

实训十二　设计个人介绍演示文稿

一、实训目标

（1）掌握幻灯片页面的创建方法。
（2）掌握各种媒体组件的插入及设置方法。

二、实训内容及要求

运用多种素材，制作一份个人简历。

任务二　美化演示文稿

任务描述

小王将做好的 PPT 交给总经理过目，总经理充分地肯定了小王 PPT 的内容，可是觉得页面太简洁单调，不够美观，建议小王将 PPT 修改得更加好看一点，以吸引观众。

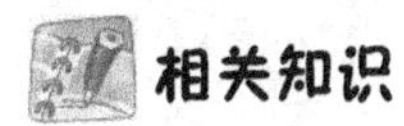

相关知识

一、母版

母版是一类特殊幻灯片，它能控制基于所有幻灯片，对母版的任何修改会体现在很多幻灯片上。

每个演示文稿都提供了一个母版集合，包括幻灯片母版、标题母版、讲义母版、备注母版等。

二、动画

PPT 演示文稿的动画主要分为页面切换动画和自定义动画两种，页面切换动画主要设置的是幻灯片与幻灯片进行跳转时的动画效果，自定义动画则是对一张幻灯片上的多种元素进行动画设置，两种相互结合，可以做出丰富多彩的动态效果。

三、超链接

超链接主要分为两大类，一种是内部超链接，一种是外部超链接。

内部超链接主要是链接到演示文稿内的某张幻灯片上，使其能在切换时进行灵活的页面跳转。

外部超链接又分为文件超链接、网址超链接、邮箱超链接等。通过外部超链接的使用，可以快速打开指定的文件、网站或电子邮箱，进行相关演示说明。

任务实施

一、设置母版

打开文档“计算机销售分析.pptx”，单击“视图”选项卡中的“幻灯片母版”按钮，打开幻灯片母版视图，如图 5-2-1 所示。

图 5-2-1　打开幻灯片母版

单击“主题”下拉按钮，选择“平衡”主题，如图 5-2-2 所示。

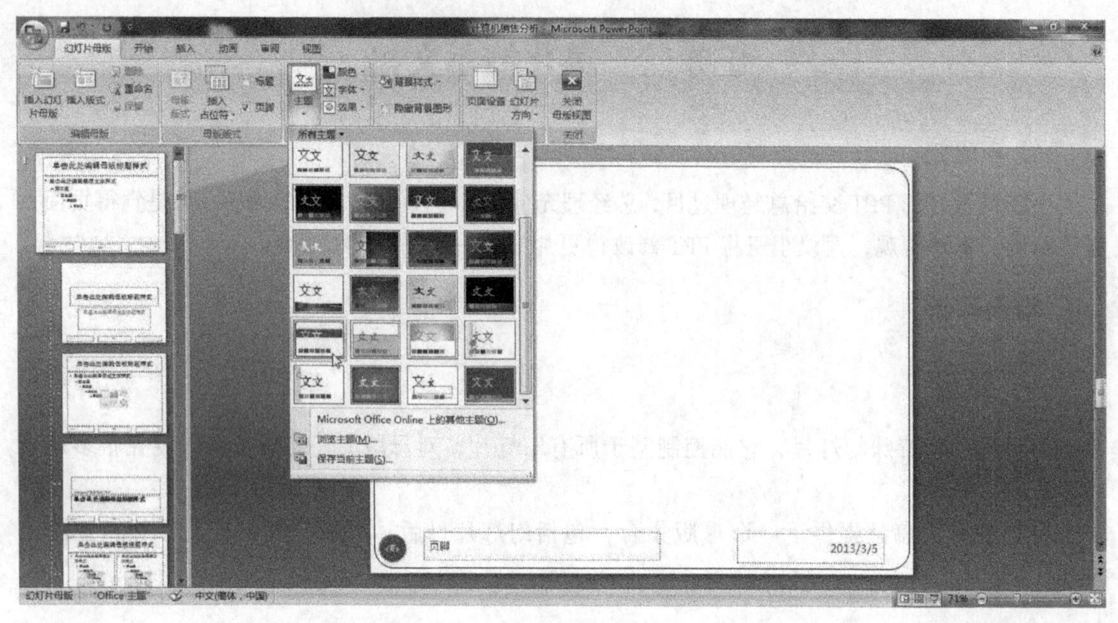

图 5-2-2　选择模板主题

将颜色主题设置为“Office”，如图 5-2-3 所示。

将字体主题设置为“Office 经典 2”，如图 5-2-4 所示。

关闭母版视图，单击“幻灯片浏览”按钮，并将显示比例调大（见图 5-2-5），可看到应用模板后的文档显示，如图 5-2-6 所示。

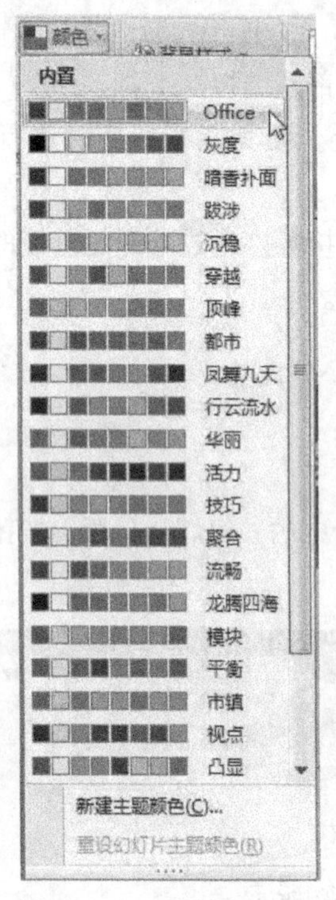

图 5-2-3　选择主题颜色

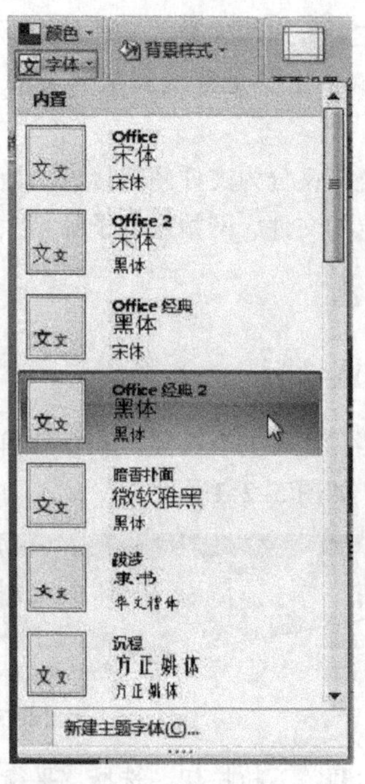

图 5-2-4　设置主题字体

图 5-2-5　改变浏览视图

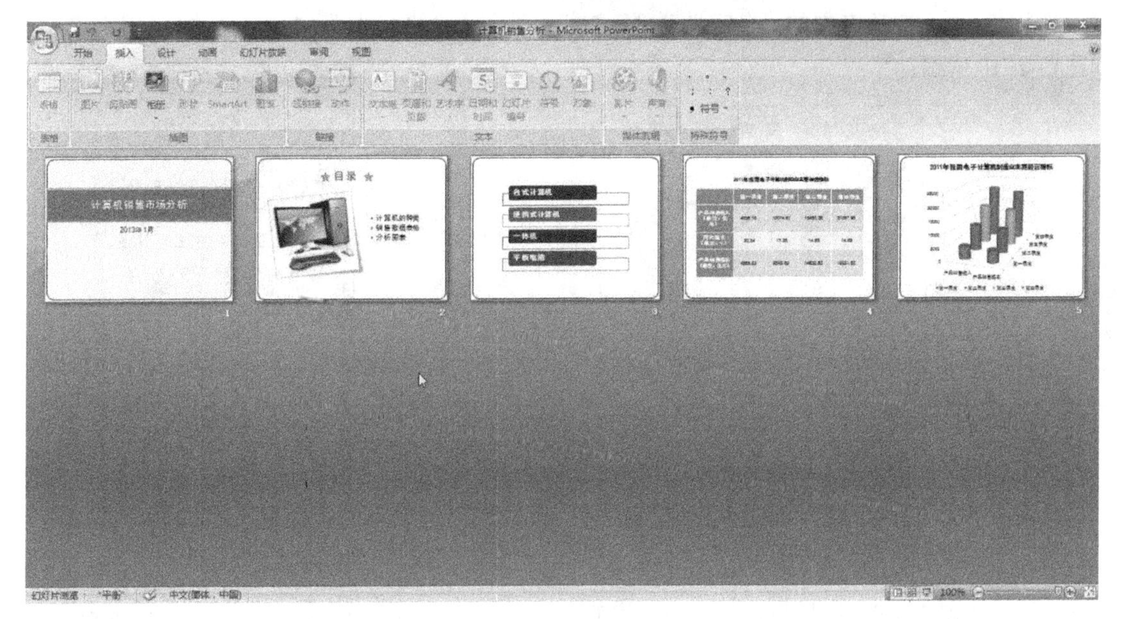

图 5-2-6　最终结果

二、添加动画

1. 添加页面切换动画

打开文档“计算机销售分析.pptx”，选择“动画”选项卡中的“向下擦除”擦除效果，为幻灯片切换设置切换动画，如图 5-2-7 所示。

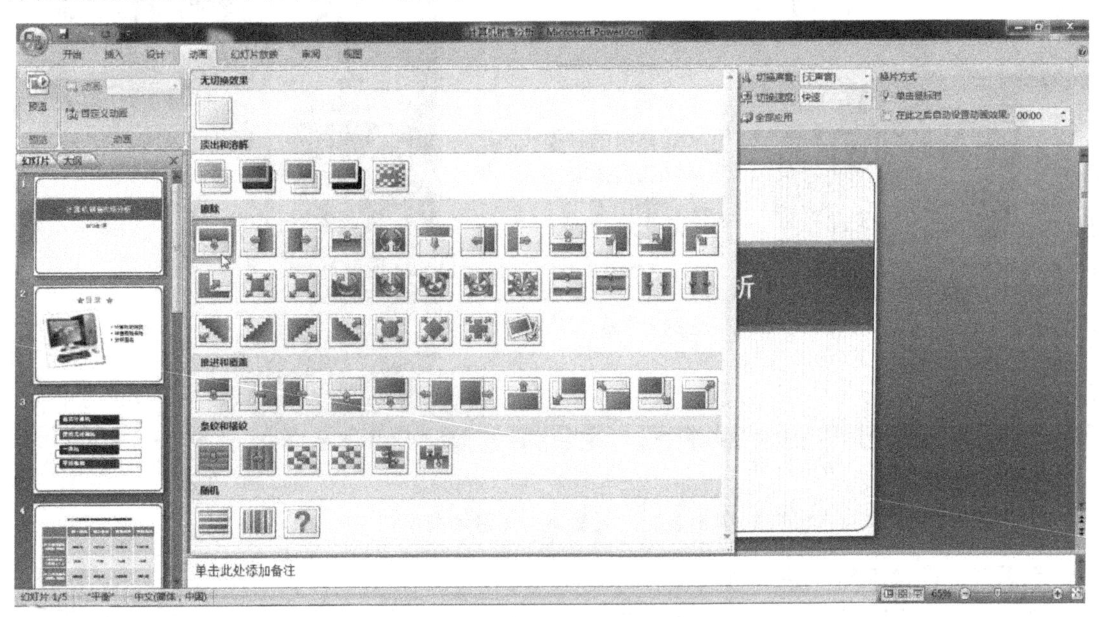

图 5-2-7　设置幻灯片切换动画

单击“全部应用”按钮，将幻灯片切换效果应用于所有幻灯片，如图 5-2-8 所示。

2．自定义动画

单击“动画”选项卡中的“自定义动画”按钮（见图 5-2-9），打开“自定义动画”任务窗格，如图 5-2-10 所示。

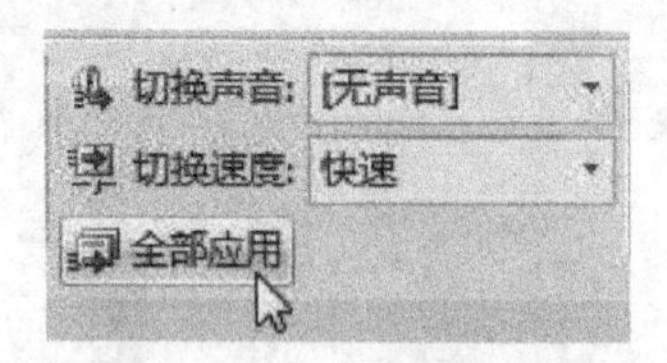

图 5-2-8 单击“全部应用”按钮

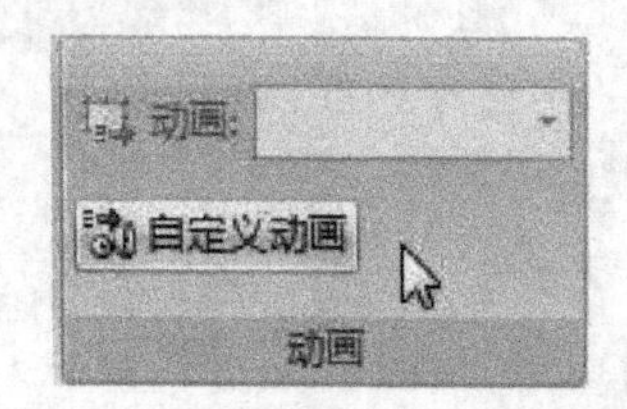

图 5-2-9 单击“自定义动画”按钮

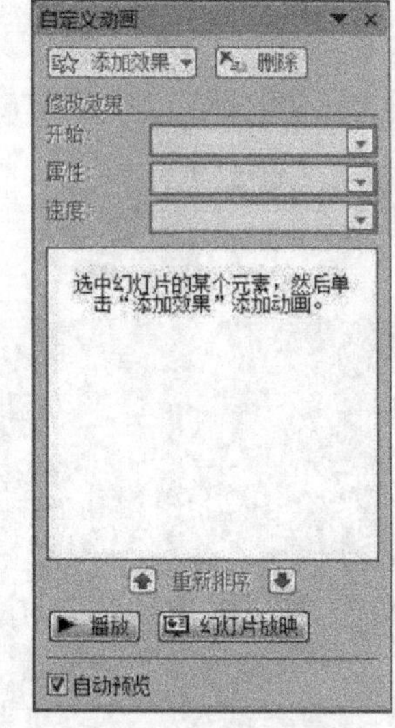

图 5-2-10 “自定义动画”任务窗格

选中“目录”组合图形，单击“自定义动画”任务窗格中的“添加效果”按钮，添加“飞入”动画，如图 5-2-11 所示。

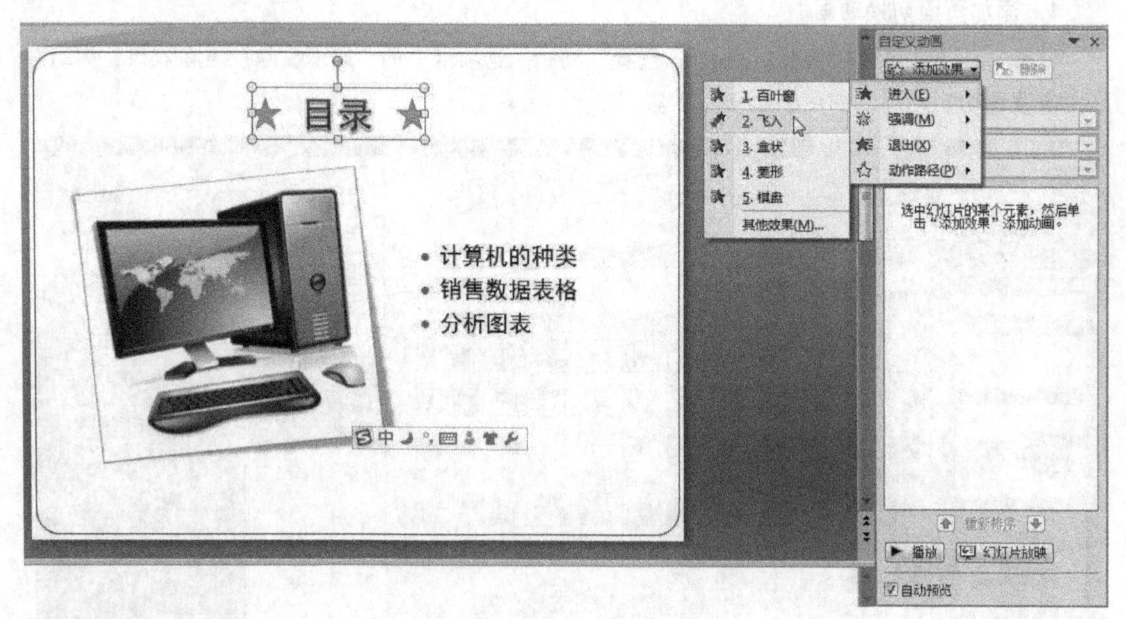

图 5-2-11 设置组合图形动画模式

动画属性设置如图 5-2-12 所示。

选中“计算机”图片，添加“棋盘”效果，如图 5-2-13 所示。

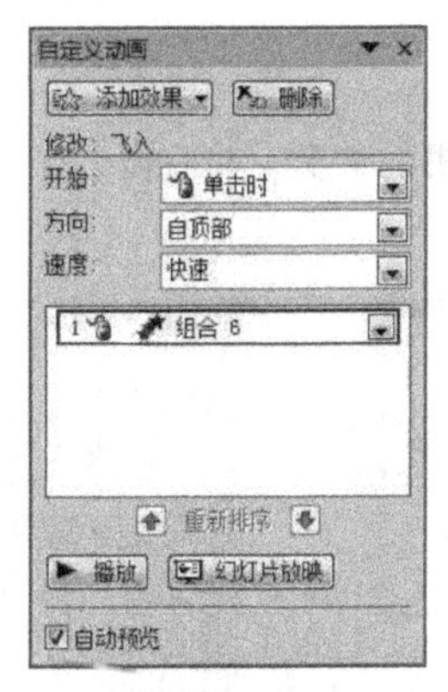

图 5-2-12　设置组合图形的动画参数

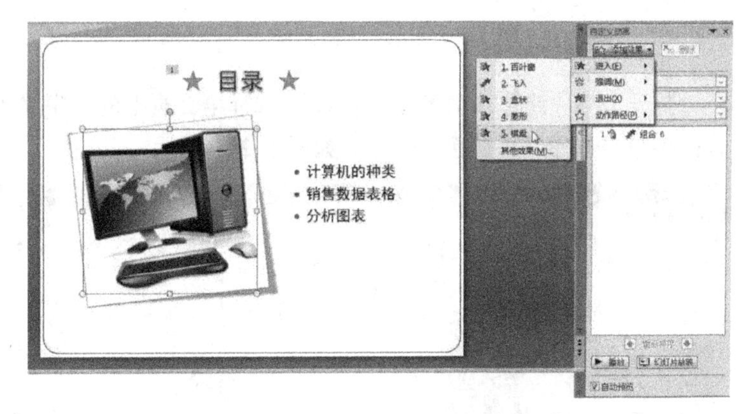

图 5-2-13　选择图片的动画模式

动画属性设置如图 5-2-14 所示。

选中右侧文本框，单击“添加效果”下拉列表中的“进入→其他效果”选项（见图 5-2-15），打开“添加进入效果”对话框，如图 5-2-16 所示。

图 5-2-14　设置图片的动画属性

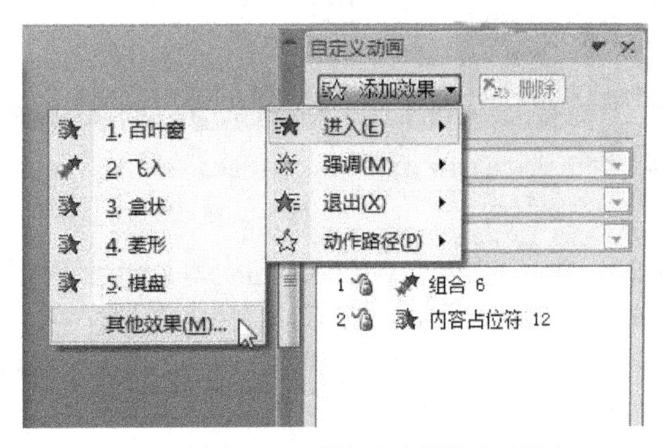

图 5-2-15　设置文本框的动画模式

选择“擦除”效果，动画属性设置如图 5-2-17 所示。

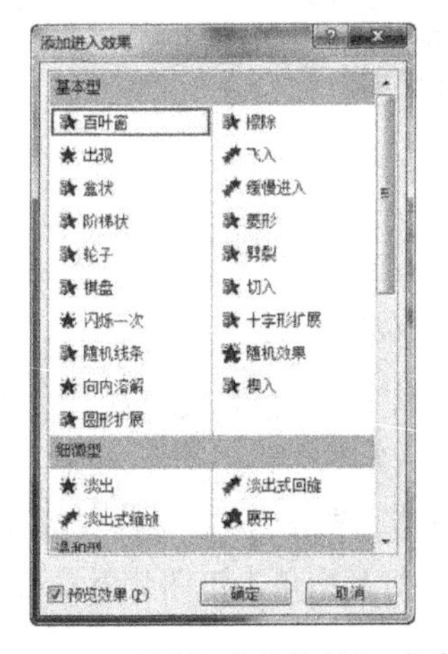

图 5-2- 16　“添加进入效果”对话框

图 5-2-17　设置文本框的动画属性

三、添加超链接

打开文档“计算机销售分析.pptx”，选择第 2 页上的文字“计算机的种类”并右击，在弹出的快捷菜单中选择“超链接”命令，如图 5-2-18 所示。

图 5-2-18 添加超链接

在弹出的“插入超链接”对话框中单击“本文档中的位置”，选中“幻灯片 3”，在右侧可预览所选的幻灯片，如图 5-2-19 所示。

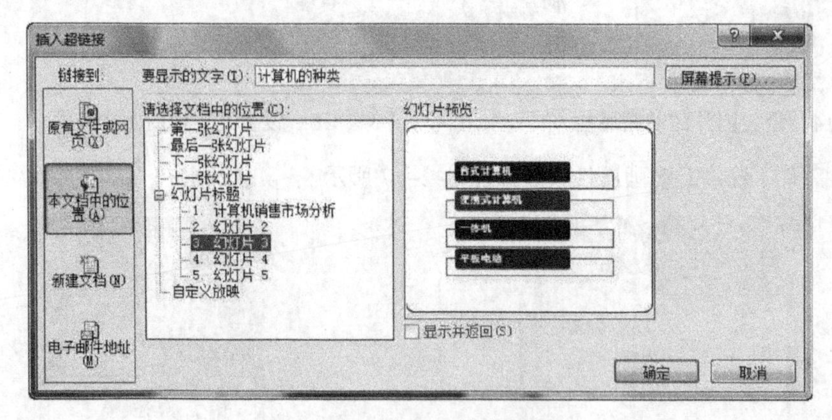

图 5-2-19 设置文档内超链接

依此类推，将文字“销售数据表格”链接到“幻灯片 4”，将文字“分析图表”链接到“幻灯片 5”，这样，单击相应超链接可转到相应页面。

在页面右下角插入图片“baidu.gif”，为图片添加超链接，单击“原有文件或网页”，在“地址”栏内输入 http://www.baidu.com，单击“确定”按钮。在幻灯片中单击该图片时，可打开浏览器浏览指定的网站，如图 5-2-20 所示。

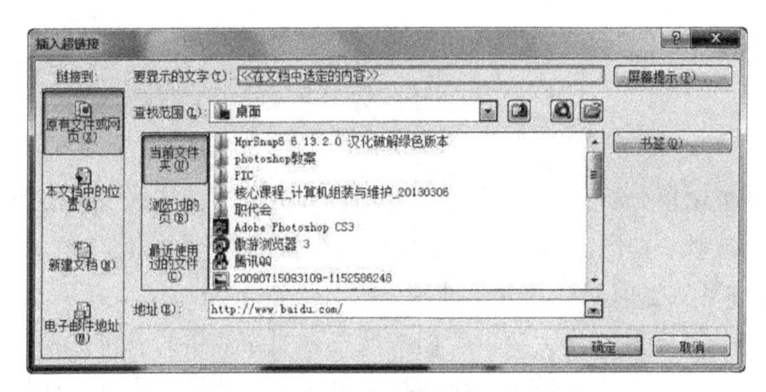

图 5-2-20　设置文档外超链接

任务小结

只有基本元素的页面是单调的，进行综合调整，加入合适的动画，可使 PPT 演示文稿更加引人注目。

实训十三　设计班级介绍演示文稿

一、实训目标

（1）模板的应用；
（2）动画的应用；
（3）超链接的应用。

二、实训内容及要求

设计班级模板，制作班级主题 PPT，加入适当的动画效果。

任务三　输出演示文稿

任务描述

总经理对小王修改后的 PPT 感到非常满意，他让小王将 PPT 复制到会议室的计算机上，并将 PPT 打印出来作为会议资料发放到每个董事的手上。

相关知识

一、打包 PPT

对于已制作好的 PPT 文稿，经常会被放到不同的计算机上演示，最好的方法是将其打包到文件夹或 CD 上，方便用户演示。

二、打印 PPT

PPT 文稿制作完成后，还经常需要将其打印出来作为备份或讲义等，PPT 在打印时，可以根据需要只打印幻灯片、讲义、备注、大纲等。

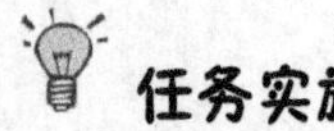

任务实施

一、演示

打开文档“计算机销售分析.pptx”，切换到“幻灯片放映”功能区，单击相应的按钮可选择从哪开始进行幻灯片的放映，如图 5-3-1 所示。也可使用快捷键，按【F5】键从头开始放映幻灯片，按【Shift+F5】组合键可从当前幻灯片开始放映。

如果当前 PPT 添加了备注文字，演讲者需按照备注文字演讲时，可选择“使用演示者视图”，如图 5-3-2 所示。这样，演讲者看到的图面和投影设备演示的界面是不一样的，演讲者可看到幻灯片及备注，如图 5-3-3 所示。而投影设备只播放幻灯片内容，如图 5-3-4 所示。

图 5-3-1 幻灯片放映按钮

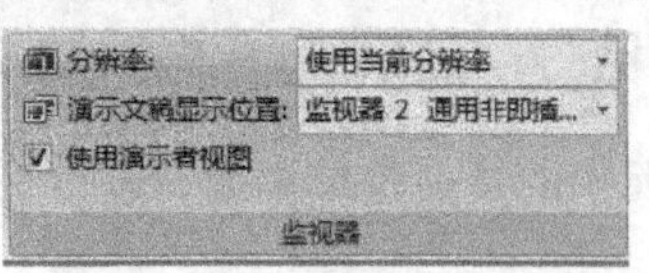

图 5-3-2 扩展显示设置

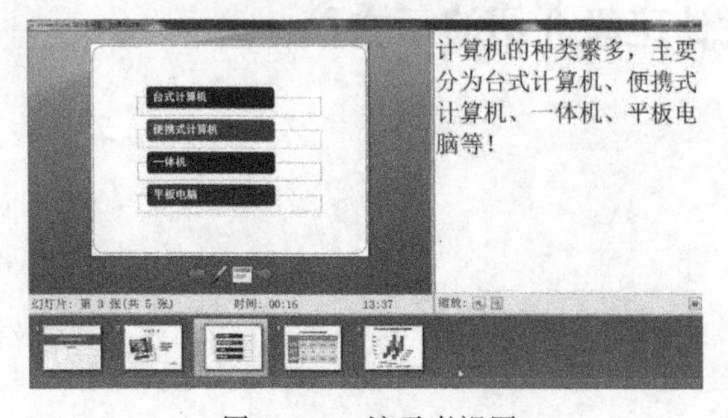

图 5-3-3 演示者视图

图 5-3-4 观众视图

二、打包

打开文档“计算机销售分析.pptx”，单击“Office”按钮，选择“发布”→“CD 数据包”命令，如图 5-3-5 所示。

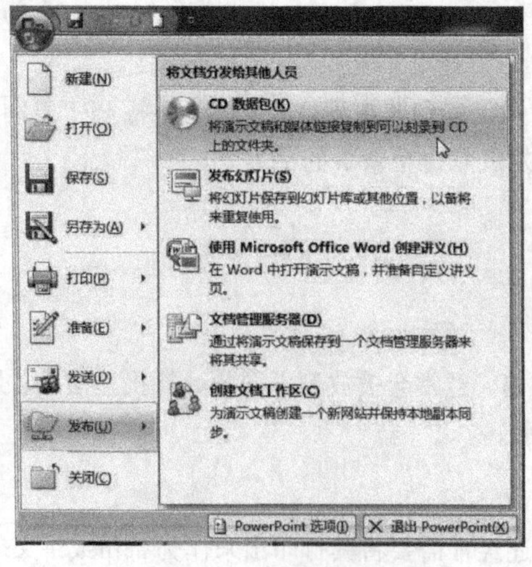

图 5-3-5 选择命令

弹出提示对话框，单击“确定”按钮，如图 5-3-6 所示。

图 5-3-6　提示对话框

在“打包成 CD”对话框的“把 CD 命名为”文本框中输入文字“计算机销售市场分析”，单击“复制到文件夹”按钮，如图 5-3-7 所示。

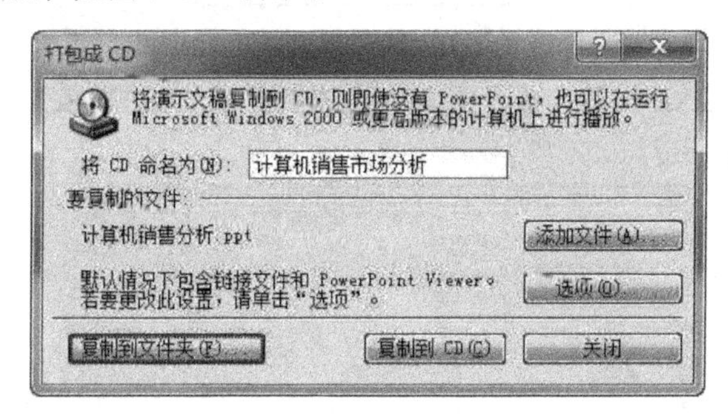

图 5-3-7　“打包成 CD”对话框

在弹出的对话框中设置文件夹的名称和存放位置，单击“确定”按钮，如图 5-3-8 所示。

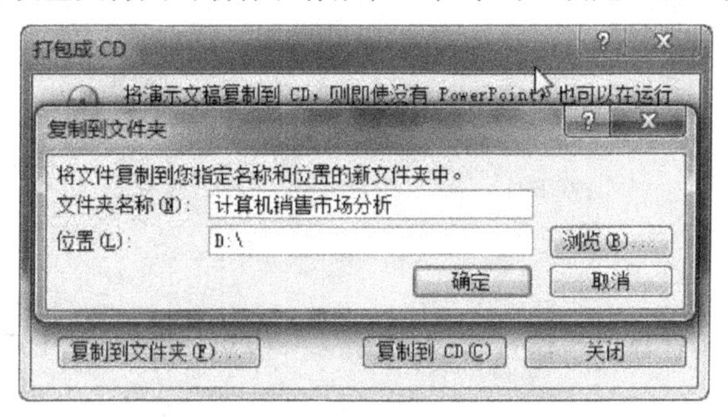

图 5-3-8　“复制到文件夹”按钮

确认将所有链接文件复制到打包文件夹，只有这样才能正常演示链接的文件，如图 5-3-9 所示。

图 5-3-9　确认是否包含链接文件

在指定位置会生成打包文件夹，里面包含演示文稿、文本说明、播放程序等文件，如图 5-3-10 所示。

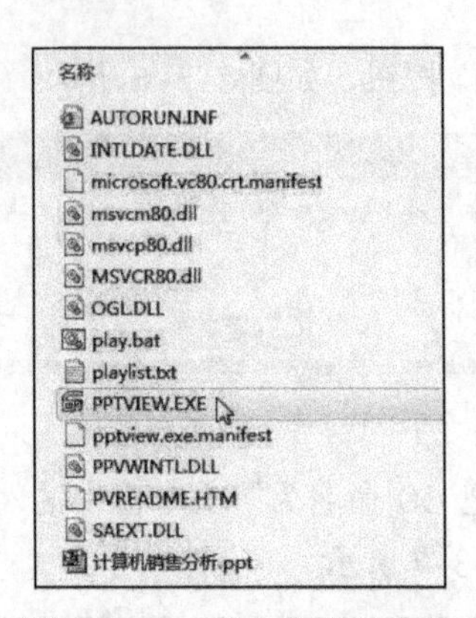

图 5-3-10　发布生成的文件

双击运行 PPTVIEW.EXE 文件，选择要演示的 PPT 文稿，可在未安装 PowerPoint 的情况下播放幻灯片，如图 5-3-11 所示。

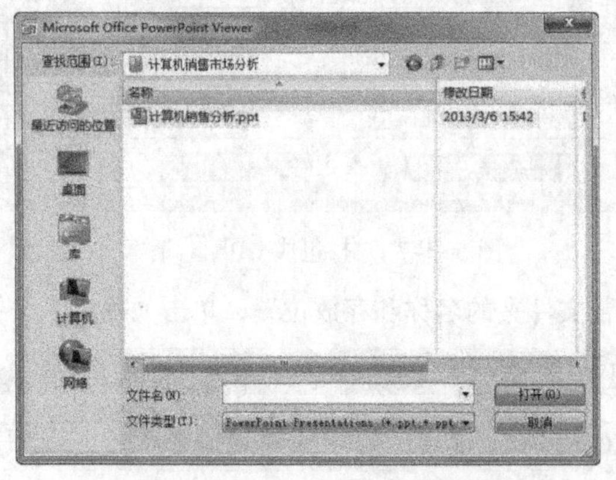

图 5-3-11　用 PPT Viewer 放映幻灯片

三、打印

打开文档“计算机销售分析.pptx”，单击“Office”按钮，选择“打印”→“打印”命令，如图 5-3-12 所示。

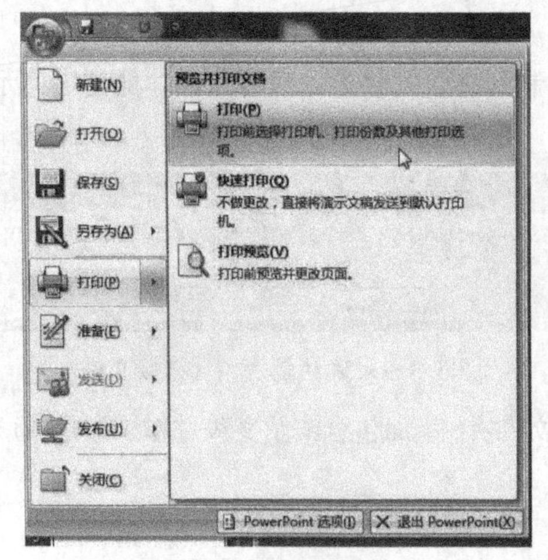

图 5-3-12　选择命令

在弹出的“打印”对话框中可选择打印机、打印范围、打印内容等，如图 5-3-13 所示。

图 5-3-13 “打印”对话框

打印内容选择“幻灯片”，则将以一页一张幻灯片的形式打印，如选择“讲义”，表示以讲义的形式打印，并可以设置每页纸中打印幻灯片的数目及排列形式。

任务小结

制作成功的 PPT 文稿经常需要在不同的计算机上放映，如果直接复制，经常会由于素材链接问题，造成 PPT 演示异常，为避免此类问题的发生，可将 PPT 文稿打包，放映打包文件。

同时，PPT 也经常作为会议资料或演示文稿，被打印出来存放。

实训十四　打包输出演示文稿

一、实训目标

（1）播放 PPT 文稿；

（2）打包 PPT 文稿；

（3）打印 PPT 文稿。

二、实训内容及要求

将制作班级主题 PPT，打包后放映、演讲。

项目六 接入互联网及系统安全维护

学习目标：

- 了解宽带接入互联网的方式；
- 掌握家庭网络通过 ADSL 接入 Internet；
- 了解计算机病毒及网络攻击的概念；
- 掌握常用的查杀病毒软件及防木马软件的使用。

学习重难点：

- 家庭网络通过 ADSL 接入 Internet；
- 常用的查杀病毒软件及防木马软件的使用。

任务一　接入互联网

任务描述

小张家有 2～3 台个人计算机（PC）或笔记本式计算机，小张希望这几台设备能够组建成一个小型局域网，共享接入互联网，使每一台设备都能共享网络中无穷无尽的资源，更好地使用互联网进行学习和生活，同时也节约了上网成本。

相关知识

随着网络技术和通信技术的高速发展，特别是 Internet 的飞速发展，全球一体化的学习和生活方式越来越凸现。人们不再仅仅满足于单位内部网络的信息共享，更需要和单位外部的网络，甚至世界各地的远程网络互相连接，享受一体化、全方位的信息服务。

那么有哪些方式以及如何接入 Internet 的呢？Internet 接入技术很多，除了传统的拨号接入外，目前正广泛兴起的宽带接入充分显示了其不可比拟的优势和强劲的生命力。宽带是一个相对于窄带而言的电信术语，为动态指标，用于度量用户享用的业务带宽，目前国际还没有统一的定义，一般而论宽带是指用户接入传输速率达到 2 Mbit/s 及以上、可以提供 24 h 在线的网络基础设备和服务。

宽带接入技术主要包括以现有电话网铜线为基础的 xDSL 接入技术、以电缆电视为基础的混合光纤同轴（HFC）接入技术、以太网接入技术、光纤接入技术等多种有线接入技术以及无线接入技术。

一、接入网技术

接入网负责将用户的局域网或计算机连接到骨干网，它是用户与 Internet 连接的最后一步，因此又称最后一公里技术。

接入网（Access Network，AN）又称用户环路，是指交换局到用户终端之间的所有通信设备，主要用来完成用户接入核心网（骨干网）的任务。

接入网根据使用的媒质可以分为有线接入网和无线接入网两大类，其中有线接入网又可分为铜线接入网、光纤接入网和光纤同轴电缆混合接入网等，无线接入网又可分为固定接入网和移动接入网。

二、ADSL 接入技术

在众多宽带接入方式中，ADSL 是最早，也是直到目前为止应用最广泛的一种。

ADSL（Asymmetrical Digital Subscriber Line，非对称数字用户线路）是一种在电话网上实现高速接入 Internet 的技术，是 xDSL（HDSL、SDSL、VDSL、ADSL 和 RADSL）家族中的一种宽带技术，是目前应用最广泛的一种宽带接入技术。它利用现有的双绞电话铜线提供独享“非对称速率”的下行速率（从端局到用户）和上行速率（从用户到端局）的通信宽带。

三、Cable Modem 接入技术

在“三网合一”的工程之中，对原有的光纤 / 同轴电缆混合网 CATV（Community Antenna Television）进行技术改造，将同轴电缆划分为 3 个带宽，使之在传送模拟 CATV 信号的同时也传送非对称的数字信号。数字信号在电视模拟信号所占频带 50~550 MHz 的两侧进行传送，这就是 Internet 宽带接入的一种方案——光纤同轴混合网（Hybrid Fiber Coax，HFC）。

任务实施

宽带光纤专线接入 Internet 是未来网络接入的主流方式，光纤到桌面是未来网络发展趋势。但在目前过渡阶段，很多地方的光纤网络建设还不成熟，通过电话接入 Internet 仍是一个主要的方式，最早就是使用一台普通 Modem 通过电话拨号接入 Internet，但使用普通的 Modem 上网和打电话只能二取其一，并且网络速度慢，一般只有 56 kbit/s，基本上已经淘汰。目前中国电信提供的 ADSL 网络快车业务，既能在现有的电话线路上通过 ADSL Modem 上网，并且上网时不影响电话的正常使用，而网络速度也有大幅度的提升。

一、安装准备

首先到电信部门申请 ADSL 业务，得到 ADSL 宽带账户 1 个，ADSL Modem1 台以及附件若干。具体安装设备准备如下：要接入互联网的 3 台计算机（已经安装了以太网卡及其驱动程序）；3 条直通线；1 台 ADSL 调制解调器；宽带路由器；1 条电话线，1 部电话，1 个分离器，2 条电话连线；1 个从电信公司申请的 ADSL 账户及密码；ADSL 拨号软件（星空极速客户端 2.1）等。

二、硬件安装

按照图 6-1-1 所示进行硬件连接。

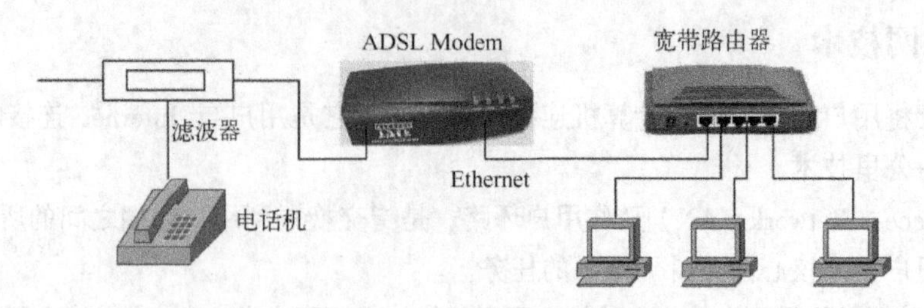

图 6-1-1　4 台以内的小型网络接入 Internet

具体步骤如下：

（1）用电话线连接墙上的电话插座和分离器的 LINE 端口。

（2）用电话线连接 ADSL 的 DSL 端口和分离器的 Modem 端口。

（3）用电话线连接电话机和分离器的 Phone 端口。

（4）用直通网线连接 ADSL 的网络接口和宽带路由器的 WAN 口。

（5）用直通线将计算机连接到宽带路由器的 LAN 口。

（6）将电源适配器插入电源插座，给 ADSL 和宽带路由器接上电源。

三、启动路由功能

将计算机、ADSL 调制解调器和宽带路由器连接好，多数 ADSL 的默认 IP 地址为 192.168.1.1，可以在设备的说明书中查到。计算机与 ADSL 设置在同一网段中，否则将无法通信。将计算机的 IP 地址设置为 192.168.1.2 ~ 192.168.1.254 之间的地址，子网掩码设为 255.255.255.0 即可。

四、设置宽带路由器

（1）根据设备使用说明书，在 IE 地址栏中输入 192.168.1.1，登录宽带路由器管理界面，输入根据设备使用说明书，在 IE 地址栏中输入说明书中的用户名及密码即可对带有路由功能的 ADSL 进行配置，如图 6-1-2 所示。

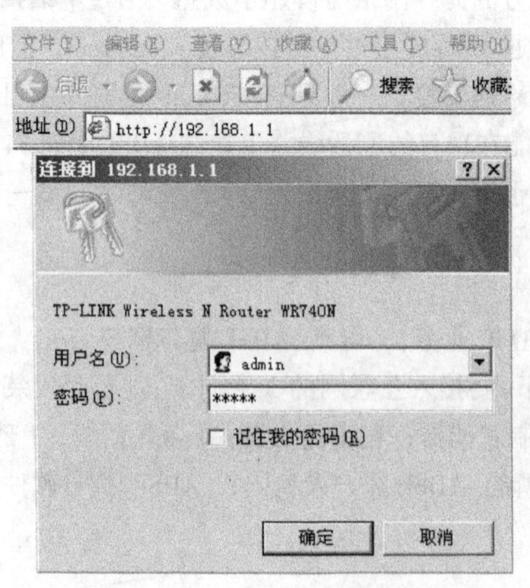

图 6-1-2　登录宽带路由器

（2）单击“确定”按钮，进入路由器的主管理界面。在路由器的主管理界面左侧的菜单列，是一系列的管理选项，通过这些选项可以对路由器的运行情况进行管理控制了，如图 6-1-3 所示。

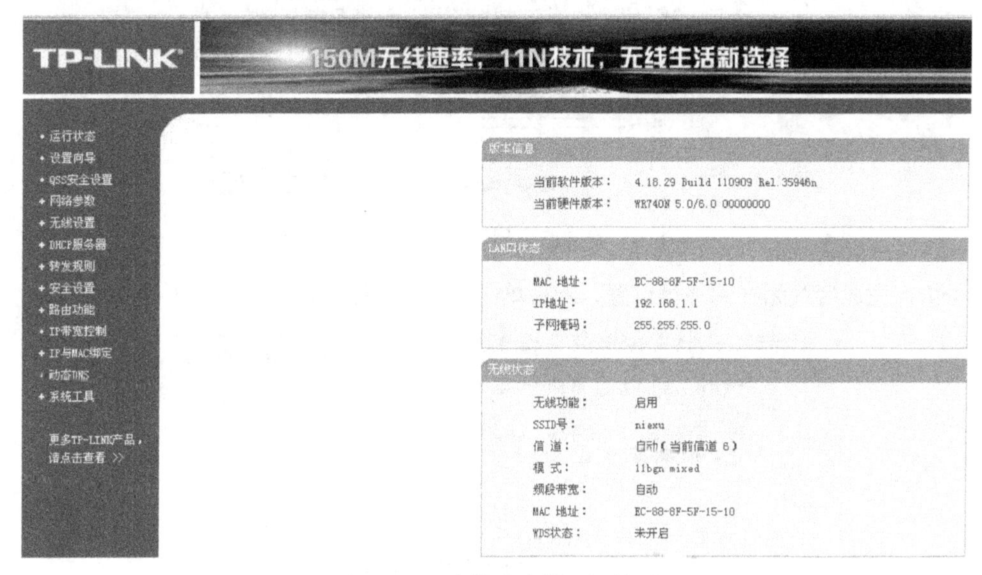

图 6-1-3 宽带路由器配置界面

（3）第一次进入路由器管理界面（也可以在路由器主管理界面单击左边菜单中的“设置向导”选项），会弹出一个“设置向导”界面，如图 6-1-4 所示。

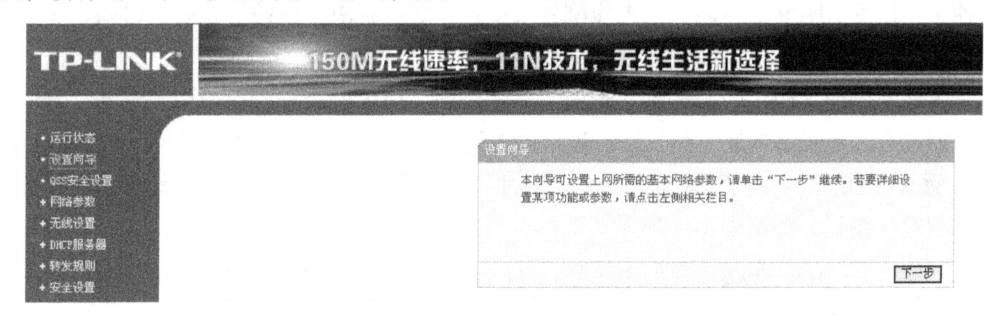

图 6-1-4 宽带路由器设置向导

（4）单击“下一步”按钮，选择“PPPOE（ADSL 虚拟拨号）”单选按钮，如图 6-1-5 所示。单击“下一步”按钮，在“上网账号”和“上网口令”文本框中分别输入对应的用户名和密码，如图 6-1-6 所示。由于 ADSL 可以自动分配 IP 地址、DNS 服务器，所以这两项都不填写。直接在对应连接模式中，选择“自动连接”项，这样开机就可以连入网络，大大提高了办公效率。

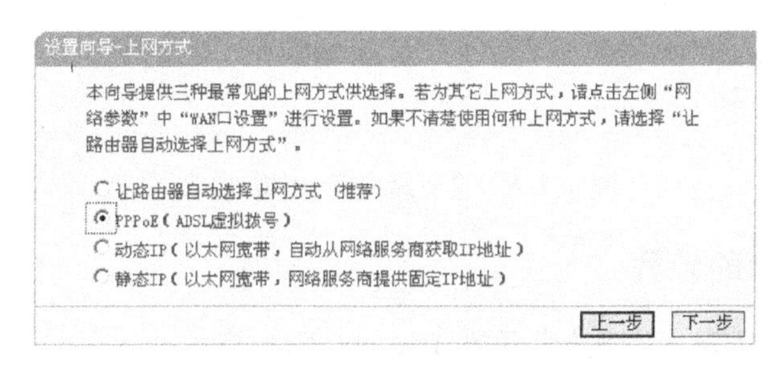

图 6-1-5 宽带路由器选择上网方式

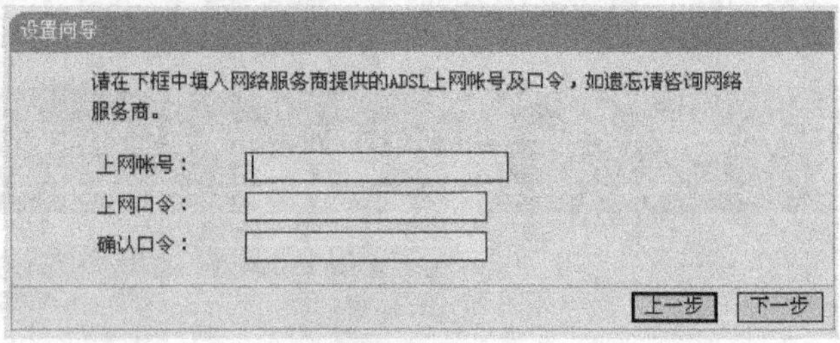

设置向导

请在下框中填入网络服务商提供的ADSL上网帐号及口令，如遗忘请咨询网络服务商。

上网帐号：

上网口令：

确认口令：

上一步 下一步

图 6-1-6　宽带路由器输入上网账号和口令

（5）依次完成后续无线网络等设置，最后单击“完成”按钮即可，如图 6-1-7 所示。

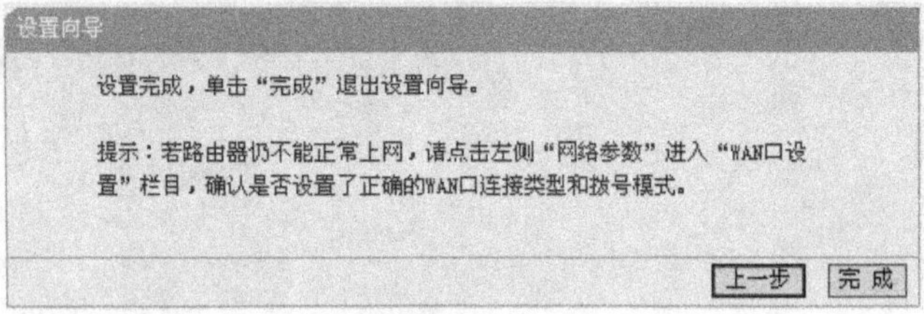

设置向导

设置完成，单击“完成”退出设置向导。

提示：若路由器仍不能正常上网，请点击左侧“网络参数”进入“WAN口设置”栏目，确认是否设置了正确的WAN口连接类型和拨号模式。

上一步 完成

图 6-1-7　宽带路由器设置向导完成

（6）设置路由器的 DHCP 功能：DHCP 是路由器的一个特殊功能，使用 DHCP 可以避免因手工设置 IP 地址及子网掩码所产生的错误，同时也避免了将一个 IP 地址分配给多台工作站所造成的地址冲突。使用 DHCP 不但能大大缩短配置或重新配置网络中工作站所花费的时间，而且通过对 DHCP 服务器的设置还能灵活地设置地址的租期。

单击界面左侧的“DHCP 服务器”选项，在弹出的“DHCP 服务”窗口中，选择“启用”单选按钮。而“地址池开始地址”和“地址池结束地址”选项分别为 192.168.1.X 和 192.168.1.Y（X〈Y，要注意 X 不能是 0、1，Y 不能是 255），在此可以任意输入 IP 地址的第 4 地址段。设置完毕后单击“保存”按钮，如图 6-1-8 所示。

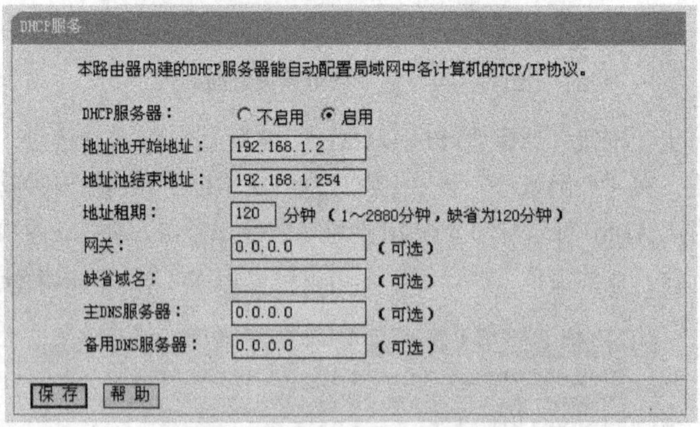

DHCP服务

本路由器内建的DHCP服务器能自动配置局域网中各计算机的TCP/IP协议。

DHCP服务器：　不启用　启用

地址池开始地址：　192.168.1.2

地址池结束地址：　192.168.1.254

地址租期：　120　分钟（1～2880分钟，缺省为120分钟）

网关：　0.0.0.0　（可选）

缺省域名：　（可选）

主DNS服务器：　0.0.0.0　（可选）

备用DNS服务器：　0.0.0.0　（可选）

保存 帮助

图 6-1-8　宽带路由器 DHCP 设置

五、客户机网卡的设置

当客户机按照上述方法连接到路由器的 LAN 口之后，就应该对网卡进行 IP 设置，通常有两种方法：

1. 选择“自动获取 IP 地址”单选按钮

如果宽带路由器打开 DHCP 功能，则客户机的网卡就可以选择“自动获取 IP 地址” 单选按钮。

右击桌面上的“网上邻居”图标，在弹出的快捷菜单中选择“属性”命令，然后选择连接 ADSL Modem 的网卡对应的“本地连接”。右击“本地连接”图标，在弹出的快捷菜单中选择“属性”命令，弹出“本地连接 属性”对话框，如图 6-1-9 所示。选择“常规”选项卡中的“Internet 协议（TCP/IP）”复选框，单击“属性”按钮，弹出“Internet 协议（TCP/IP） 属性”对话框，就可以选择“自动获取 IP 地址”单选按钮，如图 6-1-10 所示。

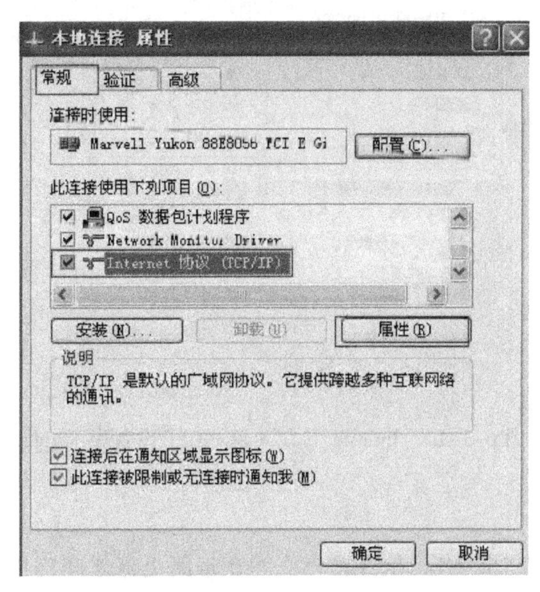

图 6-1-9　Internet 协议（TCP/IP）

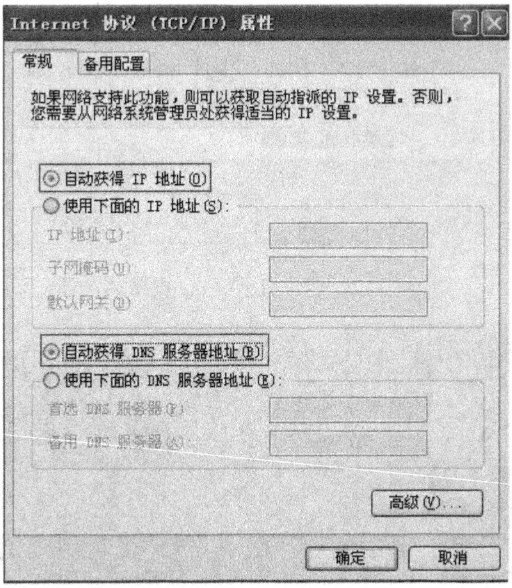

图 6-1-10　Internet 协议（TCP/IP）设置自动分配

2. 选择“使用下面的 IP 地址”单选按钮

如果宽带路由器没有打开 DHCP 功能，则客户机的网卡就可以选择“使用下面的 IP 地址”单选按钮。在前面的宽带路由器 IP，地址为 192.168.1.1，则局域网内的所有客户机的 IP 地址应该在同一网段，如图 6-1-11 所示。

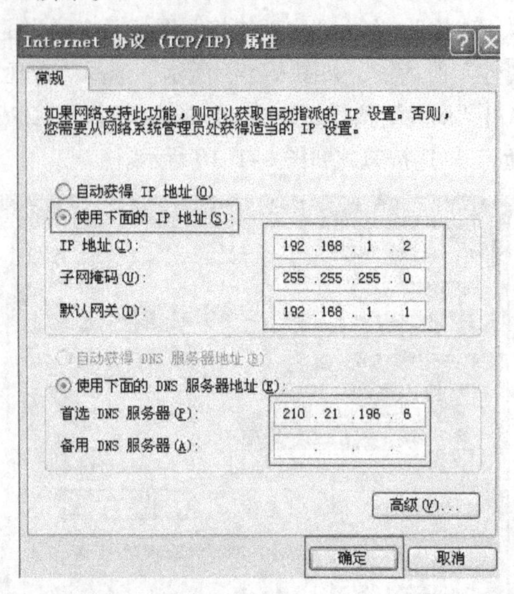

图 6-1-11　Internet 协议（TCP/IP）设置手工分配

六、验收

在客户机上 Ping 192.168.1.1，检查客户机和宽带路由器之间的连通性，如图 6-1-12、图 6-1-13 所示。

图 6-1-12　客户机上 Ping 宽带路由器

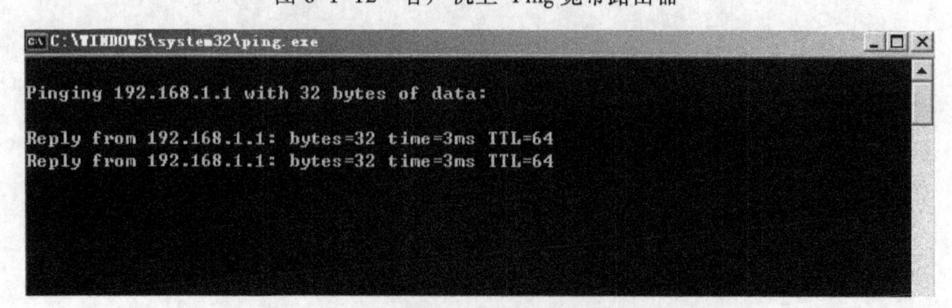

图 6-1-13　客户机上 Ping 宽带路由器显示结果

在客户机上 IE 浏览器中输入网址，检查是否实现共享上网，如图 6-1-14 所示。

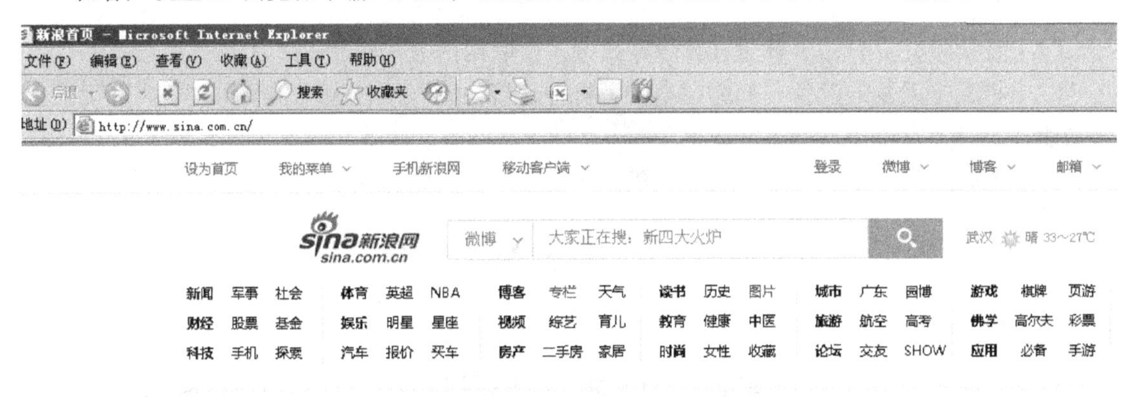

图 6-1-14 客户机实现上网功能

任务小结

在组建局域网时，通常需要用一些网络设备将计算机连接起来。常用的局域网组网设备包括集线器、交换机、路由器等。通常有以下 3 种方式：

方式 1：集线器是以前使用较广泛的网络设备之一，不过由于集线器的所有端口共享，连接的计算机越多，网络速度越慢。因此，随着交换机、路由器价格的下降，中小型建网方案中已经放弃了集线器。

方式 2：交换机也是目前使用较广泛的网络设备之一，同样用来组建星型拓扑的网络。从外观上看，交换机与集线器几乎一样，但是，由于交换机采用了交换技术，其性能大大优于集线器。不过，考虑到共享上网的需要，以及交换机及大多数宽带服务商提供的 ADSL MODEM 不支持 ADSL 拨号功能，因此，在家用共享上网的组网中已不太常用。

方式 3：利用宽带路由器共享宽带上网是目前最方便的方案。宽带路由器跟代理服务器的原理很相似。购买了宽带路由器就省去了买交换机或集线器的必要。只要把每台计算机的网线插到路由器的端口，利用宽带路由器的自动拨号功能，就可以轻松地实现共享上网了，省去了每次开机拨号的麻烦。组建的网络规模较大时，同一网络中的主机台数过多，会产生过多的广播流量，从而使网性能下降。为了提高性能，减少广播流量，可以通过路由器将网络分隔为不同的子网。路由器可以在网络间隔离广播，使一个子网的广播不会转发到另一子网，从而提高每个子网的性能。当然，对于机器较多的一些大型网吧、校园网、企业网等来说对路由器的性能要求较高，一般普通路由器并不能应付。在这种情况下，路由器加交换机是一组性价比不错的选择。

实训十五 无线接入互联网

一、实训目标

（1）了解接入互联网的相关设备；

（2）熟悉接入互联网的实施步骤；

（3）掌握通过无线方式接入互联网的方法步骤。

二、实训内容及要求

（1）查找相关资料，了解通过无线方式接入互联网的方法步骤；

（2）将支持无线的设备（如笔记本、手机等）接入互联网，进行相关配置，实现无线上网功能；

（3）将相关步骤记录下来，完成无线接入互联网的实施方案。

任务二 维护系统安全

任务描述

小张家有 2~3 台计算机或笔记本式计算机，通过宽带共享的方式接入了互联网，最近一段时间，他发现原来运行很快的计算机现在变慢了，上网的速度也降低了，打开网页要很长时间，更重要的是他经常使用的 QQ 也登录不上，提示密码输入错误，用 QQ 的密码找回功能重置密码后，过了不久又登录不上了。小张意识到可能是计算机受到了网络攻击、中病毒了，他希望能向熟悉计算机系统安全的同学请教或帮助自己，查杀病毒、进行系统安全设置，使计算机能稳定安全的运行。

相关知识

凡能够引起计算机故障，破坏计算机数据的程序统称为计算机病毒，诸如逻辑炸弹、蠕虫等均可称为计算机病毒。计算机病毒实际上是一种指令代码，用户运行了这些代码后，可能出现一个小小的恶作剧，或是产生一些恶意的结果，如破坏系统文件造成系统无法运行、数据文件统统删除、硬件被破坏、非法侵入内部数据库遭偷窃或篡改数据等。计算机病毒与医学上的“病毒”不同，它不是天然存在的，是某些人利用计算机软、硬件所固有的脆弱性编制具有特殊功能的程序。随着计算机网络技术的迅速发展，绝大部分的计算机病毒都通过因特网传播到本地计算机，因此，预防计算机病毒的最基本的措施就是安装杀毒软件，并启用在线监控，不进入来历不明的网站，尤其是一些看上去非常美丽诱人的网站，否则会误入圈套。

一、病毒的特点和分类

计算机病毒一般由传染部分和表现部分组成。传染部分负责病毒的传播扩散（传染模块），表现部分又可分为计算机屏幕显示部分（表现模块）及计算机资源破坏部分（破坏模块）。表现部分是病毒的主体，传染部分是表现部分的载体。表现和破坏一般是有条件的，条件不满足或时机不成熟时不会表现出来。计算机病毒的特点如下：

1．传染性

计算机病毒具有很强的再生机制，如同生物体传染病一样。是否具备传染性是判断一个程序是不是病毒程序的基本标志。传染性是指计算机病毒能进行自我复制，并把复制的病毒附加到无病毒的程序中，或者去替换磁盘引导区中的正常记录，使得附加了病毒的程序或磁盘变成新的病毒源。

2．隐蔽性（或寄生性）

计算机病毒通常依附于一定的媒体（或寄生在其他程序之中），当执行这个程序时，病毒就起破坏作用，在执行此程序前，往往不被发觉。因此，一旦发现病毒，实际上计算机系统已经被感染或受到破坏。

3．破坏性

计算机病毒的危害主要是破坏计算机系统，其主要表现为占用系统资源、破坏数据、干扰计算机的正常运行，严重时会摧毁整个计算机系统。

4．潜伏性

有些病毒像定时炸弹一样，让它何时发作是预先设计好的。比如黑色星期五病毒，不到预定时间不会觉察出来，一旦条件具备，就对系统进行破坏。

按病毒感染的目标可分为引导型、文件型、网络型和复合型病毒等 4 种类型。

1．引导型病毒

引导型病毒是感染磁盘引导区或主引导区。由于这类病毒感染引导区，运行时会引发感染其他*.exe、*.com 的命令程序，Windows 系统感染后会严重影响运行速度、某些功能无法执行，即使杀毒之后，也需要重装 Windows 操作系统才能正常运行。

2．文件型病毒

该类病毒是感染文件的一类病毒，它是目前种类最多的一类病毒。黑客病毒 Trojan.BO 就属于这一类型。BO 黑客病毒则利用通讯软件，通过网络非法进入他人的计算机系统，获取或篡改数据或者后台控制计算机，从而造成各种泄密、窃取事故。

3．网络型病毒

这种病毒感染的对象不局限于单一的模式和单一的可执行文件，而是更加综合、更加隐蔽。一些网络型病毒几乎可以对所有的 Office 文件进行感染，如 Word、Excel、电子邮件等。其攻击方式从原始的删除、修改文件到进行文件加密、窃取用户信息等，一般通过电子邮件、电子广告等进行传播。

4．复合型病毒

把它叫做“复合型病毒”，是因为它同时具备了“引导型”病毒和“文件型”病毒的某些特点，它既可以感染磁盘的引导扇区文件，又可以感染某可执行文件。如果未对这类病毒进行全面的清除，残留病毒可自我恢复，还会造成引导扇区文件和可执行文件的感染，所以这类病毒查杀难度极大。

此外，还有一种是宏病毒。宏病毒主要指 Word 和 Excel 宏病毒。该类病毒主要感染 Word 文档和文档模板等数据文件的病毒。

二、计算机常见病毒

1．系统病毒

系统病毒的前缀为 Win32、PE 等。这些病毒的共有的特性是可以感染 Windows 操作系统的 *.exe 和 *.dll 文件，并通过这些文件进行传播，如 CIH 病毒。

2．蠕虫病毒

蠕虫病毒的前缀是 Worm。这种病毒的共有特性是通过网络或者系统漏洞进行传播，很大部分的蠕虫病毒都有向外发送带毒邮件，阻塞网络的特性。比如冲击波（阻塞网络）、小邮差（发带毒邮件）等。

3．木马病毒、黑客病毒

木马病毒其前缀是 Trojan，黑客病毒前缀名一般为 Hack 。木马病毒的共有特性是通过网络或者系统漏洞进入用户的系统并隐藏，然后向外界泄露用户的信息，而黑客病毒则有一个可视的界面，能对用户的计算机进行远程控制。木马、黑客病毒往往是成对出现的，即木马病毒负责侵入用户的计算机，而黑客病毒则会通过该木马病毒来进行控制。现在这两种类型都越来越趋向于整合。一般的木马如 QQ 消息尾巴木马 Trojan.QQ3344，还有大家可能遇见比较多的针对网络游戏的木马病毒如 Trojan.LMir.PSW.60。这里补充一点，病毒名中有 PSW 或者 PWD 之类的一般都表示这个病毒有盗取密码的功能（这些字母一般都为"密码"的英文"password"的缩写）一些黑客程序如网络枭雄（Hack.Nether.Client）等。

4．脚本病毒

脚本病毒的前缀是 Script。脚本病毒的共有特性是使用脚本语言编写，通过网页进行传播的病毒，如红色代码（Script.Redlof）。脚本病毒还会有前缀 VBS、JS（表明是何种脚本编写的），如欢乐时光（VBS.Happytime）、十四日（Js.Fortnight.c.s）等。

5．宏病毒

其实宏病毒也是脚本病毒的一种，由于它的特殊性，这里把它单独列为一类。宏病毒的前缀是 Macro，第二前缀是 Word、Excel（也许还有别的）其中之一。该类病毒的共有特性是能感染 Office 系列文档，然后通过 Office 通用模板进行传播，如美丽莎（Macro.Melissa）。

6．后门病毒

后门病毒的前缀是 Backdoor。该类病毒的共有特性是通过网络传播，给系统开后门，给用户的计算机带来安全隐患。

7．病毒种植程序病毒

这类病毒的共有特性是运行时会从体内释放出一个或几个新的病毒到系统目录下，由释放出来的新病毒产生破坏。如冰河播种者（Dropper.BingHe2.2C）、MSN 射手（Dropper.Worm.Smibag）等。

8．破坏性程序病毒

破坏性程序病毒的前缀是 Harm。这类病毒的共有特性是本身具有好看的图标来诱惑用户单击，当用户单击这类病毒时，病毒便会直接对用户的计算机产生破坏。如格式化 C 盘（Harm.formatC.f）、杀手命令（Harm.Command.Killer）等。

9．捆绑机病毒

捆绑机病毒的前缀是 Binder。这类病毒的共有特性是病毒作者会使用特定的捆绑程序将病毒与一些应用程序（如 QQ、IE）捆绑起来，表面上看是一个正常的文件，当用户运行这些捆绑病毒时，会表面上运行这些应用程序，然后隐藏运行捆绑在一起的病毒，从而给用户造成危害，如捆绑 QQ（Binder.QQPass.QQBin）、系统杀手（Binder.killsys）等。

10．其他

以上为比较常见的病毒，有时候还会看到一些其他的，但比较少见，这里作简单讲述：

DoS：会针对某台主机或者服务器进行 DoS 攻击。

Exploit：会自动通过溢出对方或者自己的系统漏洞来传播自身，或者它本身就是一个用于 Hacking 的溢出工具。

HackTool：黑客工具，也许本身并不破坏计算机，但是会被别人加以利用来用你做替身而去破坏别人。

在查出某个病毒以后，可以通过以上所说的方法初步判断所中病毒的基本情况，达到知己知彼的效果。

三、计算机中毒的症状

计算机病毒所表现的症状由病毒的设计者决定。下面列出一些计算机中毒引起的软件或硬件故障症状：

（1）系统无法启动：病毒修改了硬盘的引导信息，或删除了某些启动文件，如引导型病毒导致引导文件损坏，硬盘不能正常引导系统，磁盘上文件的内容被无故修改等。

（2）经常死机：病毒打开了许多文件或占用了大量内存；不过，如果运行大容量的软件占用了大量的内存和磁盘空间，或者由于网络速度太慢也会造成死机。

（3）系统运行速度慢：病毒占用了内存和 CPU 资源，在后台运行了大量非法操作。

（4）文件打不开：修改了文件格式，修改了文件链接位置。

（5）提示硬盘空间不够：Windows 运行时出现内存不足、磁盘可利用的空间突然减少，并且出现许多不明的文件，主要是因为病毒复制了大量的病毒文件。

（6）软盘等设备未访问时出现读写信号：病毒感染；外围设备工作时出现异常，如打印机的打印速度降低等。

（7）启动黑屏：病毒感染，如 CIH 病毒。或屏幕上显示异常提示信息；屏幕上出现异常图形；显示信息消失；运行速度变慢，经常出现“死机”现象。

（8）系统自动执行操作：病毒在后台执行操作。计算机表现得比平常迟钝、打开应用程序的时间比平常要。未对计算机执行操作时，硬盘不停地读盘。

（9）无法运行注册表或无法为系统配置实用程序。

（10）屏幕出现异常信息，如突然重新启动计算机，或出现一个关闭计算机的提示框。

（11）键盘或鼠标无端被锁死：一般是病毒作怪，特别要留意木马程序。

任务实施

Kaspersky Anti-Virus 是来自俄罗斯的著名的卡巴斯基反病毒产品，是世界上最优秀的杀病毒软件之一。产品功能包括：病毒扫描、驻留后台的病毒防护程序、脚本病毒拦截器以及邮件检测程序，时刻监控一切病毒可能入侵的途径。它集成了多个病毒监测引擎，具有超强的中心管理和杀毒能力，能真正实现带毒杀毒，并支持所有的 Windows 平台，是个人用户的首选。下面以卡巴斯基为例，简单介绍查杀计算机病毒、系统安全设置的方法。

一、安装卡巴斯基安全部队 2013 工具

卡巴斯基安全部队 2013 简体中文正式版（简称卡巴 2013）的安装采用了简易安装模式，没

有特别的安装选项，甚至连安装路径的选择都省略了。安装耗时约 2 min，包括一开始的自动解压过程。

二、卡巴斯基安全部队 2013 工具主要界面

卡巴斯基安全部队 2013 简体中文正式版工作主要界面如图 6-2-1～图 6-2-3 所示。

图 6-2-1　卡巴斯基安全部队 2013 主界面

图 6-2-2　卡巴斯基安全部队 2013 控制面板

图 6-2-3　卡巴斯基安全部队 2013 云保护界面

三、卡巴斯基安全部队 2013 查杀病毒

（1）打开卡巴斯基安全部队 2013，进入卡巴斯基的主界面，然后选择更新功能。

（2）单击“立即更新”按钮，开始更新病毒库。

（3）更新完成后，单击“关闭”按钮，返回上一个界面中，单击“扫描”按钮，弹出“扫描”对话框，有 3 种默认扫描方式：“关键区域”“我的电脑”“启动对象”。这里选择“我的电脑”，此时其右边出现可以选择的详细项目。如果需要自定义扫描驱动器，可以单击“自定义”按钮。

（4）选择了扫描的项目后，单击“扫描”按钮，即开始扫描病毒，如图 6-2-4 所示。

图 6-2-4　卡巴斯基安全部队 2013 自定义扫描

（5）扫描到病毒后，扫描窗口中会列出“染毒对象”，并出现一个提示框，如图 6-2-5 所示。

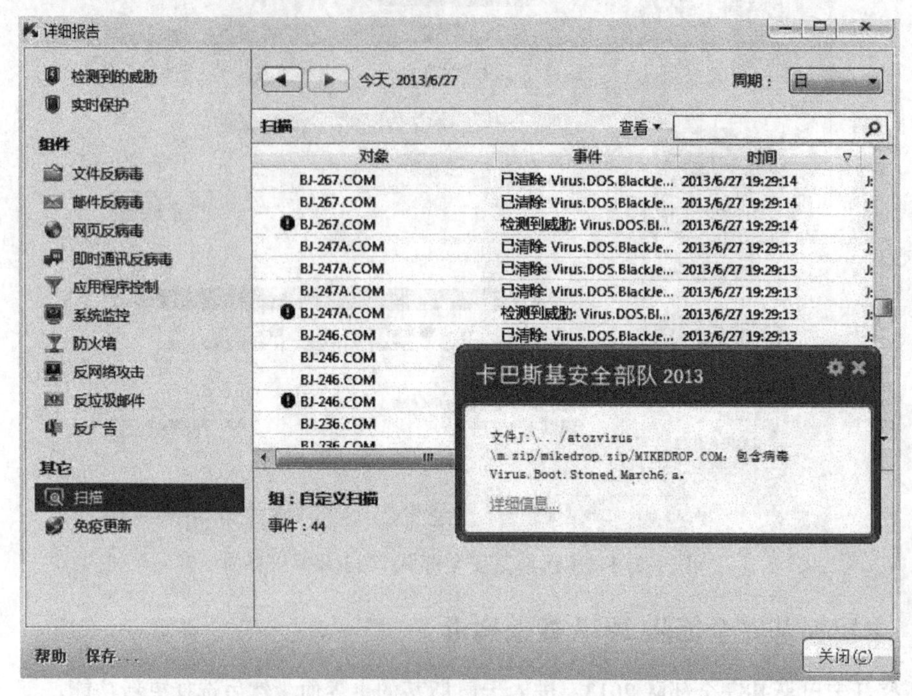

图 6-2-5　在扫描窗口中列出“染毒对象”

（6）扫描完成后，如果是可信任的广告程序，可以选中它们并右击，在弹出的快捷菜单中选择“添加到信任区域”命令。

（7）弹出“排除内容”对话框，如图 6-2-6 所示。单击“确定”按钮，即可排除该对象，即不把该对象看作病毒。

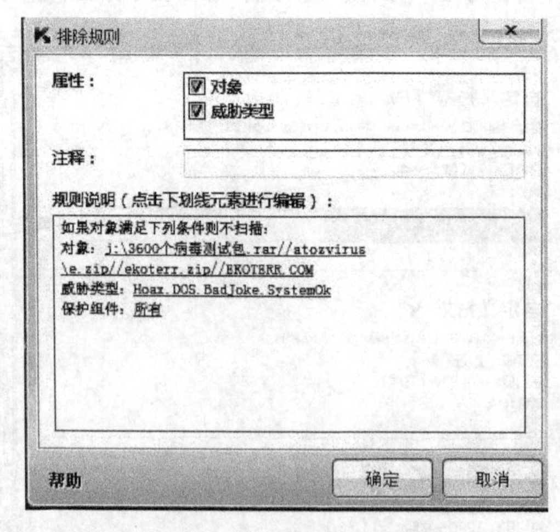

图 6-2-6　“排除内容”对话框

（8）返回上一个对话框，单击“全部处理”按钮，弹出“手动扫描警报”对话框，选择“应用到所有”复选框，单击“清除”按钮，如图 6-2-7 所示。因为病毒是在压缩包内，所以无法直接清除病毒，所以需要选择“应用到所有”复选框，再单击“删除”按钮，如图 6-2-8 所示。

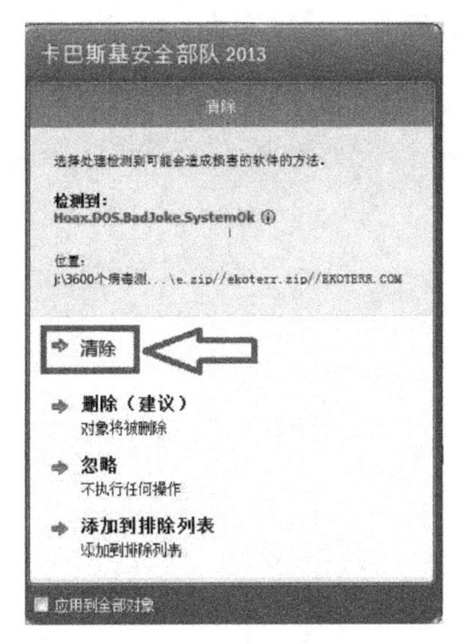

图 6-2-7 清除病毒

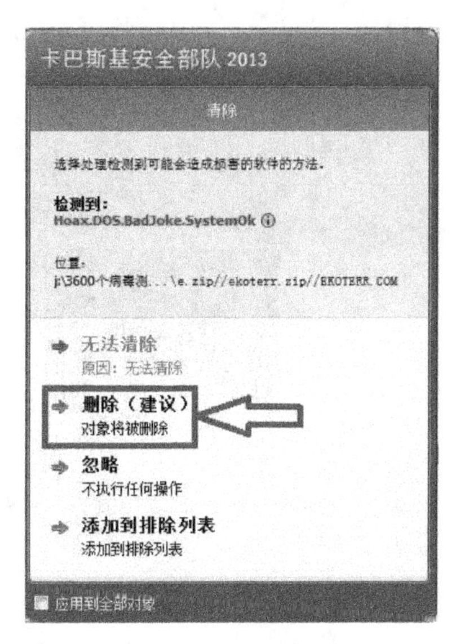

图 6-2-8 删除病毒

（9）删除病毒完成后，可以在对话框中看到当前查出来的病毒已经被全部删除，最后单击“关闭”按钮即可。

四、卡巴斯基安全部队 2013 其他安全功能

1. 安全支付

目前，大量用户使用 PC 进行网上购物。那么，在这些所经常使用的网购平台中，需要时刻保护网站运作的安全性，以确保用户在商品的支付环节得到有力的安全保障。

卡巴斯基安全部队 2013 所推出的安全支付技术，恰恰就是针对了用户自己网购交易的行为，给予用户自主锁定网购平台的安全性，为用户提供强有力的轻松、安全、畅通的交易环境。相关界面如图 6-2-9～图 6-2-11 所示。

图 6-2-9 卡巴安全部队 2013 安全支付功能

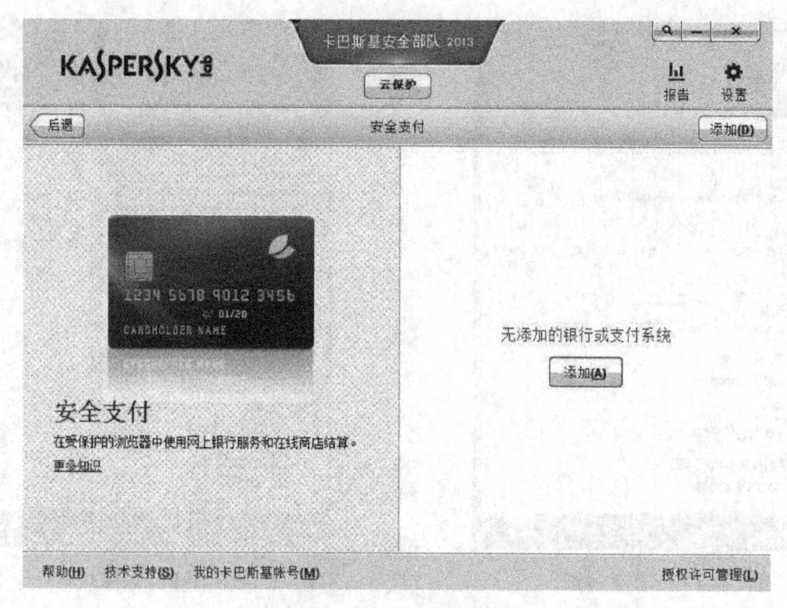

图 6-2-10　安全支付设置界面

图 6-2-11　安全支付网站设置成功

2. 自动漏洞入侵防护

最初，人们使用计算机时，通常都只留意到被动引发的病毒威胁而引起的中毒（被动中毒：指的是用户在 PC 使用过程由于触及网络或者是外界带毒程序、介质所引起的本地中毒）。而现如今的恶意程序、病毒木马的进攻方式变化多端，抓住用户系统的漏洞而主动式恶意入侵，相信是一种更为恐怖的攻击行为。卡巴斯基安全部队 2013 所提供的漏洞入侵防护，正是针对用户所可能遭受到的这种危机，所赋予用户的解决方案。相关界面如图 6-2-12、图 6-2-13 所示。

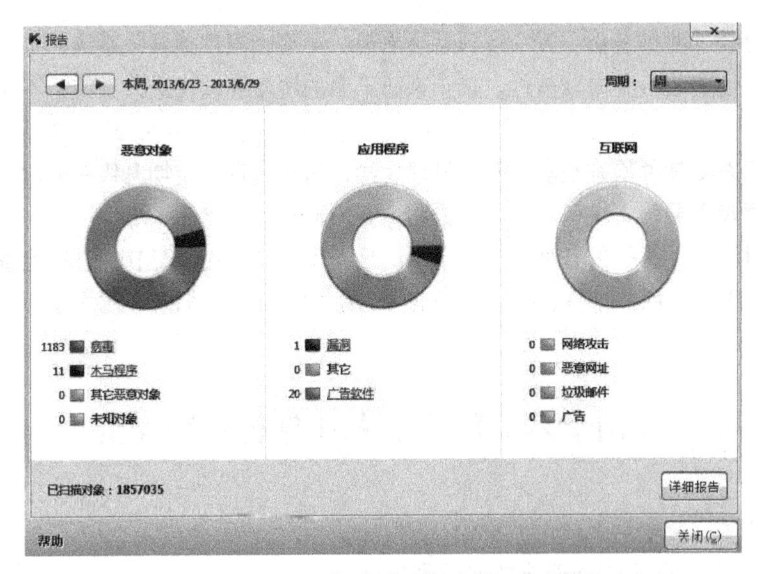

图 6-2-12　漏洞入侵防护系统时刻记录在报告中

图 6-2-13　从系统监控设置中调节防护体系

任务小结

对付计算机病毒要以预防为主，原则上说，计算机病毒防治应采取“主动预防为主，被动处理结合”的策略，偏废哪一方面都是不可取的。实际上，当发现系统被病毒感染时，往往已对系统造成了破坏，即使及时采取了消毒措施，被破坏的部分有时也是不可恢复的。预防措施主要有以下几点：

（1）不随便使用外来 U 盘。如果必须使用，应先检测，确信无病毒后再使用。

（2）不要在系统引导盘上存放数据。

（3）对重要软件要做备份，万一遇到系统崩溃，可最大限度地恢复系统。

（4）不要随便安装各种游戏软件。禁止来历不明的网站和软件进入系统，不使用盗版或来历不明的软件。

（5）经常用杀毒软件检查硬盘，及时发现病毒，消除病毒，定期升级杀毒软件。

（6）备份硬盘引导区、主引导扇区数据和重要的数据，防患于未然。

（7）要随时注意计算机的各种异常现象，一旦发现，立即用杀毒软件进行检查。

（8）不打开来历不明的邮件，对于 E-mail 附件中的*.exe 文件，不要马上运行，查毒后才能打开。

实训十六　配置个人计算机系统安全

一、实训目标

（1）了解个人计算机系统安全的知识和方法；

（2）熟悉个人计算机系统安全的设置步骤；

（3）掌握 360 免费安全工具的使用。

二、实训内容及要求

（1）查找相关资料，了解个人计算机系统安全的知识和设置方法；

（2）下载 360 免费安全工具，查杀病毒，进行系统安全设置；

（3）总结完成个人计算机系统安全维护的心得体会。